不对称 Salen 型 Ni(Ⅱ)/Cu(Ⅱ)系催化剂及催化烯烃/丙烯酸酯类聚合

丁丽芹 著

中国石化出版社

内 容 提 要

本书在表征新型不对称 Salen 型 Ni(Ⅱ)、Cu(Ⅱ)系金属配合物结构的基础上，阐述了该系列 Ni(Ⅱ)、Cu(Ⅱ)系金属配合物作为催化剂，在结构、聚合反应温度、聚合反应时间、单体与催化剂的摩尔比、催化剂与助催化剂的摩尔比等因素方面对聚合反应的影响，同时对聚合物的结构和性能进行了表征和评价。

本书可作为应用化学、化学工程与工艺等学科科研人员的参考用书，也可供高等院校相关专业学生参考。

图书在版编目(CIP)数据

不对称 Salen 型 Ni(Ⅱ)/Cu(Ⅱ)系催化剂及催化烯烃/丙烯酸酯类聚合 / 丁丽芹著.—北京 ：中国石化出版社，2020.8

ISBN 978-7-5114-5933-6

Ⅰ. ①不… Ⅱ. ①丁… Ⅲ. ①有机过渡金属化合物 Ⅳ. ①O627

中国版本图书馆 CIP 数据核字(2020)第 155145 号

中国石化出版社出版发行

地址：北京市东城区安定门外大街 58 号

邮编：100011 电话：(010)57512500

发行部电话：(010)57512575

http://www.sinopec-press.com

E-mail:press@sinopec.com

北京富泰印刷有限责任公司印刷

全国各地新华书店经销

*

710×1000 毫米 16 开本 14 印张 306 千字

2020 年 9 月第 1 版 2020 年 9 月第 1 次印刷

定价：68.00 元

在经历 Ziegler-Natta 催化剂和茂金属催化剂后，后过渡金属催化剂由于其金属中心的亲电子性弱，对极性基团的容忍能力强，可以有效催化极性单体的均聚及共聚而成为烯烃聚合催化剂的研究热点，不对称 Salen 型后过渡金属配合物是一种[O，N，N，O]四齿螯合不对称双 Schiff 碱配合物，在催化聚合、催化反应、生物医药开发、分子的特异性识别、新材料研发等领域广泛应用。

本书作者设计合成了 20 种新型不对称 Salen 型 Ni(Ⅱ)、Cu(Ⅱ)系金属配合物，利用元素分析、红外光谱、核磁共振及 X 射线单晶衍射等分析测试手段对配合物的结构进行了表征，并将其与偶氮二异丁腈、甲基铝氧烷等组成催化体系，催化非极性单体(苯乙烯)和极性单体(甲基丙烯酸甲酯、甲基丙烯酸十二酯和甲基丙烯酸十八酯)的均聚及其共聚，探讨了催化剂结构、聚合反应温度、聚合反应时间、单体与催化剂的摩尔比、催化剂与助催化剂的摩尔比等因素对催化活性和聚合物微观结构、聚合物相对分子质量及其分布的影响，得到了富含间规的无规聚苯乙烯和聚甲基丙烯酸甲酯，并考察了甲基丙烯酸十二酯、甲基丙烯酸十八酯均聚物及其共聚物对原油、柴油及润滑油馏分的降凝作用。

本书共分为5章。第1章介绍了烯烃聚合催化剂的发展及后过渡金属Ni(Ⅱ)、Cu(Ⅱ)系催化剂在催化苯乙烯和丙烯酸酯类聚合方面的应用。第2章描述了设计合成的20种新型不对称Salen型Ni(Ⅱ)、Cu(Ⅱ)系金属配合物，并对其结构进行了表征。第3章描述了将合成的不对称Salen型Ni(Ⅱ)、Cu(Ⅱ)系催化剂分别与偶氮二异丁腈、甲基铝氧烷组成催化体系，及对苯乙烯聚合反应的影响。第4章描述了不对称Salen型Ni(Ⅱ)、Cu(Ⅱ)系催化剂与偶氮二异丁腈组成催化体系，对丙烯酸短链酯(甲基丙烯酸甲酯)和丙烯酸长链酯(甲基丙烯酸十二酯和甲基丙烯酸十八酯)聚合反应的影响。第5章描述了将不对称Salen型Ni(Ⅱ)、Cu(Ⅱ)系催化剂与偶氮二异丁腈组成催化体系，催化甲基丙烯酸甲酯与苯乙烯的共聚以及甲基丙烯酸十二酯和甲基丙烯酸十八酯的共聚反应。

本书的编写得到了西北大学吕兴强教授的指导与关心。10年前，作者有幸在吕兴强教授的指导下，接触到后过渡金属配合物的设计合成及烯烃聚合研究，在此向吕兴强教授表示由衷的感谢。

感谢西安石油大学优秀学术著作出版基金资助，感谢中国国家留学基金项目(201709910003)、陕西省自然科学基础研究计划项目(2018JM2035)、陕西省教育厅专项科研计划项目(11JK0605)和西安石油大学青年科研创新团队项目(2019QNKYCXTD16)资助。

由于作者学识有限，书中难免有不妥之处，敬请各位专家和读者给予批评指正!

1　绪　论

1.1　聚烯烃/聚丙烯酸酯类及其应用

聚合物(Polymer)分子由许许多多的相同重复单元以共价键连接而成。聚合物可以由一种单体合成，也可以由两种或两种以上单体共同合成。在由烯类单体通过加成聚合合成聚合物的反应中，仅由一种单体进行的聚合，称为均聚(homopolymerization)，得到的产物称为均聚物(homopolymer)，如苯乙烯经过均聚合成聚苯乙烯。由两种或两种以上单体共同进行的加成聚合，称为共聚(copolymerization)，得到的产物称为共聚物(copolymer)，如1，3-丁二烯和苯乙烯共聚合成丁苯橡胶共聚物。通过物理混合将两种或两种以上聚合物复合而成的聚合物混合体，称为聚合物共混物(polymer blend)。聚合物的制备、结构与性能之间存在着有机联系，制备条件决定了结构，结构又决定了性能。在合成聚合物时，可以通过聚合反应，制备出具有特定结构和预期性能的高分子，以满足应用的要求。烯烃单体、烯类(或称为乙烯基)单体和C-杂原子单体，经各类聚合反应(自由基聚合、阴离子聚合、阳离子聚合及配位聚合)，在特定的聚合条件下，采用适宜的聚合方法，都可进行定向聚合(stereospecific polymerization)，得到立构规整聚合物(stereoregular polymer)。所谓立构规整聚合物是指那些由一种或两种构型的结构单元以单一顺序重复排列的聚合物。立构规整聚合物占总聚合物(包括无规聚合物)的百分数，称为立构规整度(stereotacticity，stereoregularity)。

通常以相对分子质量描述某一个分子的大小，实际上，相对分子质量更为准确的说法应该为摩尔质量(molar mass)，其单位为g/mol。由于人们对相对分子质量更熟悉，本书一律采用相对分子质量表示，并舍去了单位。由于聚合工程复杂，绝大多数聚合物是由相对分子质量不等的同系物所组成，因此，聚合物的相对分子质量实际上是这些同系物相对分子质量的统计平均值，如数均相对分子质量(M_n)、重均相对分子质量(M_w)等，将M_w/ M_n定义为相对分子质量分布指数(或称为多分散性指数，polydispersity index，PDI)，反映相对分子质量分布的宽度。相对分子质量及相对分子质量分布对聚合物的性能有很大的影响。

聚烯烃是由乙烯、丙烯、苯乙烯等烯烃单体经均聚或共聚得到的一类聚合物。作为一类重要的高分子材料，聚烯烃在包装、玩具、建筑、汽车和电子等行业得到了广泛的应用，大大提高了人类生活质量。近年来，我国聚烯烃产业保持快速发展势头，其产量和消费量均保持相对上涨的趋势。尽管我国现阶段烯烃市场的自给率在逐年增长，但高端产品基础较弱，高端专用料仍以进口为主，约80%依赖进口，说明我国聚烯烃产业有很大的发展潜力，需要加快推进聚烯烃产品高端化，加快产业结构转型升级。

在聚烯烃产品中，聚苯乙烯(polystyrene，PS)是产量和消费量仅次于聚乙烯、聚氯乙烯和聚丙烯的第四位热塑性树脂。1930 年，BASF 公司首先将聚苯乙烯进行工业化生产，因其透明度高、易加工成型、绝热、绝缘、低吸水性等特点，在包装、电子、建筑、汽车、家电、仪表、日用品和玩具等行业得到了广泛应用。制备聚苯乙烯的工业方法包括本体聚合、溶液聚合、悬浮聚合和乳液聚合。由于本体聚合方法具有成本低、产品挥发分低、透明性好等优点，目前大多数生产商都采用连续本体法来得到通用型聚苯乙烯。2018 年，国内聚苯乙烯进口量达到 106.09×10^4 t，比 2017 年进口总量 71.01×10^4 t 增加 35.08×10^4 t，涨幅达 49.40%。因此，国内聚苯乙烯生产企业应努力提高产品数量和质量。

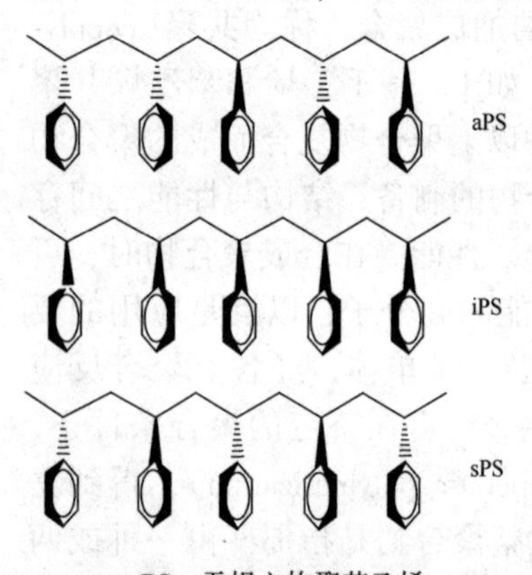

aPS：无规立构聚苯乙烯；
iPS：等规立构聚苯乙烯；
sPS：间规立构聚苯乙烯

图 1-1　不同结构的聚苯乙烯示意图

采用不同的催化体系或聚合方法进行 α-烯烃的聚合可形成立构规整性不同的聚合物，当分子链中的手性碳原子的构型相同时，称为全同立构(isotactic，或称为等规)聚合物；当分子链中的手性碳原子的构型相间排列时，称为间同立构(syndiotactic，或称为间规)聚合物；当分子链中的手性碳原子的排列杂乱无章时，称为无规(atactic)聚合物。就聚苯乙烯结构而言，根据苯环在主链两侧的空间位置不同，可分为三种不同的立构规整性：无规立构聚苯乙烯(aPS)、等规立构聚苯乙烯(iPS)、间规立构聚苯乙烯(sPS)，如图 1-1 所示。

聚合物的规整性决定了结晶性、熔点、玻璃转化温度等物理机械性能。目前，常见的通用聚苯乙烯主要是无规立构聚苯乙烯，苯环在主链上无规则分布。优点是刚性好、电绝缘性好、吸湿性低、透明性好、易加工、耐辐射等。在19 世纪30 年代，许多公司(如陶氏、巴斯夫等)已经开始发展这种无规立构聚苯乙烯，由于低成本和易加工的特点被广泛应用。例如，良好的透明性使其用于汽车灯罩、仪表外壳、光学仪器等，优异的电气绝缘性使其用作高频电容器等电气绝缘用品，还可用来制作玩具、肥皂盒、圆珠笔、纽扣等。但无规立构聚苯乙烯没有固定的熔点，不能结晶，且脆性大、抗冲击性差、耐热性能较差，是一种热塑性无定型树脂，在电子和电气工业中，国内聚苯乙烯只能用于低端产品。等规立构聚苯乙烯的苯环分布在主链的一侧，因其结晶链结构为螺旋构象，体积大的苯环侧基使产品结晶速率慢，熔点在 240 ℃左右，是一种通常由 Ziegler-Natta 催化体系制备的半结晶性聚合物，但是由于其结晶速率慢而限制了其商业化应用。间规立构聚苯乙烯的苯环在主链两侧均匀间隔分布，结晶速率相对快，熔点高(T_m=270 ℃)，玻璃化转变温度高(T_g=100 ℃)，介电常数低，其有序的结构还使得它具有优良的耐热、耐化学、耐水、耐化学药品性，是一种比等规立构聚苯乙烯具有更高熔点的新型结晶性热塑性塑料。在某些方面的性能可与聚酯、尼龙等工程塑料相媲美，聚酯、聚酰胺、聚苯硫醚、聚碳酸酯等所有工程塑料的应用领域几乎都可以使用间规聚苯乙烯。此外，还可应用于电路板、电器开关、汽车保险杠、齿轮等，在汽车、电子电器等领域，具有潜在的应用前景。其缺点是脆性大，但可通过适当改性进行增强，以适应结构材料的应用。适合的增强材料有玻璃纤维、矿物填料和高强纤维等，改性后的间规立构聚苯乙烯密度低、韧性好、吸水率低，可与其他热塑性工程塑料竞争。1985 年，Idemitsu 石油公司在其中心实验室利用单茂钛配合物催化剂茂基三氯化钛($CpTiCl_3$)/甲基铝氧烷(MAO)，首次高效合成了间规立构聚苯乙烯。因此，若能得到间规立构聚苯乙烯或富含间规(或等规)结构的无规聚苯乙烯(aPS)，在工程应用方面的性能可得到很好的改进。

聚丙烯酸酯(Polyacrylate)是丙烯酸酯类共聚物和均聚物的统称，通常是由(甲基)丙烯酸酯类单体和功能丙烯酸类单体在引发剂存在的条件下经自由基聚合而得到，聚合方法有乳液聚合、悬浮聚合、本体聚合、溶液聚合等。聚丙烯酸酯因其优异的性能已经成为目前用途最为广泛的高分子聚合材料之一。聚丙烯酸酯的主链骨架是由乙烯基自由基聚合而成的碳碳单键(—C—C—)线性长链，其稳定的键能为分子链提供了稳定的骨架，使得聚丙烯酸酯拥有优异的耐高温和良好的力学性能，其侧链基团的多样性使材料具备多种特殊的性能，也为聚丙烯酸酯分子链的修饰和改性提供了反应基团，可在主链中引入苯乙烯来增加共聚物的疏水性和硬度；将侧基带有酯类的丙烯酸酯类引入增加材料的柔性，如由丙烯酸酯和苯乙烯接枝改性的顺丁橡胶具有高光泽度、高透明度、高韧性和良好的抗冲击性。因此，聚丙烯酸酯的应用范围极为广泛，可应用于医药、汽车、国防、建筑、化工等领域。其中，甲基丙烯酸低级酯在食品、医药以及饲料行业有着广泛的应用，如甲基丙烯酸甲酯是生产有机玻璃的主要原料；甲基丙烯酸高级酯在石油工业中发挥着重要的作用，如可用作润滑油黏度指数改进剂、降凝剂、航空煤油的抗静电剂、含蜡原油的流动性改进剂等。

在聚甲基丙烯酸低级酯中，聚甲基丙烯酸甲酯[poly(methyl methacrylate), PMMA]是应用最广泛的一类丙烯酸类树脂，俗称有机玻璃、亚克力。聚甲基丙烯酸甲酯在 19 世纪 30 年代被英国化学家 Rowland Hill 和 John Crawford 首次发现；1934 年，由德国化学家 Otto Rohm 首次合成应用。相比聚苯乙烯、聚氯乙烯等树脂材料，其具有优异的透明性、表观光泽性和抗电弧性，其分子链较柔软，因此其抗拉伸和抗冲击的能力比传统光学玻璃大约高出 7~18 倍，所以 PMMA 制品在破裂的时候不会分裂成尖锐的碎片，是合成透明材料中性能优异、价格适宜的品种，主要应用于汽车工业、储血容器等医药行业、文具等日用消费品以及液晶显示器等电子产品方面，如照明器材、汽车仪表盘、仪器刻度盘、光导纤维、商品广告橱窗、公交站牌、飞机和汽车的防弹玻璃等。

PMMA 树脂的熔点比传统光学玻璃的熔点(约 1000 ℃)低很多，玻璃转化温度(85~105 ℃)及热变形温度(约 85 ℃)也较低，普通 PMMA 树脂长期使用温度低于 80 ℃，这种特性严重制约了 PMMA 树脂在光学电子方面的应用。随着我国汽车、电子等行业的快速发展以及人们消费水平的升级，加上国内产能(尤其是高端品种)不足，我国一直是 PMMA 的净进口国。2018 年 PMMA 进口总量在 22.21×10^4 t，环比增加 15.71%，进口产品多为光学级 PMMA，与其他工程塑料一样，PMMA 呈现低端产能过剩，高端长期依赖进口的局面。因此，合成高品质耐热的 PMMA 树脂显得尤为重要。

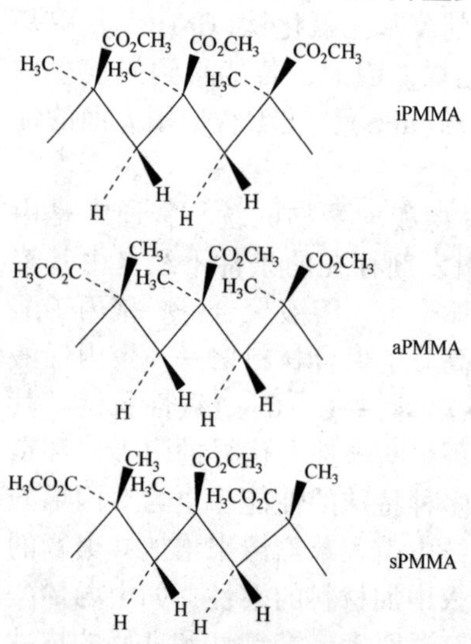

iPMMA：等规立构聚甲基丙烯酸甲酯；
aPMMA：无规立构聚甲基丙烯酸甲酯；
sPMMA：间规立构聚甲基丙烯酸甲酯

图 1-2　不同结构的聚甲基丙烯酸甲酯示意图

玻璃化转变温度是评价聚合物耐热性的标准之一，增强 PMMA 树脂的耐热性，可通过控制立构规整性，抑制分子链的自由旋转，降低链段的活动能力，以及提高链段刚性来实现。根据甲基在主链的空间位置不同，PMMA 有三种不同的立构规整性：无规立构聚甲基丙烯酸甲酯(aPMMA)、等规立构聚甲基丙烯酸甲酯(iPMMA)、间规立构聚甲基丙烯酸甲酯(sPMMA)。其结构如图 1-2 所示。PMMA 大多为自由基聚合得到的无规 PMMA，由阴离子聚合可得到等规和间规 PMMA，可改善其结晶度，因此，富含间规 PMMA 的无规 PMMA 在热性能等方面可得到很好的改进，如间规度(*rr*)为 60%、81%、95% 的 PMMA，其玻璃转化温度分别为 110 ℃、130 ℃、140 ℃。此外，共聚、交联和共混也是提高 PMMA 树脂耐热性常用的方法。其中，共聚改性方法不仅可以提高 PMMA 树脂的耐热性，而且能最大限度地保持 PMMA 树脂固有的优异性能。其原理是通过共聚含有环状结构、带有大体积侧基及具有活泼氢原子的单体，降低大分子链段的活动能力，达到提高 PMMA 树脂耐热性的目的。

聚甲基丙烯酸高级酯是国内外润滑油和添加剂生产商公认的高品质降凝剂，不同的油品对降凝剂具有较强的选择性，但聚甲基丙烯酸高级酯本身有很强的适应能力，可以将烷基侧链长度不同的甲基丙烯酸酯类单体均聚或者按照不同的配比共聚，生产出不同规格的降凝剂，用于润滑油等油品中起到降凝的作用。聚甲基丙烯酸高级酯作为降凝剂，其烷基侧链的平均碳数要在 12 以上才显示降凝效果，以 14 酯的效果最好。

低温下，油品失去流动性原因有黏温凝固和结构凝固两种，降凝剂对由于黏度增大使油品失去流动性的黏温凝固没有降凝作用，只对由于蜡结晶引起油品失去流动性的结构凝固具有降凝作用。含蜡油之所以在低温下失去流动性，是由于在低温下高熔点的固体烃(石蜡)分子定向排列，形成片状或针状结晶并相互联结，形成三维的网状结构，同时将低熔点的油通过吸附或溶剂化包于其中，致使整个油品失去流动性。当油品含有降凝剂时，降凝剂分子在蜡表面吸附或共晶，对蜡晶的生长方向及形状产生作用。降凝剂不能改变油品的浊点和析出蜡的数量，只是改变了蜡晶体的外形与大小。降凝剂对润滑油中蜡晶体的影响如图 1-3 所示。不含降凝剂的基础油中的蜡是呈 20~150μm 直径的针状结晶，如果加入降凝剂，蜡的结晶会变小，蜡的形态也会发生变化。如在加有烷基萘降凝剂的油品中，有 10~15μm 直径的少量带分枝星形结晶，添加了聚甲基丙烯酸酯，析出的蜡为直径在 10~20μm 的带许多分枝的针状或星形结晶。使用聚甲基丙烯酸酯这类具有梳形化学结构的降凝剂时，侧链的烷基会与蜡共结晶。在蜡的表面所存在的降凝剂，对结晶生长的方向起支配作用，从而可延缓或阻止蜡形成三维网状结构，达到降低油品凝点的目的。

(a) 有降凝剂的润滑油晶体图

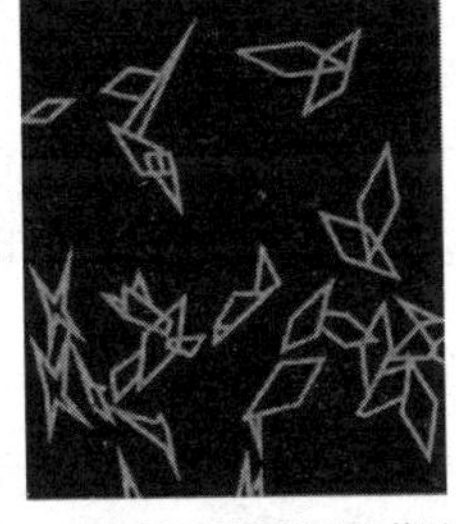
(b) 没有降凝剂的润滑油晶体图

图 1-3　降凝剂对润滑油中蜡晶体的影响

目前，降凝剂的作用机理主要有晶核作用、吸附作用和结晶作用三种理论：①晶核作用理论：降凝剂的浊点高于蜡的浊点，因此，当温度降低时，降凝剂先形成小的晶核，成为蜡晶发育中心；油品中的蜡析出在这些小的晶核上，使油品中较大的蜡颗粒分散成许许多多小的结晶体，从而不易产生大的蜡团，使油品的流动性变好。②吸附作用理论：在蜡结晶形成蜡晶后，降凝剂分子吸附在已经析出的蜡晶晶核活动中心上，从而改变蜡结晶的取向，减弱蜡晶间的黏附作用，使蜡晶颗粒变得多而小，从而使油品的凝点降低。③共晶作用理论：此理论认为降凝剂在析蜡点下与蜡共同析出，从而改变蜡的结晶行为和取向性，并减弱蜡晶继续发育的趋向，蜡分子在降凝剂分子中的烷基链上结晶。在无降凝剂存在的情况下，一个正常的蜡单晶的生长方式如图 1-4 所示，在 X 轴和 Z 轴方向蜡生长较快，导致形成大的片状或针状结晶。这些结晶通过其棱角相互黏结，进而形成三维网状骨架。在有降凝剂存在时，降凝剂分子会在蜡结晶表面吸附或与其共晶，对蜡晶的生长产生了所谓定向作用，即抑制蜡结晶向生长较快的 X 轴和 Z 轴方向生长，促进其向 Y 轴方向生长，使析出的蜡成为颗粒较小的近似等方形结晶；另

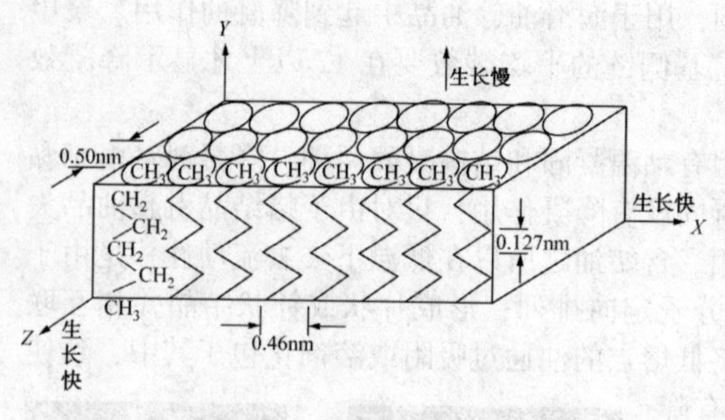

图 1-4　蜡晶生长的方式

外，降凝剂分子留在蜡结晶表面的极性基团、芳香核或主链段有阻止蜡晶间的黏结作用，这些都可以阻止或延缓蜡晶黏结成三维网状骨架。降凝剂是以吸附还是以共晶的方式起作用，主要取决于降凝剂的化学结构，一般认为具有齿形链状结构的聚甲基丙烯酸酯借助于侧链烷基与蜡共晶，极性的酯链或主链则留在晶体外部，起屏蔽作用。降凝剂分子中的碳链分布与蜡中碳链分布越接近，降凝剂的效果越好。

以上不同结构和种类的聚苯乙烯、聚丙烯酸酯类等产品都是在适宜的工艺条件下，经催化剂催化聚合而形成的聚合物。一种高效的催化剂不仅应具有较高的催化活性，而且还能够控制聚合物的相对分子质量大小及其分布，也能影响聚合物的立构规整性等微观结构，从而影响聚合物的使用性能，即不同分子结构的催化剂可以得到不同结构和性能的高分子材料。研究和开发具有自主知识产权的新型高效烯烃聚合催化剂，对发展我国聚烯烃工业、石化工业乃至国民经济发展具有十分重要的意义。

1.2　烯烃聚合催化剂的发展

聚烯烃工业已快速发展了 50 多年，烯烃聚合催化剂主要经历了三个阶段：Ziegler-Natta 催化剂、茂金属催化剂和后过渡金属催化剂。

1.2.1　Ziegler-Natta 催化剂

Ziegler-Natta 催化剂也称 Z-N 催化剂，一般由主催化剂和助催化剂两部分组成，其中主催化剂通常是Ⅳ-Ⅷ族的过渡金属化合物（如 $TiCl_4$、$TiCl_3$），助催化剂一般是Ⅰ-Ⅲ族金属有机化合物（如 $AlEt_3$）。最早于 1953 年，德国金属有机化学家 K. Ziegler 以四氯化钛-三乙基铝（$TiCl_4/AlEt_3$）为催化剂，在常压（或低压）下成功得到了具有高结晶度、高熔点、无支链结构的高密度聚乙烯（HDPE）。1954 年，意大利物理化学和结晶化学家 G. Natta 用 $TiCl_3$（晶体）/$AlEt_3$催化剂催化丙烯定向聚合，在常温常压条件下得到了结晶度为 50 %的等规立构聚丙烯，且聚合产物的收率高。Ziegler 和 Natta 所开创的配位催化聚合和立体定向聚合，是在高聚物化学和技术领域的重大发现，荣获 1963 年诺贝尔化学奖。Ziegler-Natta 催

化剂是由 $TiCl_4$和 AlR_3(R =烷基、芳基、氢化物)构成的多元体系催化剂，经过60 余年的研究应用，如今仍被大规模使用在高密度聚乙烯(HDPE) 和等规聚丙烯(IPP)的合成上。

Ziegter 和 Natta 的贡献不仅实现了烯烃(乙烯、丙烯)的工业化生产，还创立了配位聚合的反应方法，使人类首次可以控制聚烯烃分子的微观结构。Ziegler-Natta 催化剂在 20 世纪六七十年代已广泛用于烯烃聚合工业化生产，成本较低的 Ziegler-Natta 催化剂已成为全球生产聚烯烃产品的主流催化剂。Ziegler-Natta 催化剂原料丰富、价格低廉、制备方法简单，使得其在聚烯烃行业得到了广泛的应用，牢牢占据了聚烯烃工业催化剂的主导地位。经过几十年的改进和创新，Ziegler-Natta 催化剂在催化聚合反应活性和对聚合物结构调控性能方面得到了不断的提升，至今已经发展到第五代，成为聚烯烃工业中主要的催化剂。

由于 Ziegler-Natta 催化剂为传统的多活性中心的多相催化剂，其在工业应用中有着极大的局限性：①具有多活性中心，所得聚合物的相对分子质量分布较宽，一般不能满足特定功能聚合物的需求；②由于 Ziegler-Natta 催化剂是一种非均相催化体系，聚合反应机理比较复杂，不能对活性中心结构进行调控，从而不能有效地进行立体控制聚合，只能用于乙烯、丙烯等简单的非极性单体的均聚，所得的聚烯烃产品结构较为单一，一般不能满足日益增多的聚烯烃种类的需求；③Ziegler-Natta 催化剂的金属中心所处的电子环境十分独特，不易使 α-烯烃共聚单体进入聚合物，一般不能进行甲基丙烯酸甲酯等极性单体聚合和 α-烯烃与极性单体共聚；④催化降冰片烯等环状烯烃的聚合时，活性很低，一般容易发生开环异位聚合等副反应。这些因素大大限制了 Ziegler-Natta 催化剂体系在烯烃聚合方面的进一步应用。科技人员不断探索，开发了茂金属催化体系。

1.2.2 茂金属催化剂

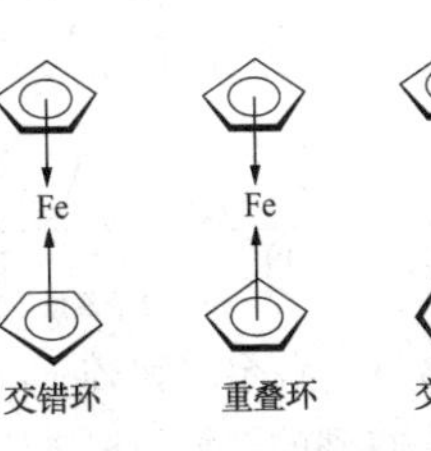

图 1-5 二茂铁的结构

1951 年，第一个茂金属化合物二茂铁[Ferrocene，$(C_5H_5)_2Fe$]在非常偶然的情况下被 Pauson 和 Kealy 发现，结构如图 1-5 所示。几乎同时期，Tremaine、Miller 和 Tebboth 在一种还原铁催化剂的作用下，将环戊二烯和氮气的混合气通过该催化剂，同样得到了茂金属化合物。随后 Natta 与 Breslow 等人使用二茂钛衍生物作为烯烃聚合模型催化剂用于乙烯聚合反应中，但是由于聚合活性不高，并没有继续深入研究。直到 1980 年，德国汉堡大学教授 Kaminsky 和 Sinn 等人报道一个高效均相ⅣB 族过渡金属茂金属催化体系，在催化乙烯和丙烯配位聚合方面表现出很高的活性，以及难得的单一活性中心性能，并提出了茂金属催化体系。茂金属催化剂通常被称为单活性中心催化剂，与典型的 Ziegler-Natta 催化剂的主催化剂大都是 Lewis 酸(如 $TiCl_4$、$TiCl_3$)不同，茂金属催化剂是在典型的 Lewis 酸中引入了环戊二烯基等有机配体，从而使 Lewis 酸性大大降低，且可溶于烃类溶剂，使催化体系变为均相，通常主催化剂是由ⅣB 族(钛、锆等)前过渡金属、Ⅷ族(镍、钴等)后过渡金属或镧系稀土金属与环戊二烯(Cp)或含环戊二烯的芳烃(如茚、芴)等形成的配合物。与典型的 Ziegler-Natta 催化剂不同，茂金属催化剂的助催化剂不是烷基金属化合物，而是烷基铝部分水解产物——低聚烷基铝氧烷，若用 $Al(CH_3)_3$ 部分水解，则得到甲基铝氧烷(MAO)；若用 $AlEt_3$ 或 Al_iBu_3 部分水解，则得到乙基铝氧烷(EAO)或异丁基铝氧烷(IBAO)，它们均可溶于烃类溶剂。另一种助催化剂是有机硼化物[如 $B(C_6F_5)_3$]等，其中应用最多的是甲基铝氧烷(MAO)。由于茂金属催化体系的主催化剂和助催化剂均可溶于烃类溶剂，所以聚合体系由 Ziegler-Natta 催化剂的非均相变为均相。茂金属催化剂与传统 Ziegler-Natta 催化剂的主要区别在于活性中心的分布，通过调控茂金属催化剂的中心金属、配体，可以影响中心金属周围的电荷密度和配位空间环境，使多种多样的聚合反应的活性和选择性得到控制，从而控制聚烯烃的相对分子质量、相对分子质量分布、立构规整性，并取得了良好的效果。例如，可以立体选择性地得到无规、等规、间规、嵌段等一系列聚丙烯品种。再如，1986 年，Ishihara 等人合成了新型半茂金属钛化合物($CpTiCl_3$)，并与甲基铝氧烷(MAO)组成的催化体系成功合成了间规度较高的聚苯乙烯(sPS)，其中，间规度超过 98%，结晶度达 50 %。

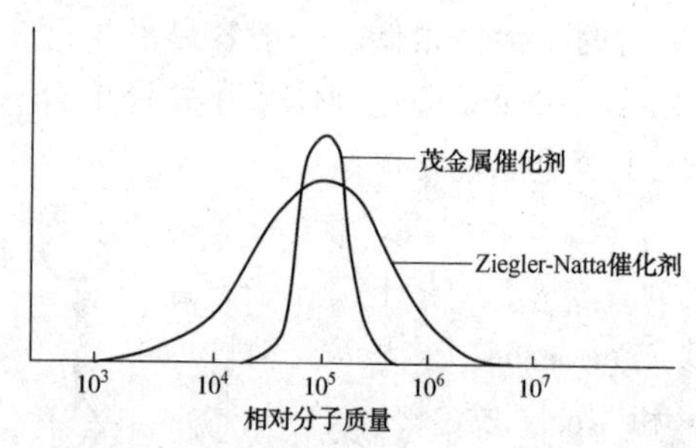

图 1-6　茂金属和 Ziegler-Natta 催化体系得到的聚合物相对分子质量分布

与 Ziegler-Natta 催化剂相比，茂金属催化剂催化烯烃聚合具有以下几个特点：①单活性中心且聚合体系为均相，金属原子处于受限的环境中，只能够允许聚合物单体进入催化活性点上，可以很好地控制聚合物相对分子质量及其分布，所得聚合产物的相对分子质量分布窄，共聚单体分布均一，如图 1-6 所示；②催化活性极高，对乙烯聚合的催化活性可达 3×10^7 gPE/(gZr · h)，1g 锆(Zr)可使 100 t 乙烯聚合；极高的活性使催化剂的用量很少，可以允许催化剂组分残留在聚烯烃产品中，可通过改变配体上取代基的电子效应和空间效应等来调节催化活性，但催化聚合反应需要在极高的助催化剂配比下得到；③单体适应性强，具有优异的共聚性能，可高效催化简单烯烃、环烯烃、长链 α-烯烃等单体的均聚和共聚，可以制备性能卓越的新型聚烯烃产品；④聚合物可控性高，茂金属化合物的结构易于调整，所以通过对活性中心周围的电荷密度和配位空间环境的调控，可以精准控制烯烃聚合时的立体选择性，得到微观结构独特而均匀的多种聚烯烃，如间规聚苯乙烯(sPS)、高密度聚乙烯(HDPE)及高等规度聚丙烯(iPP)等，而 Ziegler-Natta 催化剂在苯乙烯聚合中，只能获得无规聚苯乙烯。

尽管如此，在茂金属催化剂使用过程中仍有一些亟待解决的问题：①茂金属催化剂的合成路线较为复杂，且对空气中的氧气、水十分敏感，因此，催化剂在合成和保存过程中，相较复杂、严苛；②茂金属催化剂金属活性中心亲氧性强，易与极性基团配位反应，使催化剂失活，无法用于极性单体的均聚和烯烃与极性单体的共聚；③作为助催化剂的甲基铝氧烷(MAO)对水分及空气高度敏感，其产品的组成及结构对合成条件敏感性高，因而价格昂贵，大大增加了该催化剂体系的生产成本，且极易与氧气作用而变质；④茂金属催化剂所得的聚烯烃形貌较差，容易堵塞设备，不易进行连续的工业生产，此外，在工业上对茂金属催化剂进行负载化可能会破坏掉催化剂配体。上述茂金属催化剂的种种缺点都使其无法在聚烯烃领域广泛使用，烯烃市场上占有率还较低。

科研人员受到配体中环戊二烯基团能够控制催化活性中心的立体选择性和给电子性能的启发，发现其他许多有机基团也能起到这个作用，因此，在“茂后”烯烃聚合催化剂的配体骨架不含环戊二烯基、茚基或芴基，配体由含 N、O、S、P 等杂原子的烷基或芳基组成，结构的细微变化能引起其催化性能的巨大改变，可得到不同结构和性能的聚烯烃产品。金属活性中心已经不局限于钛(Ti)、锆(Zr)等前过渡金属，一些后过渡金属如镍(Ni)、钯(Pd)、铁(Fe)等也用于烯烃聚合催化剂的合成。这种“茂后”烯烃聚合催化剂，尤其是近几年发展起来的后过渡金属催化剂，由于具有一定的特点，对茂金属催化剂市场产生了有力的冲击。

1.2.3 后过渡金属催化剂

后过渡金属催化剂是指以位于元素周期表中后半部分的Ⅷ族过渡金属铁(Ⅱ)、钴(Ⅱ)、镍(Ⅱ)、铜(Ⅱ)等为活性中心的配合物作主催化剂，以烷基铝、甲基铝氧烷(MAO)或有机硼化合物等为助催化剂，对烯烃聚合有高活性的一类催化剂。

后过渡金属催化剂用于烯烃聚合的研究早在 1951 年就开展了，当时，Reppe 和 Magin 发现 $K_2Ni(CN)_4$可以催化乙烯与 CO 共聚；1988 年，James 和 Brookhart 等曾以 $HRu(PPh_3)_3$、$Cp(POMe)_3Rh(C_2H_4)R^+$催化乙烯聚合，但由于该类催化剂容易发生增长链的 β-H 消除导致链终止，一般只能以低活性形成二聚或齐聚的低相对分子质量聚合物，因此一直没有受到重视。直到 1995 年，Dupont 公司资助的美国北卡罗来纳大学 Brookhart 等人经研究发现，以二亚胺为配体的后过渡金属镍(Ⅱ)、钯(Ⅱ)催化剂(图 1-7)经甲基铝氧烷(MAO)或有机硼化合物活化后，对乙烯聚合的活性可高达$(3\sim11)\times10^{7}$ g (PE)/[mol · Ni(或 Pd) · h]，且含强吸电子基的镍催化剂的活性较高，通过改变催化剂配体的结构和反应条件，还可获得线型高支化度的聚乙烯。同年，由 BP 公司资助的英国帝国学院的 Gibson 等设计了和 Brookhart 催化剂结构类似的 Fe(Ⅱ)、Co(Ⅱ)催化剂(图 1-8)，经 MAO 活化后对乙烯聚合也有较高的活性。自此，对后过渡金属催化剂的研发成为各国科研人员的热门课题。

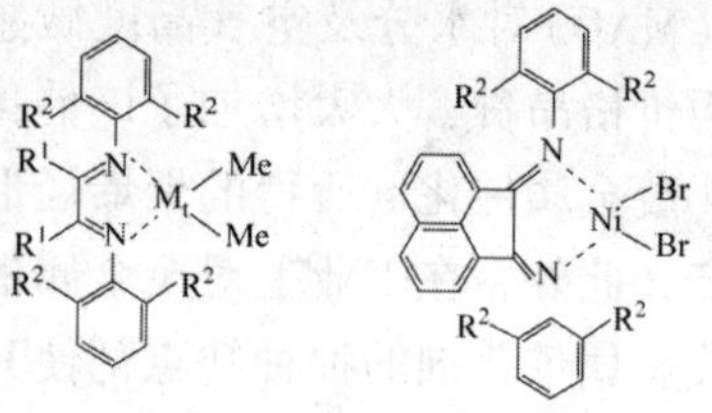

(Ⅰ)　(Ⅱ)

(a) R^1=H, R^2=i-P_r; (b) R^1=Me, R^2=i-P_r; (c) R^1=H, R^2=Me; (d) R^1=Me, R^2=Me; (e) R^1=R^2=i-P_r; M_t=Pd(Ⅱ), Ni(Ⅱ)

图 1-7　Brookhart 等人发现的 Ni(Ⅱ)、Pd(Ⅱ)催化剂

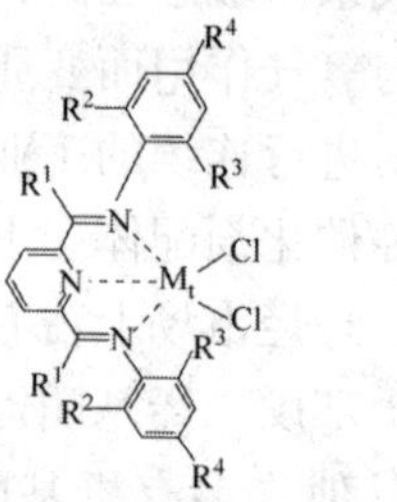

(a) M_t=Fe, R^1=Me, R^2=i-P_r, R^3=i-P_r, R^4=H;
(b) M_t=Fe, R^1=Me, R^2=Me, R^3=Me, R^4=H;
(c) M_t=Fe, R^1=R^3=R^3=R^4=Me;
(d) M_t=Fe, R^1=R^3=R^3=Me; R^4=H;
(e) M_t=Fe, R^1=R^4=H; R^2=R^3=Me;
(f) M_t=Co, R^1=Me, R^2=R^3=i-P_r, R^4=H

图 1-8　Brookhart 等人和 Gibson 等发现的 Fe(Ⅱ)、Co(Ⅱ)催化剂

与 Ziegler-Natta 催化剂及茂金属催化剂相比，后过渡金属催化剂具有以下结构特征：①主催化剂的配体由 Ziegler-Natta 催化剂的卤素或烷氧基、茂金属催化剂的茂基扩展到共轭芳氮基，既增大了活性种中心原子的立体效应，又可通过共轭体系的电子效应来改变中心原子的正电性(即铁、钴、镍等的 d 空轨能级)，使之适合 α-烯烃的配位和插入；②由于配体的改变使原来对 α-烯烃有低活性或无活性的Ⅷ族过渡金属催化剂转变为对 α-烯烃有高活性的催化剂，从而突破了只有前过渡金属(主要是ⅣB 族)催化剂对 α-烯烃有高活性的界限；③实现了过渡金属从ⅣB 族到ⅥB 族直到Ⅷ族均可形成对 α-烯烃聚合有高活性催化剂的理论预期。

在催化烯烃聚合方面，与 Ziegler-Natta 催化剂及茂金属催化剂相比，后过渡金属催化剂具有以下特征：①单一活性中心的高活性均相催化剂，可得到相对分子质量分布较窄($PDI=1.5\sim3.0$)的烯烃聚合物，并可从分子水平上控制聚合物的微观结构，这与茂金属催化剂相似，与 Ziegler-Natta 催化剂不同；②通过改变配体上基团的结构和聚合工艺条件，可得到线性或支链结构的支化聚合物，这对于 Ziegler-Natta 催化剂及茂金属催化剂是很难实现的(因为一般需要乙烯与 α-烯烃共聚)；③金属中心的亲电子性弱，较能容忍含未共享电子对原子(如 O、N、

P)的化合物，即对极性基团的容忍能力强，可以有效催化极性单体的均聚，尤其是在极性单体与非极性单体的共聚方面得以突破，而 Ziegler-Natta 催化剂及茂金属催化剂则不具备此特征；④可用于乙烯齐聚制取长链 α-烯烃，从而开拓了石油化工产品(如润滑油基础油)所需催化剂的新局面；⑤催化剂制备简单、对水和氧的敏感性差，可在空气中稳定存在，甚至在极性溶剂中也比较稳定，从而极大简化了催化剂的制备过程及保存方法，有效地控制了聚合成本，且催化剂成本比 Ziegle-Natta 催化剂与茂金属催化剂低。

1.3 Schiff 碱类后过渡金属烯烃聚合催化剂

Schiff 碱是指含有亚胺或甲亚胺特性基团(—CR═N—)的一类有机化合物。1864 年，德国化学家 Hugo Schiff 发现伯胺与羰基化合物发生缩合反应，生成具有甲亚胺基官能团的有机化合物，因而以其名字来命名。

Schiff 碱通常是由含活性羰基的物质和胺、氨基酚等经缩合反应而得到的有机化合物，常见的 Schiff 碱大多是由醛或酮与伯胺($R-NH_2$)发生缩合反应而得到。该反应过程中主要涉及加成反应、重排反应和消去反应等步骤，反应物立体结构及电子效应起着重要作用，其反应机理如图 1-9 所示，其中，R_3为芳基或烷基，而不是氢。氨基氮上的孤对电子进攻羰基碳，羰基的碳氧双键中的一个电子给氧原子，形成一个碳四中间体。原来碳原子上的双键变成 2 个单键，一个单键连接氧负原子，另一个单键连在$-NH_2R_3$基团上。随后氧负原子结合氢变成羟基，$-NH_2R_3$失去氢成为$-NHR_3$，接着羟基和$-NHR_3$中的氢结合脱去 1 分子 H_2O，形成含有碳氮双键的亚胺，即 Schiff 碱。

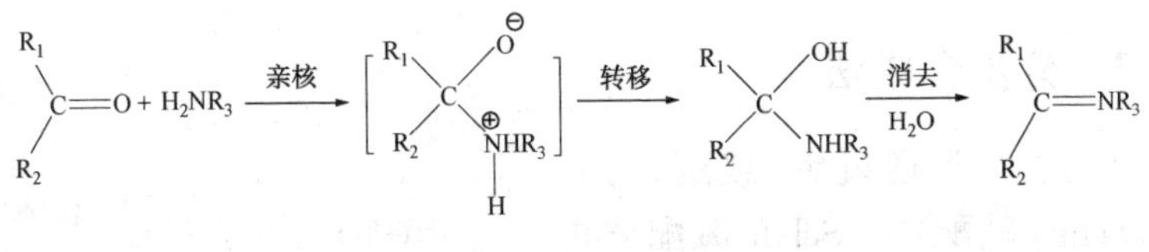

图 1-9 醛或酮与伯胺缩合反应生成 Schiff 碱的机理示意图

对于醛或酮而言，若 R_1、R_2基团体积较小，则有利于缩合反应进行。在过渡态中，若 R_1、R_2为烷基等推电子基团，则会使 O^-上的负电荷更多，造成过渡态稳定性变差；若过渡态中含有芳基，则由于它的吸电子作用，会使 O^-上的负电荷分散，有利于过渡态稳定。因此，芳香族 Schiff 碱的稳定性比脂肪族 Schiff 碱的稳定性高。

对于伯胺(H_2NR_3)而言，进攻基团 R_3的诱导效应或共轭效应等会影响其进攻效果。若 R_3 为推电子基团，那么 $-NH_2R_3$ 上的 N 负电荷就比较集中，会增强其碱性，使其容易发生亲核加成反应。

Schiff 碱的核心基团—C═N—，其原子杂化轨道上具有孤对电子，是一种配位能力很强的有机配体，可以与主族金属、前过渡金属、后过渡金属以及稀土等金属离子配位，形成结构各异的 Schiff 碱金属配合物。但与金属离子配位形成的 Schiff 碱金属化合物很容易水解，所以需在无水条件下进行合成。

目前，Schiff 碱的合成方法主要有直接合成法、分步合成法、模板合成法、逐滴反应法以及水热合成法和高度稀释法等。

1.3.1 直接合成法

直接合成法就是将醛或酮、胺和金属离子按一定的比例混合后，在一定的条件下直接反应而得到 Schiff 碱金属配合物，其合成通式如图 1-10 所示。该方法的明显优点是反应迅速、步骤简单，但在得到产物的同时也混入大量的杂质，造成提纯困难，使得产物纯度降低，影响产物质量；此外，C═O 双键的空间效应使得位阻增大，反应不容易进行，因此一般不常采用。Yoshino 等为了克服 C═O 双键的空间效应，使用异硫氰酸酯作为亲核试剂，与羟基反应，从而生成稳定的恶唑烷酮产物，而且产物的产率也明显提高。Rakhtshah 等改变了反应器的类型，采用 MCRs 反应器，通过“一锅煮”的方式，实现了三组分的合成反应，最终合成了绿色环保的 Schiff 碱 Mn(Ⅲ)配合物，并证明 Schiff 碱 Mn(Ⅲ)配合物对环化缩合反应有催化作用。直接合成法简单，易操作，但副产物的生成，造成后续分离困难，导致目标产物的不纯净。

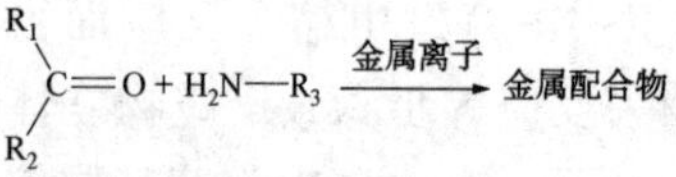

$$R_1R_2C{=}O + H_2N{-}R_3 \xrightarrow{\text{金属离子}} \text{金属配合物}$$

图 1-10 Schiff 碱金属配合物直接合成法

1.3.2 分步合成法

分步合成法是先通过醛(或酮)与胺缩合形成 Schiff 碱配体，Schiff 碱配体再和金属离子反应生成相应的 Schiff 碱金属配合物。其合成通式如图 1-11 所示。

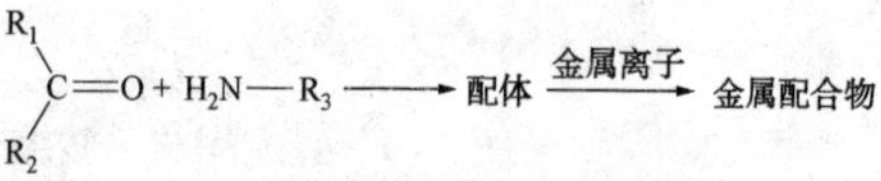

$$R_1R_2C{=}O + H_2N{-}R_3 \longrightarrow \text{配体} \xrightarrow{\text{金属离子}} \text{金属配合物}$$

图 1-11 Schiff 碱金属配合物分步合成法

丁丽芹等以邻香草醛和邻苯二胺为原料，合成了 Salen 型 Schiff 碱配体 H_2L^1，在过量的 KBH_4 存在条件下将其还原成 Salan 型配体 H_2L^2，然后在 Pd^{2+} 的存在条件下，合成了两种新型的 Schiff 碱配合物[PdL^1] 和[PdL^2]。李耀昕等在研究中先合成 2-氨基苯乙酮肟和 4-氨基苯乙酮肟，以其为中间体最后合成七种杂环类配体，通过一定的检测确定结构。

Savithri 在实验中通过分步合成法合成了四种配体，然后将金属盐氯化钴和氯化铜的乙醇溶液加入 Schiff 碱配体中，最终得到目标产物，并通过实验探究其与 DNA 的结合作用，证明配合物能有效切割 DNA。Thomas 等由两个杂环实体先合成了一种新型 Schiff 碱，与一系列+2 价氧化态的过渡金属离子的螯合，合成了具有生物活性的 Schiff 碱过渡金属配合物。

通过分步合成法得到的 Schiff 碱金属化合物，杂质少而且易于分离，纯度较高，是目前合成中常用的方法之一。

1.3.3 逐滴反应法

直接合成法和分步合成法适用于溶解性较好的 Schiff 碱，对于溶解性较差的 Schiff 碱，宜采用逐滴反应法合成。逐滴反应法实际是分步合成法的一个分支，在分步合成法中，由于有些反应第一步合成的 Schiff 碱在第二步中难溶或者微溶于溶剂，不能与金属离子充分反应，因此需要先将一种反应物与金属离子混合然后逐滴加入另一种反应物中，在反应中羰基化合物和胺类化合物反应生成的 Schiff 碱配体一旦形成，就直接和金属离子配位形成配合物。例如，张鹏飞在合成吲哚-2，3 二酮类 Schiff 碱时将金属离子逐滴加入新合成的配体溶液中，分析结果表明，实验测定值与计算所得值吻合程度较高，得到的配合物达到所需纯度。

逐滴反应法避免了配合物中混有难溶的配体导致的分离困难的问题。

1.3.4 模板合成法

模板合成法主要针对的是相对分子质量较大的 Schiff 碱，如大环类 Schiff 碱等。这种大分子类化合物用以上几种方法都很难合成，因此多采用模板合成法。模板合成法就是以金属离子为模板试剂，加入羰基化合物与二胺的反应中，从而得到 Schiff 碱金属配合物。

Vance 等在研究金属离子作为模板剂时发现，碱金属和第一行过渡金属离子作为模板无效，而较大的碱土金属，如铅(Ⅱ)和镧系元素(Ⅲ)离子在生产五齿和六齿大环时似乎更有效，因此在实验中选择铜(Ⅱ)作为生成 20 元[1+1]大环配体的模板离子，镍(Ⅱ)作为生成 40 元[2+2]大环配体的模板离子，最终合成相应的 Schiff 碱金属配合物。谢晶晶设计并合成了新型二元羧基取代 Schiff 碱配体，并以该配体为阴离子，引入中性配体内消旋-5，7，7，12，14，14-六甲基-1，4，8，11-四氮杂环十四烷，与过渡金属离子反应，合成了系列性质优异结构新颖的 Schiff 碱过渡金属配合物。Shi 等[21]以水杨醛和 1，2-环己烷二胺为原料，在乙醇溶液中合成了 Salen 型对称 Schiff 碱配体，并以 Zn^{2+} 为模板剂，通

过 Et_3N 去质子，合成了 4 核锌 Schiff 碱 Zn(Ⅱ)配合物。

模板合成法因其特殊的优势，合成的 Schiff 碱配合物产率高、选择性好，在合成过程中操作简便、反应时间短。但由环的空腔大小和中心原子半径共同决定，所以成环模式不自由，这也是模板合成法的一个缺点。

1.3.5 高度稀释法

高度稀释法是将反应物置于一个极度稀释的反应环境内，以便最大限度尽量降低反应物之间的聚合程度。Tanaka 等用 CH_2Cl 与 CH_3CN 作为溶剂，用高度稀释法成功合成了[3+3]型的 Schiff 碱大环化合物。该法主要用于合成 Schiff 碱大环化合物，可尽量降低聚合度，有利于形成更大的环系。但该法产率较低，实验准备过程烦琐，在反应过程中容易受反应条件的影响，如合适的溶剂、反应物配比、温度等因素，所以其应用受到了一定的限制。

1.3.6 水热合成法

水热合成法是改变反应条件，将反应物料与溶剂在高温高压条件下充分混合，而得到相应的产物。研究表明，溶剂在亚临界或超临界状态下，具有较强溶解性，在对反应进行快速减压降温后，生成物会立即从溶剂中游离出来，从而获得高纯度化合物的晶体。

除了上述合成法外，其他合成方法比如：水热扩散法、分层法、升华法、微波合成法等也逐渐出现。有的配合物也可以采用多种合成方法并用进行合成得到较为理想的 Schiff 碱及其金属配合物。

可见，各合成方法都有其相对应的适用性，根据不同反应物的特点，采用不同的合成方法。但就实验条件以及经济效益来看，分步合成法是实验室的首选之一。

合成得到的结构多样的 Schiff 碱可以从很多方面进行分类，按照缩合物质可分为缩胺类、腙类、缩酮类、缩氨基脲类、胍类、氨基酸类、杂氮环类等。从配体缩合结构上划分可分为单 Schiff 碱、双 Schiff 碱、大环 Schiff 碱。双 Schiff 碱又可分为对称双 Schiff 碱和不对称双 Schiff 碱，其中，由于不对称双 Schiff 碱类似于混合配体，不对称双 Schiff 碱配合物强化了金属离子配位的功能性，因此具有独特的性质和应用：如在用作催化剂时，催化活性往往比对称结构双 Schiff 碱的相应催化剂要高，且目标产物的选择性可通过官能团的功能调整而得到有效的提高。因此，不对称双 Schiff 碱成为目前 Schiff 碱类化合物研究领域的热点之一。

利用醛或酮与二胺缩合可以制备不对称双 Schiff 碱有机化合物，采用的醛主要有水杨醛、香草醛和吡啶醛类等，其中，活性较大、研究较多的是水杨醛，它和乙二胺、邻苯二胺等可生成 Salen 型配体。Salen 是 N，N - bis -

(saliylalehydde)-ethylendiamine 化合物的缩写，据悉，在 1889 年 Combes 在研究二胺和二醛的反应，无意中制备得到第一个 Salen 配体，如图 1-12 所示。Salen 配体一般由 2 mol 具有活性羰基的化合物(如水杨醛及其衍生物) 与 1 mol 二胺化合物反应，缩合脱水得到 Schiff 碱配体。Salen 最初仅用于描述乙二胺衍生的四齿 Schiff 碱，后来在文献中也用来指代[O，N，N，O]四齿双 Schiff 碱配体的类别，具有较好的配位能力；Salen 配体可与绝大部分过渡金属盐或金属化合物螯合形成稳定性较好的 Salen 金属配合物。1933 年，Pfeiffer 等首次用水杨醛与 1，2-二胺反应合成了 Salen 金属配合物，如图 1-13 所示。之后 Williams 等陆续报道了 Salen 配合物的合成方法。研究人员通过修饰配体结构和替换金属活性中心，合成了结构丰富、性能各异的 Salen 配合物。1985～1986 年，Kochi 等人合成了一种 Salen 化合物，可作为一种高效催化剂，用于催化环氧化反应。1990 年，Zhang 等人合成了三种结构相似的 Salen-Mn 催化剂，应用于苯乙烯等九种烷基(芳基)取代烯烃的环氧化反应中。之后，对 Salen 催化剂的研究引起了广大科技人员的广泛关注。经过研究人员的不断探索，Salen 型配合物可以在催化聚合、催化反应、生物医药开发、分子的特异性识别、新材料研发等领域广泛地应用。

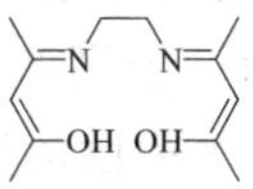

图 1-12　第一个 Salen 配体结构 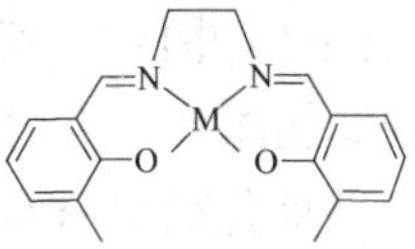　　图 1-13　Salen 型配合物基本结构

但在不对称 Salen 型配合物合成过程中，由于采用的二胺通常具有对称结构，即二胺上的两个 NH_2 基团的活泼性相同，很容易形成对称结构的副产物，使不对称 Salen 型配合物的产率大大降低。但由于不对称结构的 Salen 型配合物的独特结构、催化活性高且结构可调，其合成方法仍然引起了科研人员关注。

鉴于不同结构的配体和后过渡金属合成的配合物催化剂在催化方面的优势，国内外对此类催化剂的研究层出不穷，以金属镍(Ni)、铜(Cu)、铁(Fe)、钴(Co)等为活性中心的后过渡金属烯烃催化剂取得了很大的进展。本章对镍、铜配合物催化剂催化聚合非极性单体苯乙烯、极性单体甲基丙烯酸酯类的均聚及其共聚进行回顾。

1.4　Ni(Ⅱ)、Cu(Ⅱ)系催化剂催化苯乙烯聚合

近年来，国内外学者在研究 Ni(Ⅱ)、Cu(Ⅱ)系催化剂催化苯乙烯聚合的过程中，发现催化剂的结构对其催化活性及聚合物微观结构有重要影响。下面分别

对 Ni(Ⅱ) 系催化剂和 Cu(Ⅱ)系催化剂催化聚合苯乙烯的研究进行阐述。

1.4.1 Ni(Ⅱ)系苯乙烯聚合催化剂

镍系催化剂在催化苯乙烯聚合过程中，由于较高的活性备受研究者青睐。下面分别对[N-N]、[N-O]、[N-N-O]、[N-N-O-O]和[N-N-N-N]等类型的镍系配合物在催化苯乙烯聚合时的研究进行阐述。

1.4.1.1 [N-N]型镍配合物催化剂

O′Reilly 等设计合成了两种 α-二亚胺结构的镍系催化剂，与氯化苯组成催化体系，催化苯乙烯聚合，其结构如图 1-14 所示。结果发现：由于配合物 1 不溶于苯乙烯，因而在聚合过程中，得到相对分子质量不可控、宽相对分子质量分布(PDI>2.5)的聚苯乙烯。在相同聚合条件下，配合物 2 催化苯乙烯聚合，得到相对分子质量可控且窄相对分子质量分布的聚苯乙烯(M_n=21900，PDI=1.38)。此外，还考察了不同引发剂对聚合产物的影响：当以溴化苯为引发剂时，在相同聚合条件下，聚合速度减缓，但可得到相对分子质量分布更窄的聚苯乙烯(PDI=1.15)。这可能是由于较弱的 C—Br 键更易引发聚合反应。

Gao 等设计合成了如图 1-15 所示的四种苯胺亚胺类镍系催化剂，并与甲基铝氧烷(MAO)组成催化体系，应用于催化苯乙烯聚合。分别考察了四种催化剂、反应温度、Al/Ni、助催化剂对催化活性以及聚合产物特性的影响。结果表明：聚合时间 1 h，聚合温度 70 ℃，Al/Ni =775 为最佳聚合条件，催化剂的活性由高到低为 2>1>4>3；活性最高可达到 8.69×10^5 g/(mol·h)，所得聚苯乙烯相对分子质量分布 PDI=2.20。聚苯乙烯的相对分子质量随着配合物取代基空间位阻的增大而增大。以过氧化苯甲酰(BPO)作为助催化剂可得到富含间规的聚苯乙烯，以 MAO 作为助催化剂得到富含等规立构聚苯乙烯。

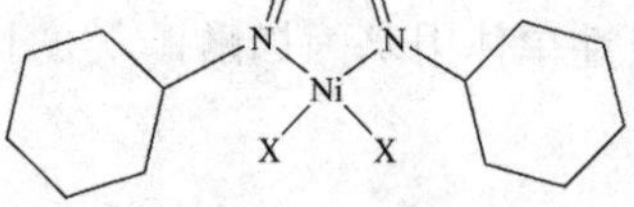

1：X=Cl；2：X=Br

图 1-14 Rachel K. 等设计的[N-N]镍催化剂

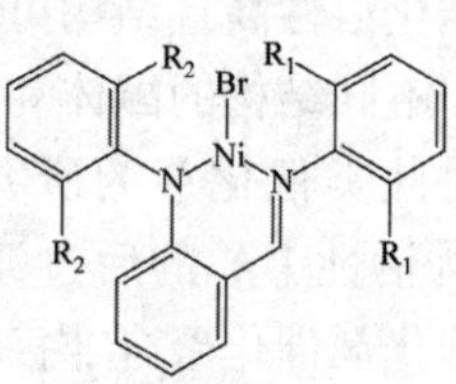

1：R_1=Me, R_2=i-P_r；
2：R_1=R_2=i-P_r；
3：R_1=i-P_r, R_2=Me；
4：R_1=R_2=Me

图 1-15 Gao 等设计的[N-N]镍催化剂

Li 等研究了如图 1-16 所示的 β-二亚胺中性镍催化剂，并用于催化苯乙烯聚合。实验表明：在总体积为 20 mL 的甲苯溶液中，以 MAO 为助催化剂，Al/Ni 为

1200，温度为 70 ℃条件下，聚合反应 1 h，四种配合物中，配合物 3 的催化活性最高，达 8.24×10^5 g/(mol・h)。所得聚合产物中，等规含量(*mm*)= 52.4%，无规含量(*mr*)= 27.6%，间规含量(*rr*)= 20.0%，即在此类催化体系下，可得到富含等规结构的无规聚苯乙烯。

Wang 等合成了一系列如图 1-17 所示的吡唑亚胺镍配合物，与助催化剂 MAO 组成催化体系，催化苯乙烯聚合。结果表明，配合物 1 与配合物 2 催化苯乙烯聚合时均表现出了较高的活性。在温度为 40℃时，聚合时间为 1 h，Al/Ni 为 600，甲苯为溶液的条件下，配合物 1 的催化活性最高达到 8.45×10^5 g/(mol・h)，配合物 2 的催化活性低于配合物 1 的活性。所得的聚苯乙烯的相对分子质量分布 *PDI* 在 1.66~2.63 之间，多为富含间规立构的聚苯乙烯。在较高温度下，α-二亚胺镍催化剂会快速失活，且随聚合温度的升高，聚合产物的相对分子质量明显下降。

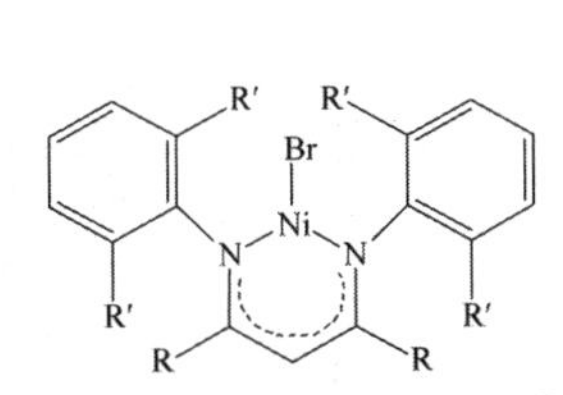

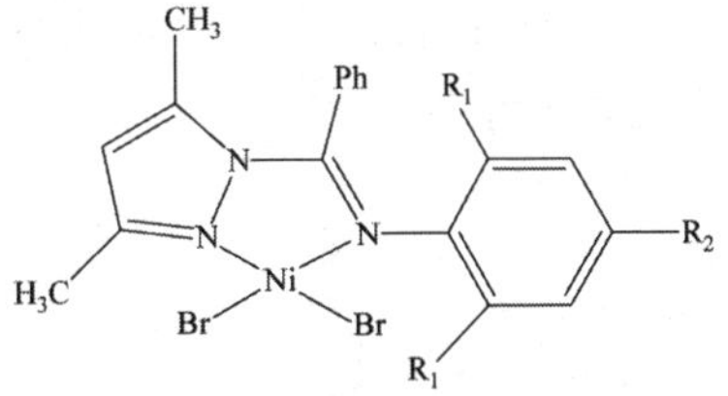

配合物1 R_1=i-Pr，R_2=H；
配合物2 R_1=H，R_2=NO_2

图 1-16　Li 等合成的β-二亚胺镍催化剂　图 1-17　Wang 等设计的[N-N]镍催化剂

Yuan 等合成了一系列如图 1-18 所示的对称 α-二亚胺类镍系催化剂，与助催化剂 MAO 组成催化体系，在甲苯溶液中，催化苯乙烯聚合。结果表明：配合物 a、b、c 在 Al/Ni 为 600，反应温度为 70 ℃的条件下，聚合反应 1 h。计算得到催化活性分别是 3.94×10^5 g/(mol・h)、5.46×10^5 g/(mol・h)、0.82×10^5 g/(mol・h)。配合物 b 的催化活性最高，所得聚合产物 *rr*= 35.6%，*mr*= 33.1%，*mm*= 31.3%，即得到了富含间规的无规聚苯乙烯。并认为随着配合物取代基空间位阻的增大，催化剂的活性以及所得聚合物的相对分子质量、相对分子质量分布均依次增大。

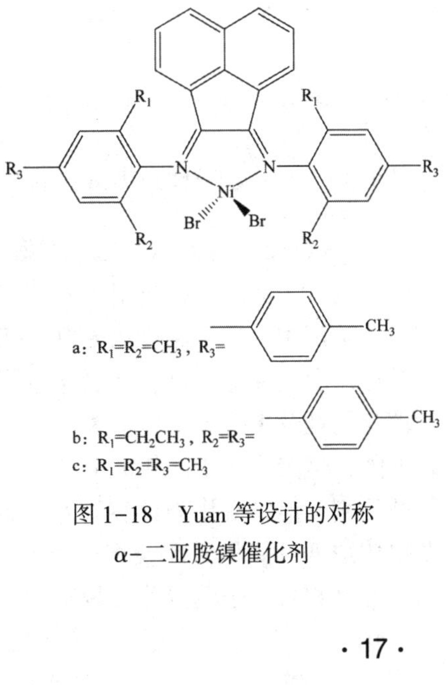

a：R_1=R_2=CH_3，R_3=（4-甲基苯基）
b：R_1=CH_2CH_3，R_2=R_3=（4-甲基苯基）
c：R_1=R_2=R_3=CH_3

图 1-18　Yuan 等设计的对称 α-二亚胺镍催化剂

Yuan 等人随后合成了如图 1-19 所示的四种手型 α-二亚胺类镍催化剂，与助催化剂一氯二乙基铝（DEAC）组成催化体系，在甲苯溶液中催化苯乙烯聚合。结果表明：在适宜条件下，配合物 rac-(RS)-b 的催化活性最高，达 2.82×10^5 g/(mol·h)，所得聚苯乙烯相对分子质量分布 $PDI=2.08$，$rr=44.2\%$，$mr=31.7\%$，$mm=24.0\%$，即得到富含间规结构的无规聚苯乙烯；在相同聚合条件下，配合物 rac-(RR/SS)-c 的活性较低，为 1.96×10^5 g/(mol·h)。并认为由于配合物 b 中存在强吸电子基-F 以及芳环上邻位甲基的作用，使其表现出更高的催化活性。

1.4.1.2 [N-O]型镍配合物催化剂

代表性的[N-O]型镍催化剂是 Bao 等设计的，如图 1-20 所示。该催化剂与 MAO 组成催化体系催化苯乙烯聚合。结果发现：在一定聚合条件下，活性最高的是催化剂 2，其值为 2.10×10^5 g/(mol·h)。所得聚合物的 $M_n=156000$，$PDI=2.1$，是富含间规结构的无规聚苯乙烯。并提出随着催化剂结构上吸电子基团的增多，催化活性增加。

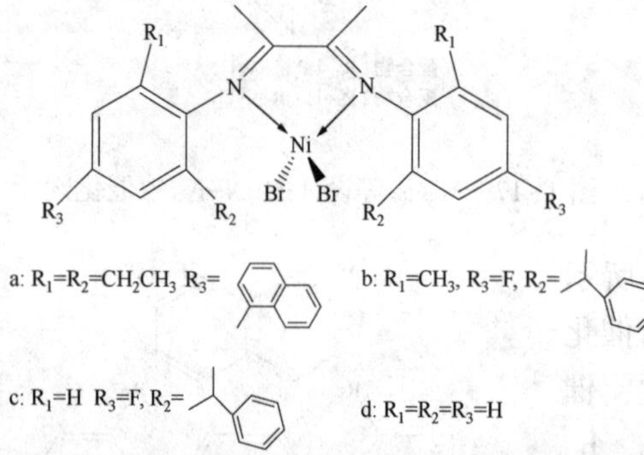

图 1-19 Yuan 等设计的手性 α-二亚胺镍催化剂

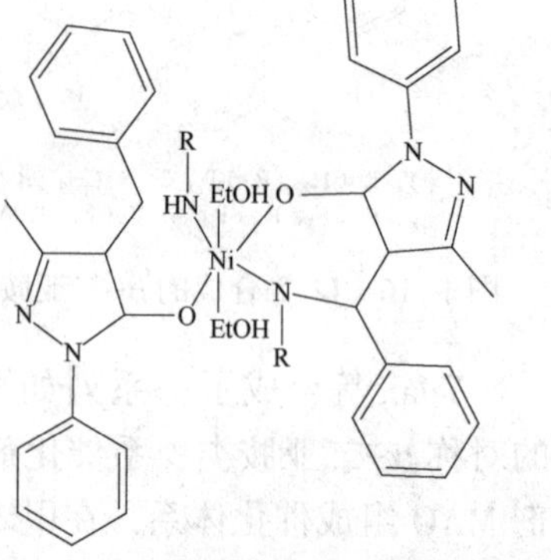

R=phenyl(1), o-chlorophenyl(2), naphthyl(3)

图 1-20 Bao 等设计的[N-O]镍催化剂

Yu 等合成了两种双-(β-酮氨)镍催化剂：$Ni[CH_3C(O)CHC(NR)CH_3]_2$（$R_1$=苯、$R_2$=萘），并应用于催化苯乙烯聚合。结果表明：以 MAO 为助催化剂，在甲苯溶液中，聚合温度为 60℃，反应 1h，配合物 1 和配合物 2 均表现出高催化活性。引人注意的是，作者考察了催化剂/MAO 体系中，加入不同量对苯二酚对催化活性及聚合物特性的影响。发现随着对苯二酚含量的增加，催化剂活性急剧下降，但聚合产物的相对分子质量却增加。这可能是由于对苯二酚作为催化剂的减活剂，但没有作为链转移剂。此外，还考察了 Al/Ni、反应温度、反应时间及单体浓度对催化活性及聚合产物的影响，得出此类催化剂可得到无规聚苯乙烯，并且相对分子质量分布较窄（$PDI<1.6$）。

Jin 等设计合成了如图 1-21 所示的双[N-O]镍催化剂，与助催化剂 MAO 组成催化体系，在甲苯溶剂中研究苯乙烯的溶液聚合。并考察了 Al/Ni 比、聚合温度、聚合时间等对催化活性及聚合物的相对分子质量的影响。在适宜的条件下，最高活性可达 1.34×10^5 g/(mol · h)，$M_n=1.62\times10^4$，$PDI=1.91$，得到了富含间规结构的无规聚苯乙烯，并指出聚合反应为配位反应机理。

1.4.1.3 [N-N-O]型镍配合物催化剂

李爱科课题组设计合成了三齿水杨醛亚胺镍配合物，如图 1-22 所示，与 MAO 组成催化体系，用于催化苯乙烯聚合。结果表明：催化剂 1-3 适合于苯乙烯聚合，转化率最高达到 40.58 %，相应的活性为 1.69×10^3 g/(mol · h)，数均相对分子质量 M_n 为 2.27×10^6。

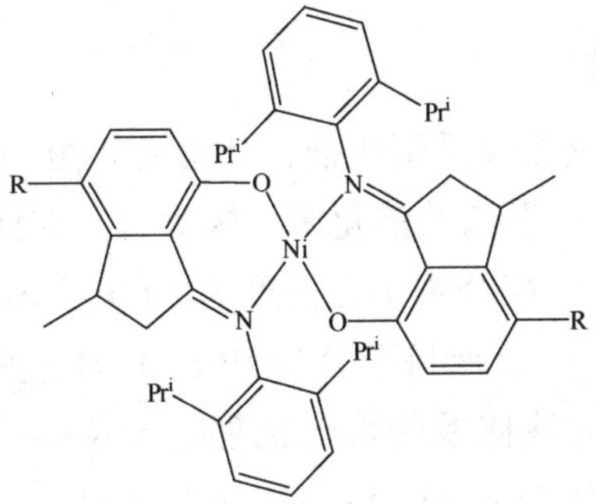

1 R=Me; 2 R=Cl; 3 R=H

图 1-21　Jin 等设计的双[N-O]型镍催化剂

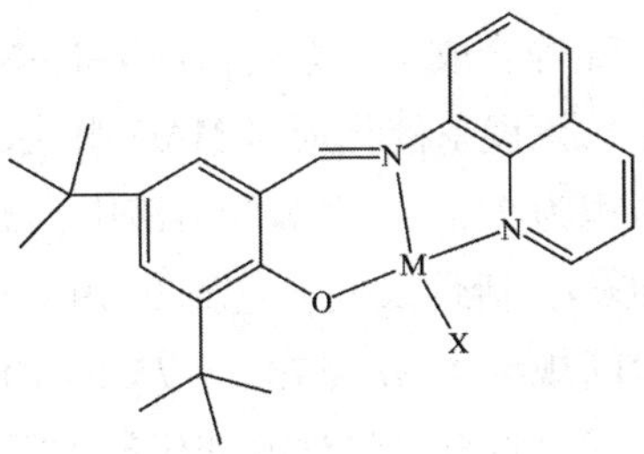

M=Ni; 1: X=Cl; 2: X=Br; 3: X=I

图 1-22　李爱科等设计的[N-N-O]型镍催化剂

Wang 等设计合成了如图 1-23 所示的镍配合物，与 MAO 组成催化体系催化苯乙烯聚合。结果表明，这些配合物可以有效催化苯乙烯聚合，但聚合物的规整度很低，并考察了对于催化剂 2/MAO 体系，Al/Ni 比、聚合时间等因素对催化活性及聚合物相对分子质量及其分布的影响，得到最优条件下活性为 3.79×10^5 g/(mol · h)，$M_w=6.67\times10^4$，$PDI=1.62$。

[(L)NiX] (1-5)

1: X=Cl, $R^1=R^2=H$;
2: X=Cl, $R^1=R^2=t$Bu;
3: X=Cl, $R^1=Ph$, $R^2=H$;
4: X=Br, $R^1=R^2=t$Bu;
5: X=I, $R^1=R^2=t$Bu

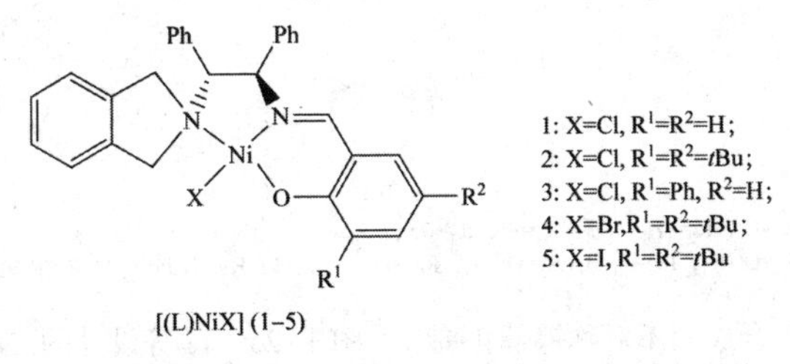

图 1-23　Wang Jinyang 等设计的[N-N-O]型镍催化剂

1.4.1.4 ［N-N-O-O］型镍配合物催化剂

代表性的［N-N-O-O］型镍配合物催化剂有吕兴强课题组设计的不对称结构的催化剂，并指出与对称结构配合物相比，不对称结构配合物催化剂更容易调控催化剂的活性及聚合物的相对分子质量大小及其微观结构。

陈燕等合成了一系列不对称镍系催化剂，其结构如图 1-24 所示，并催化苯乙烯聚合。结果表明：在 MAO 为助催化剂、甲苯为溶液，Al/Ni 为 1200，聚合反应时间 1h，反应温度 75 ℃条件下，该体系催化活性在(4.02~8.15)×10^5 g/(mol · h)之间，催化活性由高至低依次为：3 ＞ 2 ＞ 1 ＞ 6 ＞ 5 ＞ 4；聚合产物的数均相对分子质量 M_n 在(0.964~1.157)×10^4 之间，*PDI* 在 1.77~1.97 之间。这表明吸电子基团的存在可提高催化活性，此系列催化剂和 MAO 组成的催化体系可高效催化苯乙烯聚合。

1.4.1.5 ［N-N-N-N］型镍配合物催化剂

Li 等合成了一系列［N-N-N-N］型 α-二亚胺镍系催化剂，其结构如图 1-25 所示。该镍系催化剂与 MAO 组成的催化体系可以高效催化苯乙烯聚合。在体系总体积为 25mL，甲苯为溶液中，聚合反应 3h。配合物 1 在温度为 30 ℃，Al/Ni 为 2000，活性最高，达到 2.79×10^5 g/(mol · h)，所得聚合物 *PDI*＝1.71，并且富含间规结构(*rr* ＝73%~75.5 %)。作者认为该体系的聚合机理是配位插入机理，同时将自己设计的催化剂体系与一个典型的 Brookhart-α-二亚胺 Nickel(Ⅱ)催化剂性能进行了对比。结果表明：在相同聚合条件下，该四齿［N-N-N-N］型镍催化剂活性远远超过 Brookhart-α-二亚胺［N-N］配位型催化剂，但是相对分子质量较低，*PDI* 相差不大。

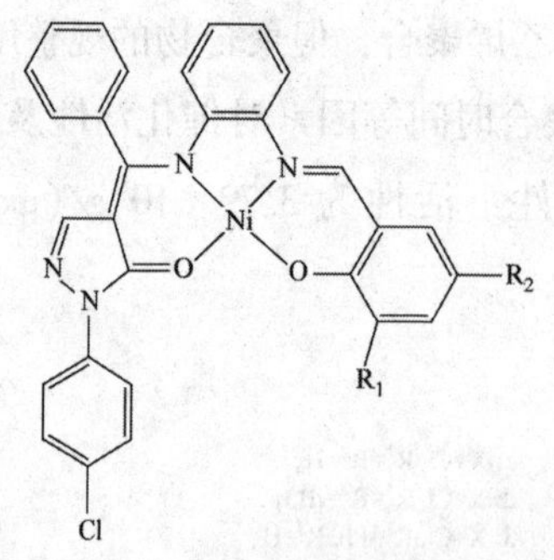

图 1-24 陈燕等合成的不对称镍催化剂

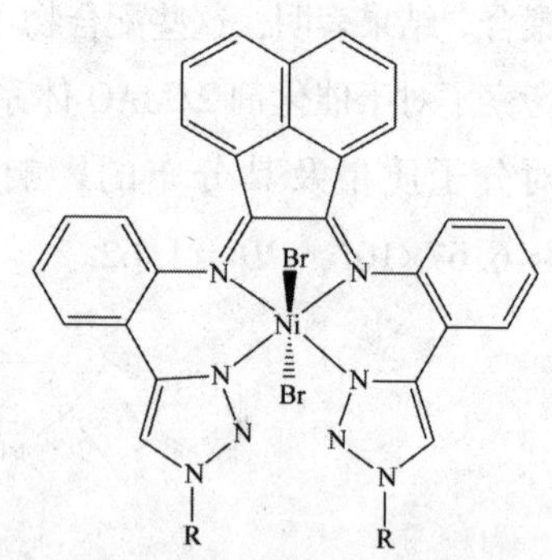

图 1-25 Li 等设计的［N-N-N-N］型镍催化剂

在催化苯乙烯聚合过程中，除了上述类型的单核镍系配合物催化剂，还有[P-N]型、[P-O]型、[P-P]等镍系配合物催化剂，在苯乙烯聚合中具有一定的催化活性。除了上述单核镍系金属配合物作为催化剂外，也有不少双核或多核镍系配合物与不同的助催化剂组成催化体系，有效催化苯乙烯聚合，在此不再赘述。

1.4.2 Cu(Ⅱ)系苯乙烯聚合催化剂

相比 Ni(Ⅱ)系催化剂，Cu(Ⅱ)催化剂催化苯乙烯聚合的报道较少。1995年，王锦山等采用氯化亚铜/联吡啶为催化体系，在12苯代氯乙烷的引发下，130 ℃引发苯乙烯(St)的本体聚合。反应3 h产率可达95%，第一次提出了原子转移自由基聚合(ATRP)机理的概念。

Mendonca 等采用 Fe(0)为活化剂、$CuBr_2/Me_6TREN$为失活剂的混合催化体系，研究了苯乙烯、丙烯酸甲酯(MA)和甲基丙烯酸甲酯(MMA)在极性溶剂(DMSO、DMF、MeCN)中的室温原子转移自由基聚合(ATRP)，得到了相对分子质量可控、相对分子质量分布较窄的聚合物。其中，在 MeCN 溶剂中反应48 h后，聚苯乙烯的 $M_n=5000$，$PDI=1.05$。

Bienemann 等设计合成了如图1-26所示的两个配体，与 CuCl 和 CuBr 组成催化体系，在1-氯-1-苯乙烷和1-溴-1-苯乙烷的引发下，研究了苯乙烯的本体聚合和在乙腈中的溶液聚合，结果表明，在70~130 ℃的温度下，反应100min后，聚苯乙烯的相对分子质量可达10^5数量级，*PDI*小于2，反应机理为原子转移自由基聚合。

Eckenhoff 等设计合成了如图1-27所示的配体，与$CuCl_2$和$CuBr_2$组成催化体系，在AIBN的引发下，研究了苯乙烯、丙烯酸酯等单体的原子转移自由基加成聚合，结果表明，在60 ℃的温度下，反应24 h后，苯乙烯的转化率可达到90%以上，并指出催化活性的高低与$Cu^{Ⅱ}$、$Cu^{Ⅰ}$、Cu^0之间的歧化作用有关。

Poli 等设计合成了如图1-28所示的两个配体，在Et_3N的存在条件下，与$CuCl_2$反应生成相应的两种铜配合物，在甲苯溶剂中，[styrene]/[AIBN]/[Cu]=200∶0.8∶1；80 ℃条件下研究了苯乙烯的反向原子转移自由基聚合，并指出所合成的铜配合物起到自由基捕获剂的作用，Cl原子的存在使得该反应可控。

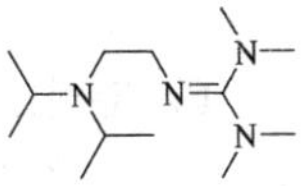

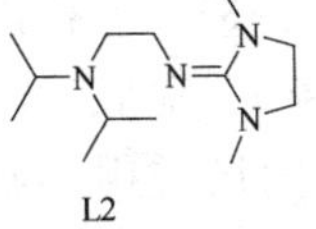

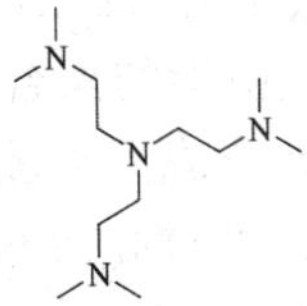

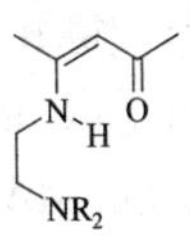

图1-26 Bienemann 设计的配体　图1-27 Eckenhoff 设计的配体　图1-28 Poli 设计的配体

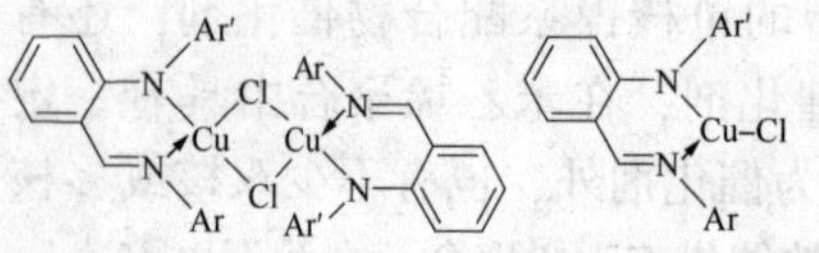

1a, Ar=Ar′=2,6−$Me_2C_6H_3$ 1c, Ar=Ar′=2,6−$^iPr_2C_6H_3$
1b, Ar=Ar′=2,6−$Et_2C_6H_3$
1d, Ar=2,6−$^iPr_2C_6H_3$
Ar′=3,5−$(CF_3)_2C_6H_3$
1c, Ar=2,6−$^iPr_2C_6H_3$
Ar′=*p*−$OMeC_6H_4$

图 1-29 Hao 设计的 Cu(Ⅱ)配合物

Hao 等设计合成了如图 1-29 所示的配合物，在 AIBN 的存在下，在甲苯溶剂中，在反应温度 80 ℃，反应时间 20h 的条件下，以不同的[styrene]/[AIBN]/[Cu] 摩尔比，研究了苯乙烯的反向原子转移自由基聚合，催化剂呈现出中等活性，所得聚苯乙烯的最大数均相对分子质量 M_n 为 3300，*PDI* = 1.47，并指出配合物亚氨基上的邻位基团对催化活性有较大的影响。

Qu 等以 N，N，N′，N′，N″-五甲基二亚乙基三胺(PMDETA)、2-2′-联吡啶(bipy)、三(2-二甲氨基乙基)胺(Me6TREN)为配体，CuBr 为催化剂，(1-溴乙基)苯(1-PEBr)为引发剂，在 90℃下催化苯乙烯的原子转移自由基(ATRP)反应，当配体为三(2-二甲氨基乙基)胺(Me6TREN)时，所得聚苯乙烯的最大数均相对分子质量 M_n 为 13909，相对分子质量分布 *PDI* 为 1.73，但此时转化率较低，只有 23.7%。指出引发剂和单体必须匹配，才能保证链引发和链增长速率。

1.5 Ni(Ⅱ)、Cu(Ⅱ)系催化剂催化甲基丙烯酸酯类聚合

Ni(Ⅱ)、Cu(Ⅱ)系配合物除了可作为催化非极性单体苯乙烯的催化剂外，还可催化极性单体甲基丙烯酸酯类的均聚及其共聚。下面分别对 Ni(Ⅱ) 系催化剂和 Cu(Ⅱ)系催化剂催化聚合甲基丙烯酸酯类的研究进行阐述。

1.5.1 Ni(Ⅱ)系甲基丙烯酸酯类聚合催化剂

镍系催化剂在催化甲基丙烯酸酯类聚合过程中，显示出了较高的催化活性，配体结构的不同对催化聚合过程有重要影响。下面着重对 N-N 螯合配体、N-O 螯合配体等类型的镍系配合物在催化甲基丙烯酸酯类聚合时的研究进行阐述。

1.5.1.1 N-N 螯合配体

1995 年，Brookhart 等设计开发了含 α-二亚胺配体的 Ni、Pd 催化剂，在乙烯聚合中，催化活性很高，尤其是 Ni 催化剂的活性高达 1.1×10^7g/(mol·h)，但并未用于极性单体甲基丙烯酸甲酯的聚合。直到 2003 年，Kim 等在助催化剂甲基铝氧烷(MAO)的活化下设计合成了如图 1-30 所示的 α-二亚胺 Ni 催化剂，首次用于甲基丙烯酸甲酯(MMA)的催化聚合。所得聚甲基丙烯酸甲酯都是间规结构的，且研究表明，催化剂的结构和聚合温度对聚甲基丙烯酸甲酯(PMMA)的微观结构没有影响，PMMA 的相对分子质量分布(*PDI*)与聚合温度和催化剂结构

关系密切。

李锦春等设计合成了如图 1-31 所示对称结构的 α-二亚胺镍配合物，并与甲基铝氧烷(MAO)组成催化体系，研究了甲基丙烯酸甲酯(MMA) 的本体聚合反应。结果表明：在铝镍摩尔比 n_{Al}/n_{Ni} 为 600，单体与催化剂比例为 1 000，聚合反应温度为 60 ℃，聚合时间为 15 h 的条件下，MMA 单体的转化率为 65.5 %，聚合物的相对分子质量为 8.26×10^4。

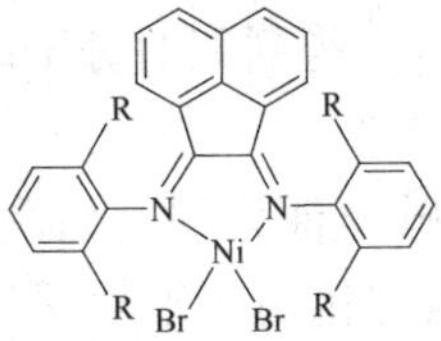

1a, R=Me,
1b, R=Et,
1c, R=iPr

图 1-30 Kim 设计的 α-二亚胺镍钠化剂

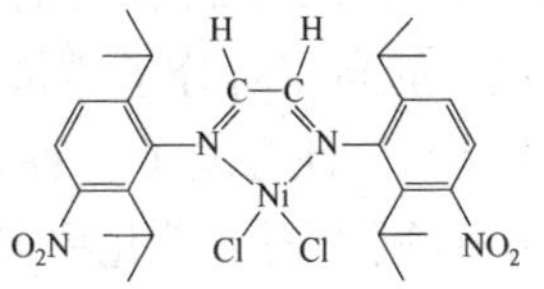

图 1-31 李锦春设计的 α-二亚胺镍催化剂

田大伟等设计合成了如图 1-32 所示不对称结构的 5 个带有磺酰胺亚胺配体的镍配合物，并与甲基铝氧烷(MAO)组成催化体系，研究了甲基丙烯酸甲酯(MMA) 的聚合反应，催化活性 $(2.1\sim3.9)\times10^4$ g/(mol·h)，PMMA 的数均相对分子质量(M_n) $(2.9\sim3.9)\times10^4$，相对分子质量分布 *PDI* 1.3～1.7，所得 PMMA 的间规度都在 72%左右，说明取代基的不同并未导致 PMMA 微结构的很大差异。

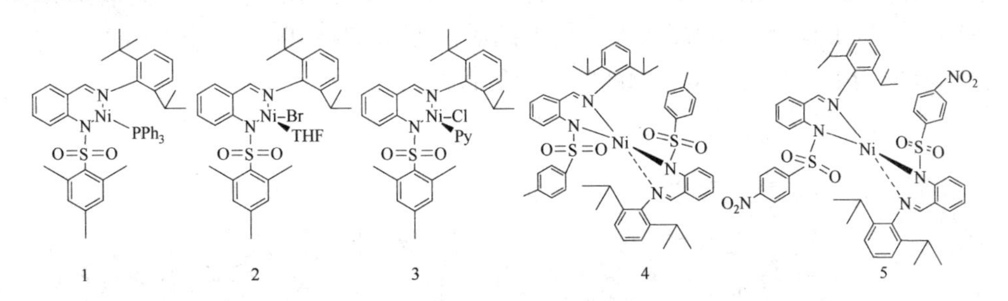

图 1-32 田大伟设计的磺酰胺亚胺配体镍催化剂

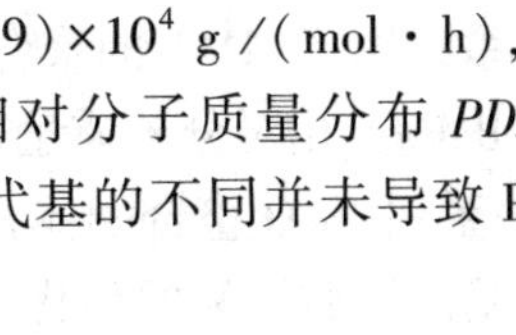

Wang 设计合成了如图 1-33 所示对称结构且包含位阻效应和电子效应的镍、钯配合物，并与二乙基氯化铝(DEAC)组成催化体系，研究了甲基丙烯酸甲酯(MMA) 的聚合反应，结果表明，同一条件下，镍系配合物的催化活性要比钯系的高。另外，配体上吸电子基团的引入可大大提高催化活性，且催化剂 4a 在不同的聚合温度下可得到

4a R=F, M=Ni, X=Br
4b R=Cl, M=Ni, X=Br
4c R=CH3, M=Ni, X=Br
4d R=n-Bu, M=Ni, X=Br
5a R=F, M=Pd, X=Cl
5b R=Cl, M=Pd, X=Cl
5c R=CH3, M=Pd, X=Cl
5d R=n-Bu, M=Pd, X=Cl

4a–d, 5a–d

图 1-33 Wang 等设计的[N, N]镍、钯催化剂

富含间规结构(rr=62.9% ~ 77.2%)的无规 PMMA，尤其在较低温度(0 ℃)下，间规度可达到77.2%，但此时转化率较低(10.1%)，重均相对分子质量(M_w)(1.98~2.55)×10^4 g/(mol·h)。

1.5.1.2 N-O 螯合配体

1998年，Sealed Air 公司的 Grubbs 等首次设计开发了一类 N-O 螯合配体 Ni 或 Pd 催化剂，称为希夫碱类催化剂，不必借助 MAO 的活化，只需在 $Ni(COD)_2$(COD 为 1，5-环辛二烯)存在的条件下就可进行乙烯聚合，得到相对分子质量在4000~3.6×10^5的高相对分子质量的聚乙烯。

Carlini 等人设计合成了一种螯合型水杨醛亚胺希夫碱镍催化剂，如图 1-34 所示。在 MAO 的作用下催化甲基丙烯酸甲酯的聚合，当催化剂在乙烯保护下制备时，催化活性较高；且当 n_{Al}/n_{Ni} 为 100 时，活性最高，可达 1.5×10^5 g/(mol·h)，所得聚甲基丙烯酸甲酯(PMMA)的相对分子质量 50×10^3，聚合物的间规度达 74%。

Wu 等设计合成了 N-O-O-O 镍 Schiff 碱配合物(图 1-35)，该配合物与三异丁基铝组成催化体系，用于 MMA 的聚合，反应温度为 60 ℃，时间为 20 h，单体转化率大于 70%，PMMA 相对分子质量达到 80×10^4。

He 等制备了一系列 N-O 螯合配体 β- 酮亚胺镍配合物，与 MAO 组成催化体系在氯仿中研究甲基丙烯酸甲酯的催化聚合。发现催化剂结构不同，其催化活性各异，但都在 50 ℃时活性最大，最大的活性为 3.274×10^5g/(mol·h)，M_w=1.16×10^6，PDI=1.41，聚合物的间规度最高为 82.3%。

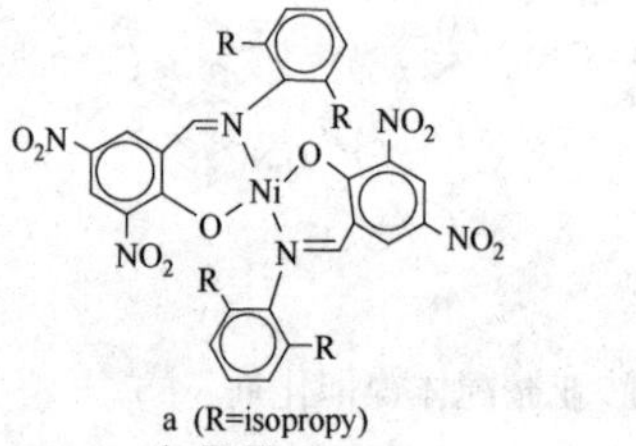

图 1-34 Carlini 设计的[N，O，N，O]螯合型水杨醛亚胺镍催化剂

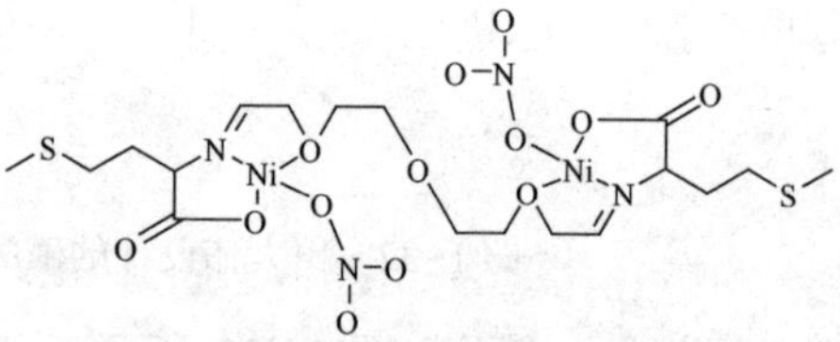

图 1-35 Wu 设计的四甘醇缩双蛋氨酸 Schiff 碱镍配合物

Li 等合成了不对称[N，O]中性 Ni 配合物(图 1-36)，并与改性的 MAO(即 MMAO)组成催化体系，用于 MMA 的聚合，最大收率达 98%，得到富含间规的无规 PMMA，间规度在 70%左右。此外，系列催化剂还可有效催化乙烯和甲基丙烯酸甲酯的共聚。

孙俊全课题组设计合成了双核环己基水杨醛亚胺中性镍催化剂(图 1-37)，

在助催化剂 Al(i-Bu)$_3$的活化下，催化聚合甲基丙烯酸甲酯，在单体与催化剂的摩尔比为 1 000/1，n_{Al}/n_{Ni}为 10，聚合反应温度为 60 ℃，时间为 15 h 的条件下，所得聚合物的间规度在 70%左右，PDI=2.02。

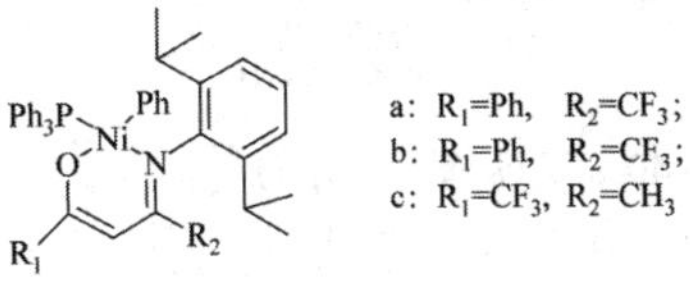

图 1-36 Li 等设计的不对称β-酮亚胺镍配合物

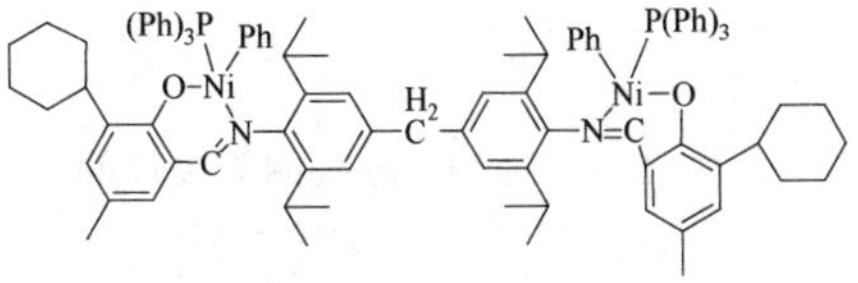

图 1-37 孙俊全设计的双核水杨醛亚胺镍配合物

Jin 等设计合成了一系列双[N，O]配体 Ni 配合物为主催化剂(图 1-38)，并以 MAO 为助催化剂，在甲苯中催化 MMA 的聚合，结果表明，2 种单核 Ni 配合物的催化活性要高于三核配合物的催化活性，但无论是单核还是多核配合物催化剂得到的富含间规结构(rr 为 70%)的 PMMA，数均相对分子质量最大为 10.6×10^4，PDI 为 4~6；并且，通过改变催化剂的结构和聚合反应条件(如反应温度、Al / Ni)可以控制 PMMA 的相对分子质量。

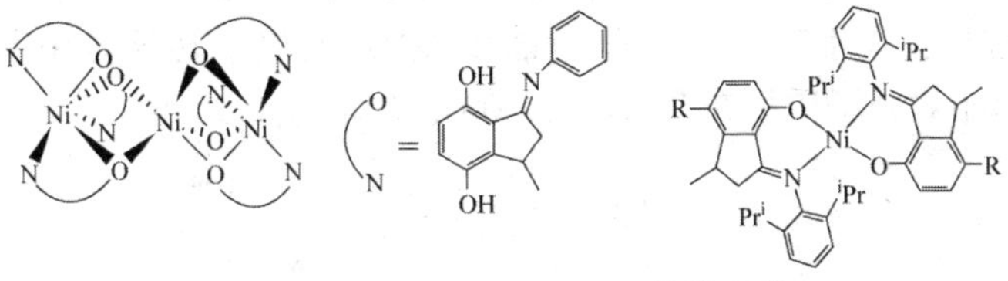

图 1-38 Jin 等设计的双[N，O]配体 Ni 催化剂

陈晓丽等合成了 2 种双[N，O]配体镍催化剂(图 1-39)，与 MAO 组成催化体系，可以有效地催化极性单体 MMA 的聚合，催化活性高达 10^5g /(mol·h)，PMMA 的重均相对分子质量可达 4×10^5，在 0~70 ℃考察时，PDI 从 2.0 增大到 6.8，指出这可能因高温下催化剂的热稳定性差和活性中心多所致。催化剂 B 和 MAO 催化体系得到的 PMMA 的间规度高达 73.2%，玻璃化转变温度 T_g = 106.4 ℃。

胡扬剑等以如图 1-40 所示的[N，O]配体镍配合物为催化剂，以烷基铝为助催化剂，以正己烷为溶剂，研究了 MMA 的溶液聚合。当甲基丙烯酸甲酯浓度为 0.8 mol/L、n_{Al}/n_{Ni}为400、温度为0 ℃时，催化活性达到110.7 kg /（mol·h）。数均相对分子质量在 1 572~3 491，PDI 分布为 1.29~2.24，并指出催化剂结构对聚合物影响较大，空间位阻大的催化剂的催化活性较低，因大位阻易阻碍单体在活性中心的配位，但有利于链增长，所以得到的 PMMA 的相对分子质量较高。

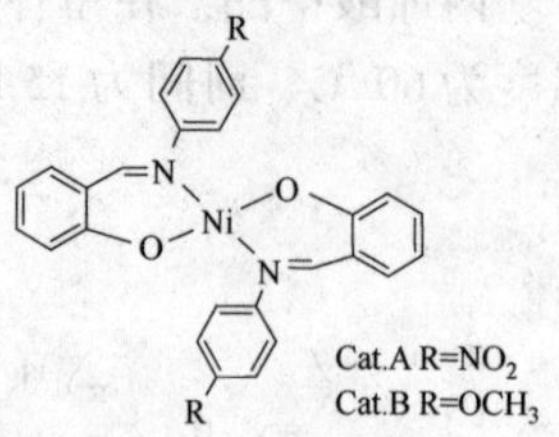

图 1-39　陈晓丽等设计的双[N，O]配体镍催化剂

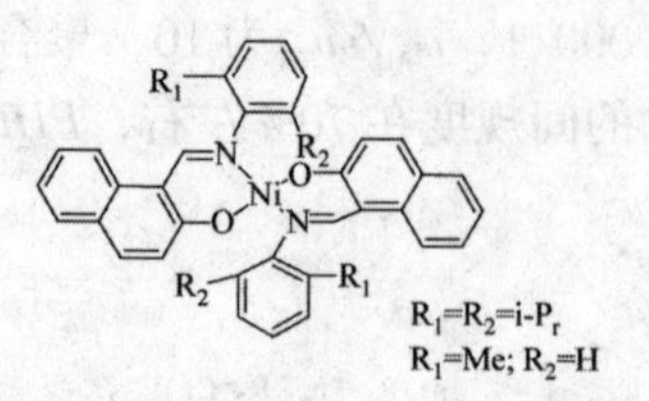

图 1-40　胡扬剑等设计的双[N，O]配体 Ni 催化剂

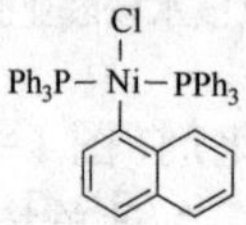

此外还有 P-P 双膦催化剂，这类催化剂的热稳定性较好，催化活性寿命较长，也引起了人们的兴趣。如 De Roma 等设计合成如图 1-41 所示的 P-P 双膦镍配合物。

图 1-41　Roma Antonella De 设计的 P-P 双膦镍催化剂

1.5.2　Cu(Ⅱ)系甲基丙烯酸酯类聚合催化剂

Haddleton 等设计合成了一系列[N，N]双齿配体(图 1-42)，该系列配体与 CuBr 反应配位后，在甲苯和二甲苯中催化 MMA 的原子转移自由基聚合，所得 PMMA 的数均相对分子质量在 2 000~7 000，*PDI* 为 1.1~1.2。

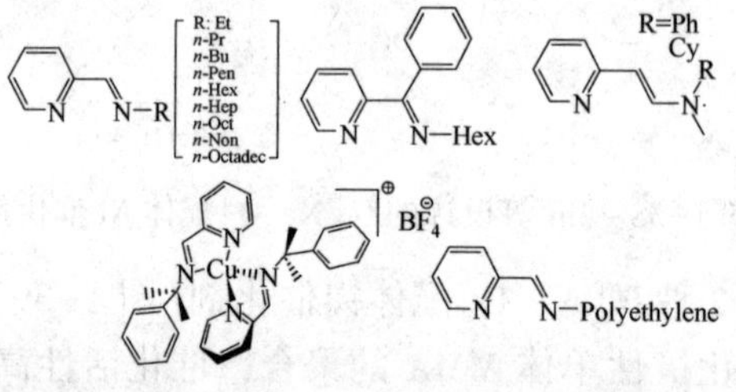

图 1-42　Haddleton 设计的[N，N]铜催化剂

随后，Haddleton 等又设计合成了一价铜配合物，在 AIBN(偶氮二异丁腈)的引发下，研究了 MMA 的反向原子转移自由基聚合(RATRP)。在只有 AIBN 而无催化剂存在的条件下，所得 PMMA 的相对分子质量为 3100，*PDI*=2.9，以一价铜配合物与 AIBN 组成催化体系，在催化 MMA 聚合时 *PDI*=2.6，聚合反应的可控性差；但以二价铜配合物与 AIBN 组成催化体系，催化 MMA 聚合时 *PDI*=1.24，反应可控性好，且 PMMA 的相对分子质量为 1.15×10^4。

Ding 等设计合成了如图 1-43 所示的配体 BPED，和铜化合物组成催化体系，研究苯乙烯(St)、丙烯酸甲酯(MA)、甲基丙烯酸甲酯(MMA)的原子转移自由基聚合反应(ATRP)。分别以 CuBr/BPED/MBP 和 CuCl/BPED/MCP 为催化体系研究聚合，在甲苯中催化 MMA 聚合，结果表明，该反应为一级反应，前者体系所得 PMMA 的 *PDI* 较小(<1.2)，后者体系在 40 ℃下反应 14 h，PMMA 的数均相对分子质量 M_n=7 200，*PDI*=1.83，表明反应不可控。在甲苯中催化苯乙烯的聚合，结果表明反应为一级反应，但前者催化体系所得聚苯乙烯(PS)的 *PDI* 较小(<1.1)，后者所得 PS 的 *PDI* 较宽，可能是因为 Cu(Ⅰ)Br/BPED 和引发剂 MBP 反应较快，使得自由基浓度较高所致。

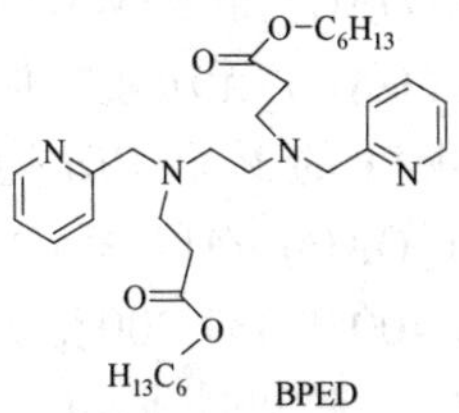

图 1-43 Ding 等设计的配体

Chen 等以 AIBN/$CuBr_2$/2，2′-bpy/CH_3CN 和 AIBN/CuCl/bpy 为催化体系，用微波辐射的方法研究了 MMA 的聚合。结果表明，与传统的热聚合相比，微波辐射聚合不仅聚合速率高，而且所得聚合物的相对分子质量分布窄，所用催化剂的量也减少了。如当 n(MMA)：n(AIBN)：n($CuBr_2$)：n(bpy)=200：0.5：2：4，60 ℃，在 CH_3CN 中反应 15 min，转化率可达 57.3%，PMMA 的 M_n=24300，*PDI*=1.48。

Nagel 等设计合成的 Cu(Ⅱ)配合物催化剂，与 MAO 组成催化体系，研究了 MMA 的聚合，同时对比了只用自由基引发剂 AIBN 或用 AIBN 和 MAO 所得聚合物的结构，结果表明 Cu(Ⅱ)配合物和 MAO 组成的催化体系，所得 PMMA 的间规含量要高 6%~8%。其中，60 ℃下反应 21 h，转化率为 60%，PMMA 的重均相对分子质量 M_w=278×10^3，*PDI*=3.8，间规度为 65.5%。

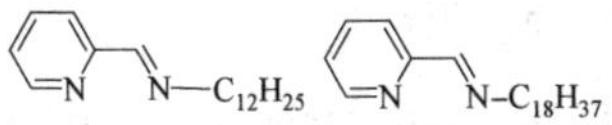

图 1-44 Limer 等设计的[N，N]配体

Limer 等设计合成了如图 1-44 所示的一系列[N，N]配体，与 Cu(Ⅰ)Br/ AIBN 或 Cu(Ⅱ)Br_2/AIBN 组成催化体系，100 ℃，在甲苯中研究苯乙烯和 MMA 的反向原子转移自由基聚合(RATRP)。先用 AIBN 作引发剂而不加催化剂，聚甲基丙烯酸甲酯的 M_n=31000，*PDI*=2.9。再用 $Cu^{Ⅰ}$Br 和 AIBN 得到聚合物 M_n=29000，*PDI*=2.6，此时的聚合不可控，用 $Cu^{Ⅱ}Br_2$代替 $Cu^{Ⅰ}$Br，聚合物转化率 22%，M_n=11500，*PDI*=1.24，所以反应一开始就要加入 $Cu^{Ⅱ}Br_2$。苯乙烯聚合结果与 MMA 类似。为了确认 RATRP 所得 PMMA 的活性，将一部分 PMMA 纯化后用作传统 ATRP(即 LRP)反应的大分子引发剂，用于共聚，得到嵌段共聚物。

Carlini 等设计合成了双水杨醛亚胺铜配合物催化剂，以 MAO 为助催化剂用于乙烯均聚、甲基丙烯酸甲酯(MMA)均聚及二者的共聚，并指出 MMA 在甲苯中均聚时催化剂的活性受到前驱体的电子效应和空间位阻以及助催化剂浓度的影响，所得 PMMA 的间规度在 70%左右，*PDI* 在 2~24 之间。此外，这种催化剂还能催化降冰片烯加成聚合。

Lansalot-Matras 等设计合成了如图 1-45 所示的一系列配体，与 $CuCl_2$ 或

$Cu(OAC)_2$以及 MAO 组成催化体系，在 THF 中进行 MMA 的溶液聚合。$CuCl_2$或$Cu(OAC)_2$无法直接催化 MMA 的聚合，配体相同，金属盐的阴离子不同，所得 PMMA 的M_n和 *PDI* 均不同，如在其他条件相同时，$CuCl_2$/ 1b/ MAO 催化体系和$Cu(OAC)_2$/1b/ MAO 催化体系所得聚合物的数均相对分子质量 M_n 分别为 73 400和 339 200，*PDI* 分别为 1.85 和 3.16，聚合物的间规度分别为 72%和 78%。这可能是由于催化剂的键长、键角所引起的催化剂的分子结构不同所致。

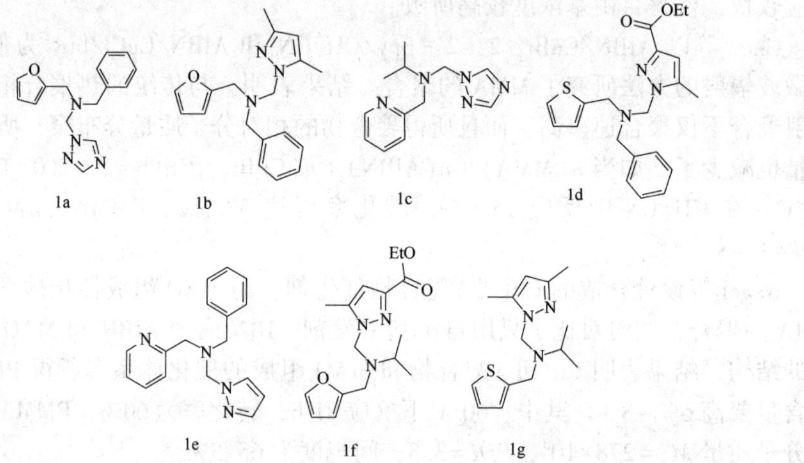

图 1-45　Lansalot-Matras 等设计的[N，N，N]配体

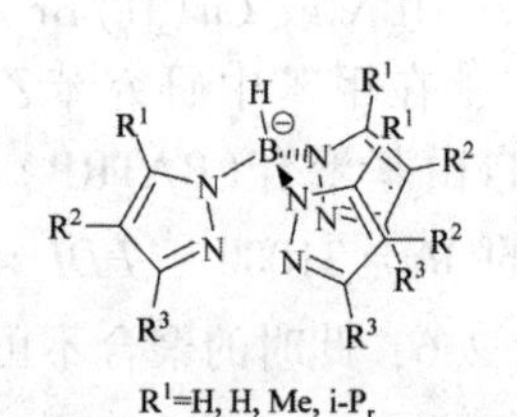

图 1-46　Munoz-Molina 等设计的 $T_p{}^*$ 配体

Munoz-Molina 等设计了如图 1-46 所示的 $T_p{}^*$ 配体，并合成了 Cu(Ⅰ)配合物，可以有效地催化甲基丙烯酸甲酯(MMA)和其他酯类的原子转移自由基聚合，所得聚合物的数均相对分子质量 M_n 与单体转化率呈线性关系，得到的 PMMA 的 *PDI* 也较小。如在 TsCl 的引发下，n(MMA)：n(Cat.)：n(TsCl) = 300：1：1，50 ℃下反应 24 h，单体转化率为 90%，$M_n = 2.96\times10^4$，$PDI = 1.09$，同时研究了不同单体、不同温度及不同引发剂对聚合反应的影响。

高艳梅等以 CuBr/1，10-菲罗啉和 CuBr/N，N，N′，N′，N″- 五甲基二乙烯基三胺为催化体系，溴乙酸乙酯为引发剂，在乙醇中研究了甲基丙烯酸甲酯的原子转移自由基沉淀聚合，获得的 PMMA 的 $M_n = (3.5 \sim 4.6)\times10^4$，$PDI = 1.54 \sim 1.73$，说明反应具有一定的可控性。

Liu 等在二甲亚砜(DMSO)中进行了甲基丙烯酸甲酯聚合的研究，通过 AIBN 引发的 MMA 的聚合可得到间规度 $rr = 50.88\%$的聚合物，而利用 Cu^I/bPy 催化体系氧化还原引发作用得到的聚合物间规度可提高至57%左右。此外，他们也在DMF 研究了 Cu^{II} 、Co^{II} 、Fe^{III}等经还原后催化甲基丙烯酸甲酯的自由基聚合。

Shin 等设计合成了新型的[$LnMCl_2$] 配合物（Ln 为结构各异的配体，记为 L_A，L_B；M=Co，Cu，Zn)，与 MMAO 组成催化体系，研究了甲基丙烯酸甲酯的聚合。结果表明，在 60 ℃，配合物[L_ACoCl_2]的活性最高，可达 7.67×10^4 g/(mol·h),所得 PMMA 的重均相对分子质量为 11.2×10^4，且 *PDI* 较窄(*PDI*=1.01)。推电子基团-CH_3的引入，降低了催化活性，但对聚合物微观结构没有明显影响，所得聚合物的间规度均在 68.1%~70.4%。

Park 等设计合成了如图 1-47 所示新型的[(bpma)M(μ - X)X]$_2$ （M=Co，Cu，Zn，X=Cl；M=Cd，X=Br）配合物，其中，[(bpma)M(μ - Cl)Cl]$_2$与改性甲基铝氧烷组成催化体系，在60℃催化聚合甲基丙烯酸甲酯时显示出较高的活性[9.14×10^4 g PMMA/(mol·Cu·h)]，得到富含间规的无规聚甲基丙烯酸甲酯（*rr*=0.69）。

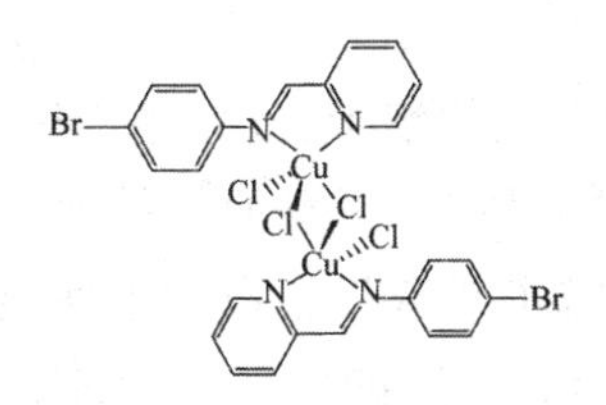

图 1-47　Park 等设计的配合物

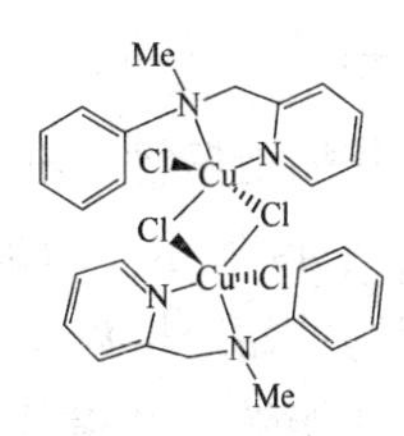

图 1-48　Cho 等设计的配合物

Cho 等设计合成了如图 1-48 所示新型的[(npmb)MCl_2]$_n$(M=Cd，X=Br，n=2;M=Cu，X=Cl，n=2；M=Zn，X=Cl，n=1）配合物，其中，[(npmb)$CuCl_2$]与 MMAO 组成催化体系，在60℃催化聚合甲基丙烯酸甲酯时显示出较高的活性[2.27×10^4gPMMA/(mol·Cu·h)]，得到富含间规的无规聚甲基丙烯酸甲酯(*rr*=0.68),相对分子质量为 10.1×10^5，*PDI* 为 2.53。

对于甲基丙烯酸高级酯，利用 Ni(Ⅱ)、Cu(Ⅱ)配合物作为催化剂的较少，国内外的一些科技人员利用传统的自由基引发剂进行了丙烯酸高级酯类聚合的研究。Karmakar 等以 $FeCl_3$为催化剂，二亚乙基三胺为配体，偶氮二异丁腈(AIBN)为引发剂，利用微波法，通过原子转移自由基(ATRP)反应，合成了大豆油与甲基丙烯酸酯和甲基丙烯酸酯的共聚物，在不同的矿物油中可同时作为抗磨剂、降凝剂和黏度指数改进剂。Ghosh 等合成了丙烯酸异癸酯的均聚物与丙烯酸异辛酯的均聚物，同时也合成了它们和 1-癸烯以不同比例得到的六种共聚物。丙烯酸异辛酯均聚产物的降凝幅度比丙烯酸异癸酯均聚产物要大。一般状况下，降凝剂添加量的增加会使降凝效果变差。这是因为当降凝剂加入量增加时，溶剂中实际能溶解的降凝剂的量减少，而溶质的相对分子质量和浓度的增大也会使聚合物的溶解能力变差，随着掺杂在油品中的聚合物的量增加，聚合物-油品相互作用以及聚合物的流体动力学体积增加。该课题组又以过氧化苯甲酰(BPO)为引发剂，合成了丙烯酸癸酯均聚物、丙烯酸异辛酯均聚物以及它们与1-癸烯的共聚物，将所合成的均聚产物和共聚产物以0.1%~3%的质量分数加入润滑油基础油作为降凝剂，在聚合物的质量分数为0.1%~0.5%之间时，降凝效果持续增加，当加剂量继续增加时会使降凝效果变差。这是因为当降凝剂加入量增加时，溶剂中实际能溶解的降凝剂的量减少，而溶质的相对分子质量和浓度的增大也会使聚合物的溶解能力变差，导致降凝效果变差。此后，该课题组又合成了丙烯酸十二酯和丙烯酸异癸酯的均聚物以及其与1-癸烯的共聚物。研究结果表明，聚丙烯酸十二酯比聚丙烯酸异癸酯的降凝效果好，而且共聚产物的降凝效果要比均聚物好。当聚合产物的相对分子质量和其在油品中的浓度增加时，聚合物的溶解能力下降。

Ghosh 等还以偶氮二异丁腈(AIBN)为引发剂，采用自由基聚合法合成了甲基丙烯酸十二烷基酯均聚物、不同摩尔比的甲基丙烯酸十二烷基酯与醋酸乙烯酯的共聚物，如图1-49所示。结果表明，聚合物可作为润滑油的黏度指数改进剂和降凝剂。均聚物的黏度指数改进性能低于共聚物的黏度指数改进性能，共聚物的黏度指数改进性能随着共聚物中乙酸乙烯酯百分数的增加而增加。与共聚物相比，均聚物作为降凝剂的效果更好，且相对分子质量分布 *PDI* 值较高的聚合物具有较好的降凝性能。通过热重分析(TGA)测定了聚合物的热稳定性。结果表明，共聚物的热稳定性和相对分子质量均高于均聚物。

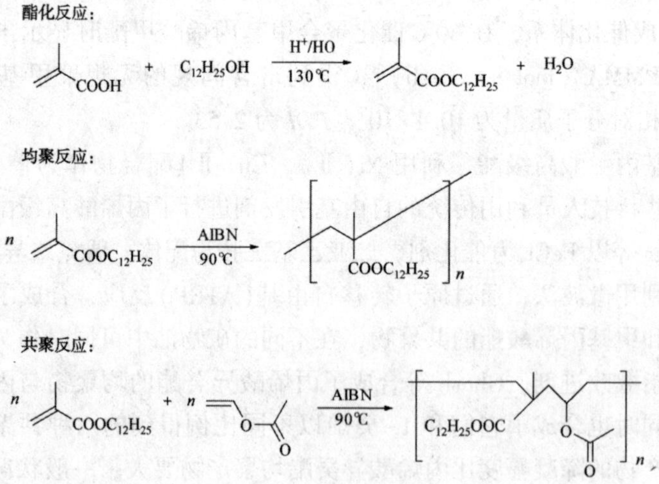

酯化反应：

COOH + $C_{12}H_{25}OH$ $\xrightarrow[130℃]{H^+/HO}$ $COOC_{12}H_{25}$ + H_2O

均聚反应：

n $COOC_{12}H_{25}$ $\xrightarrow[90℃]{AIBN}$ $[COOC_{12}H_{25}]_n$

共聚反应：

n $COOC_{12}H_{25}$ + n O O $\xrightarrow[90℃]{AIBN}$ $[C_{12}H_{25}OOC \; O \; O]_n$

图1-49 Ghosh 等酯化、均聚和共聚反应路线

1.6 烯烃聚合机理

目前，对于非极性单体苯乙烯，自由基聚合、阳离子聚合、阴离子聚合和配位聚合是比较经典的苯乙烯聚合机理；对于极性单体甲基丙烯酸酯类，其均聚和共聚反应均属于链式聚合(即连锁聚合)反应，研究较多的是自由基聚合。下面对本书涉及的自由基聚合和配位聚合机理作一阐述。

(1)自由基聚合机理

自由基聚合(radical polymerization)是生产聚合物的重要方法之一，相比于阳离子聚合、阴离子聚合和配位聚合，其主要优点不仅可聚合的单体种类多还可以在水中进行反应，并且反应条件温和易控制。正是因为自由基聚合单体适应性广，工艺简单，产品丰富，故工业化应用较广，世界上约有70%以上的聚合物是通过自由基聚合(包括本体聚合、溶液聚合、悬浮聚合、乳液聚合等聚合方法)机理而生产的。

传统的自由基聚合一般由链引发反应、链增长反应、链转移反应和链终止反应等四个基元反应组成，如图 1-50 所示。

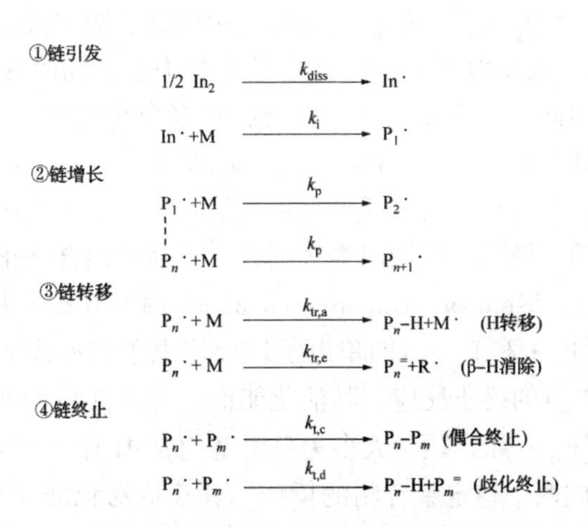

图 1-50 传统自由基聚合的基元反应

链引发阶段是单体变为活性自由基的基元反应，此阶段包括初级自由基的形成和单体自由基的形成。在此阶段，单体自由基是由初级自由基引发形成的，初级自由基可通过光照或加热、紫外线照射、电解等反应条件产生，较为普遍的是使用引发剂。首先，引发剂吸收热量，变得极不稳定，分子内的共价键均裂，两个基团间的共用电子对分属两个基团，形成具有不成对电子的呈中性的基团，即初级自由基In·，称为自由基(游离基)。随后，初级自由基In·作用于单体的π键，与单体加成形成单体自由基P_1·。常见的引发剂有过氧类热分解型引发剂(烷基或芳基过氧化氢、过酸、过氧化苯甲酰等)、偶氮类引发剂[偶氮二异丁腈(AIBN)等]和氧化还原引发剂(过氧化氢-亚铁盐氧化还原体系、过硫酸盐-亚硫酸盐氧化还原体系等)。其中，偶氮类引发剂的分解反应几乎都是一级反应，只形成一种自由基，不存在副反应，且分解后会形成稳定的N_2，可用作塑料发泡剂及测定引发剂速率，所以得到了广泛应用。链引发反应速率最小，是控制聚合反应速率的关键步骤。

链增长阶段是聚合物分子中形成大分子链自由基而使链增长的基元反应。在链增长阶段，由链引发阶段产生的单体自由基P_1·可与第二个单体发生加成反应，形成新的自由基P_2·，随后，新的自由基再与第三个单体分子发生加成再形成自由基P_3·……依次不断反应，形成越来越长的大分子链自由基。在此阶段，结构单元的连接方式分为头-头连接与头-尾连接两种方式，一般以头-尾连接为主，其特点是聚合物分子的链取代基无规律排布在主链两侧。例如，对聚苯乙烯而言，易形成无规立构型聚苯乙烯。此阶段的反应为放热反应，且反应活化能低(约20~34 kJ/mol)，所以反应速率非常快。

在链转移阶段，链自由基可能会从单体、引发剂、溶剂甚至是已形成的大分子上夺取一个H原子或其他原子，链自由基本身失去，同时使失去原子的分子形成新的自由基。因此，此基元反应不仅会影响聚合物的相对分子质量(易形成低相对分子质量的聚合物)，还可能会形成支链结构。

在链终止阶段，链自由基失去活性，生成稳定大分子聚合物。链终止反应一般为双基终止，即两个链自由基同时失去活性，可通过偶合终止(combination termination)和歧化终止(disproportionation termination)两种方式失去活性。偶合终止是指两个链自由基(P_n·和P_m·)的单电子以公用电子对形式结合成共价键，生成一个聚合物(P_n-P_m)的终止反应，其活化能低，可在低温下进行；歧化终止是指一个链自由基上(P_m·)的原子(大多为自由基的β-H原子)转移到另一个链自由基(P_n·)上，生成两个稳定聚合物的反应，其反应活化能高，在高温下进行。链终止的类型与单体种类、聚合反应的条件等因素有关，一般来说，苯乙烯主要以偶合终止为主，而甲基丙烯酸甲酯主要以歧化终止为主。链终止反应与链增长反应是一对竞争反应。

可见，在自由基聚合过程中，各基元反应的速率难以控制，链转移反应无法阻止，双基终止的反应类型更无法准确选择。这些不可控因素导致聚合物的相对分子质量及其分布、分子结构规整性等几乎无法控制，因而对聚合物的宏观物性很难进行“裁剪”，从而易形成支链较多、无规立构的聚合物，且相对分子质量分布较宽。因此，自由基聚合在应用上受到了极大限制。

因此，如果能阻止链转移及链终止反应的发生，理论上将可获得相对分子质量可控、相对分子质量分布较窄的聚合物，从而实现对聚合过程的精确调控。1956 年，美国科学家 Szwarc 等人首次实现了这项理论假设，第一次提出了活性聚合(living polymerization)的概念，即不存在链转移和链终止的聚合反应。活性聚合明显的特征有：①聚合物的数均相对分子质量随单体转化率的增加而增大；②当单体 A 完全转化后，向聚合体系中再次加入单体，反应可继续进行，只生成相对分子质量更大的 AB 嵌段共聚物；③所得聚合物相对分子质量分布小(*PDI* 趋近 1)，具有单分散性。与自由基聚合相比，活性聚合可很好地控制所得聚合物的相对分子质量及其分布、聚合物的立构规整性等，但活性聚合反应条件比较苛刻、工艺较复杂且适用单体较少，导致工业化成本较高，影响了工业化生产的可行性。

长期以来，聚合化学家们尝试将自由基聚合和活性聚合的优势结合。1987 年，Rizzardo 及 Solomon 在其专利中初次提出了氮氧自由基(TEMPO)的可控聚合概念。1995 年，Sawamoto 课题组、中国王锦山博士和 Matyjaszewski 课题组提出了可控/“活性”自由基聚合(CLRP)。带双引号的活性表示该聚合过程还不能完全避免链终止和链转移反应，并非真正意义上的活性聚合。这种可控/“活性”自由基聚合可以合成立构规整性各异的聚合物，适用的单体多，工业化成本较低，得到了广泛的研究。

为了实现可控的自由基聚合反应，必须满足以下四个条件：①链引发速率必须高于链增长速率，才能使所有的链同时形成并增长；②活性自由基的浓度必须较小，以便降低链终止的概率；③增长链的浓度必须较高，且只有一小部分被终止；④聚合体系要保持均相，以便使活性中心容易利用。为了满足这些条件，可通过向体系中加入一种化合物 X 实现，化合物 X 与活性种链自由基形成可逆钝化的“休眠种”——P-X，此“休眠种”不能引发单体聚合，但可以再均裂成有引发活性的链自由基 P · 及 X，建立活性种与休眠种之间的快速动态平衡，如图 1-51所示。通过控制化合物 X 来控制体系中活性自由基的浓度并抑制链终止，实现可控/“活性”自由基聚合。k_{act} 为活化反应速率常数，k_{deact} 为失活反应速率常数。

$$\mathrm{P\cdot + X} \underset{k_{act}}{\overset{k_{deact}}{\rightleftharpoons}} \mathrm{P{-}X}$$

图 1-51　活性种与休眠种之间的动态平衡

实现可控/“活性”自由基聚合的具体途径多样，比较成功的有“氮氧自由基调控聚合(NMP)、原子转移自由基聚合(ATRP)、稳定自由基聚合(SFRP)、可逆加成-断裂转移自由基聚合(RAFT)”等。

其中，原子转移自由基聚合(ATRP)由王锦山与 Matyjaszewski 共同提出，具有反应步骤简单，可以在低温低压下进行，且对杂质的敏感性不强，得到的产物相对分子质量可控、相对分子质量分布窄等优点而成为最成功的可控自由基聚合，广泛应用于苯乙烯、丙烯酸酯、甲基丙烯酸酯等许多单体的均聚和共聚，以得到各种不同功能的材料。

原子转移自由基聚合(ATRP)一般是由单体、引发剂、催化剂及配体等三部分组成。其中，引发剂为简单有机卤化物，催化剂为低氧化态的过渡金属卤化物。已有报道的催化剂有 Cu、Ni、Ru、Pd、Fe 等过渡金属配合物，配体的主要作用是调整过渡金属活性中心的氧化还原电位，使金属盐可以更好地溶解在有机介质中，用于 ATRP 反应的配体一般是多 N 或多 P 的体系，多 N 的配体一般与铜盐、铁盐组成催化体系，而多 P 的配体一般与铜盐之外的大多数过渡金属盐组成催化体系。除本体聚合外，ATRP 还可以在水、苯等溶剂中进行，聚合温度中等(70~130 ℃)。原子转移自由基聚合的基本原理是由引发剂(R-X)与单体中 C═C 键加成，生成有引发活性的自由基及高氧化态的金属卤化物。其基本机理如图 1-52 所示。

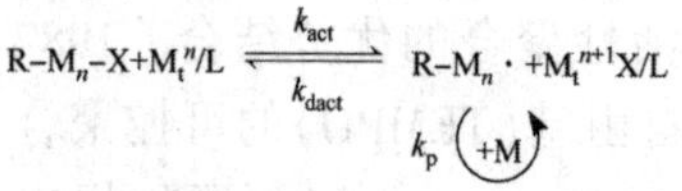

$$R\text{-}M_n\text{-}X+M_t^n/L \underset{k_{dact}}{\overset{k_{act}}{\rightleftharpoons}} R\text{-}M_n\cdot+M_t^{n+1}X/L \quad k_p\ (+M)$$

图 1-52　原子转移自由基聚合机理

其中，X 为 Cl、Br 等卤素，M_t^n 为过渡金属催化剂，L 为配体，M 为单体，过渡金属配合物催化剂 M_t^n/L，从卤素休眠种 R-Mn-X 上得到一个卤素原子，形成一个可逆的活性自由基 R-Mn·，本身被氧化为 M_t^{n+1}/L。

近年来，对金属活性中心在原子转移自由基聚合中的失活机理和模型预测不断涌现，为催化剂结构的设计提供了一定的理论依据。但 ATRP 仍然存在一些不足，如烷基卤化物对人体有害，常用配体及其衍生物的合成过程不仅复杂琐碎而且价格高昂。低氧化态的过渡金属配合物对空气及水分比较敏感，具有容易被氧化、不易储存等特点。因此，科研工作者们发展了反向原子转移自由基聚合(RATRP)。RATRP 与 ATRP 的主要区别是采用了传统的自由基引发剂[偶氮二异丁腈(AIBN)、过氧化苯甲酰(BPO)等]引发初级自由基的形成，催化剂采用高氧化态的过渡金属化合物，被传统自由基引发剂原位(in situ)还原成低氧化态的过渡金属化合物。这相当于 ATRP 技术的逆过程，因此把它称作反向原子转移自由基聚合(RATRP)。

王锦山和 Matyjaszewski 用偶氮二异丁腈(AIBN)作引发剂，CuX_2 与 2，2′-联吡啶(bpy)的络合物为催化剂进行了苯乙烯的 RATRP 研究，并提出了 RATRP 的基本机理，如图 1-53 所示。

在链引发阶段，传统引发剂均裂成自由基I·，一部分被 XM_t^{n+1}/ L 捕捉生成“休眠种”(I-X)，同时高氧化态的金属配合物被还原成低氧化态的 M_t^n/ L；另一部分引发单体 M 聚合，在 XM_t^{n+1}/ L 的催化下，进行卤素转移，成为“聚合物链的休眠种”($I-P_1-X$)，且催化剂被还原成低氧化态的 M_t^n/ L。之后，低氧化态的作用就和正向 ATRP 中的催化引发体系 R-X/M_t^n/ L 一样了。即随着反应的进行，体系中自由基 I·或 $I-P_1$·的浓度逐渐降低，低氧化态的金属离子浓度逐渐增加，开始夺取“休眠种”中的 X 原子，使其转化为活性种，继续引发聚合，低氧化态的 M_t^n/ L 被氧化成高氧化态的 M_t^{n+1}/ L 。这样，通过活性种和“休眠种”之间的动态平衡，保证了体系中自由基浓度较低，同时还有一定的聚合速率，实现了反向原子转移自由基聚合。

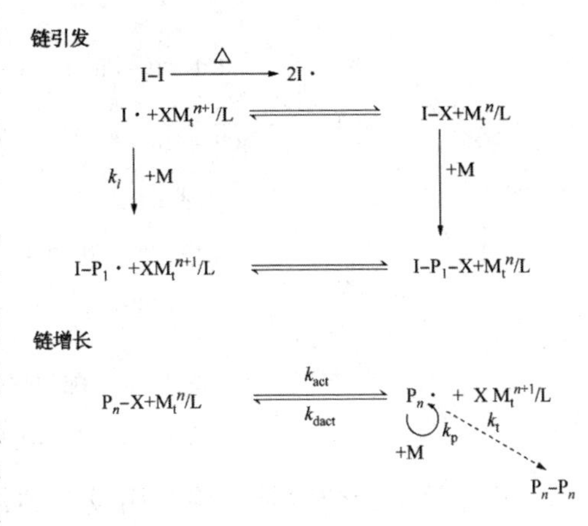

图 1-53 反向原子转移自由基聚合机理

然而，随着催化剂的不断发展，RATRP 的不足也日渐显现，如催化剂和引发剂的摩尔比大，导致催化剂的用量增加，为了实现引发剂的分解，反应温度也较高。2001 年，Matyjaszewski 课题组在 ATRP 和 RATRP 的基础上提出了正向反向同时引发的原子转移自由基聚合(SR&NI ATRP)。为了进一步降低催化剂的用量，2006 年，该课题组提出了引发剂连续再生催化剂原子转移自由基聚合(ICAR ATRP)，首次实现催化剂用量在 10^{-6}级聚合反应，并得到可控的聚合物。但由于催化体系含有过量的传统自由基引发剂，在进行共聚反应时，不可避免地会生成相应的均聚物。为了得到纯净的嵌段聚合物，Matyjaszewski 科研小组又提出了“电子转移生成催化剂的原子转移自由基聚合(AGET ATRP)，该聚合方法通过加入少量还原剂，将催化剂的氧化态还原为还原态，使催化剂重新参与催化，形成一个氧化-还原的循环过程，大大降低了催化剂的使用量，弥补了 ATRP 等聚合反应产物中催化剂不容易除去的缺点。随着催化剂的日益发展和工业化的需要，自由基聚合机理也在不断地发展变化中，值得进一步关注。

(2)配位聚合机理

配位聚合(Coordination polymerization)，属于链式聚合的一种，是指利用单体与过渡金属活性中心在空位处配位所形成的络合物，插入过渡金属-碳(Mt—C)键中增长形成大分子的聚合过程。其链增长过程如图 1-54 所示。

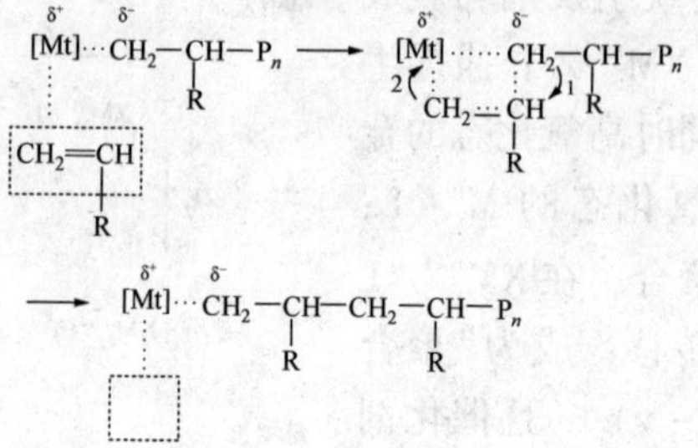

$$[Mt]^{\delta^+}\cdots \overset{\delta^-}{CH_2}—\underset{R}{\underset{|}{CH}}—P_n + \underset{R}{\underset{|}{CH_2=CH}} \longrightarrow [Mt]^{\delta^+}\cdots\cdots \overset{\delta^-}{CH_2}—\underset{R}{\underset{|}{CH}}—P_n \;(\text{四元环过渡态}: CH_2=\underset{R}{\underset{|}{CH}}) $$

$$\longrightarrow [Mt]^{\delta^+}\cdots \overset{\delta^-}{CH_2}—\underset{R}{\underset{|}{CH}}—CH_2—\underset{R}{\underset{|}{CH}}—P_n$$

图 1-54　配位聚合的链增长过程

⬚—空位；R—H、CH_3或直链烷烃；P_n—分子链

由于这类聚合常是在络合引发剂的作用下，单体首先和活性种发生配位络合，而且本质上常是单体对增长链端络合物的插入反应。所以又称络合聚合（Complexing polymerization）或插入聚合（Insertion polymerization）。

配位聚合的特点如下：

①增长链端多为阴离子性质，常见的配位聚合多为配位阴离子聚合。

②单体在正电性过渡金属的空位上配位，活化后形成四元环过渡态，然后进行插入增长。由于单体在进行配位时即被“定位”，然后以一定的方向形成过渡态并插入增长，因此可以形成立构规整性聚合物。

③单体存在两种插入方式：一级插入（α 碳与金属相连）和二级插入（β 碳与金属相连）。即

一级插入：

$$P_n—CH_2—\overset{\delta^-}{\underset{R}{\underset{|}{CH}}}—\overset{\delta^+}{M_t} + RCH=CH_2 \longrightarrow P_n—CH_2—\underset{R}{\underset{|}{CH}}—CH_2—\overset{\delta^-}{\underset{R}{\underset{|}{CH}}}—\overset{\delta^+}{M_t}$$

二级插入：

$$P_n—\underset{R}{\underset{|}{CH}}—\overset{\delta^-}{CH_2}—\overset{\delta^+}{M_t} + RCH=CH_2 \longrightarrow P_n—\underset{R}{\underset{|}{CH}}—CH_2—\underset{R}{\underset{|}{CH}}—\overset{\delta^-}{CH_2}—\overset{\delta^+}{M_t}$$

配位聚合过程可分为“三步走”：第一步是由单体分子与催化剂的金属活性中心配位以形成具有活性的 σ-π 络合物；第二步是配位插入聚合机理的关键，由单体分子插入至具有活性的 σ-π 络合物中，实现链的增长；第三步也叫链终止，主要是经由增长链的 β-H 消除，最终形成大分子。苯乙烯配位聚合的过程及其插入方式如图 1-55 所示。从图中可以看出，苯乙烯配位聚合反应是经过四

元环的插入过程，苯乙烯单体有两种插入途径：一级插入及二级插入。所谓一级插入是指不含取代基的一端显负电性与过渡金属相连接；二级插入则是指含有取代基一端带显负电性并与正离子相连。两种方式分别得到等规立构聚苯乙烯和间规立构聚苯乙烯。

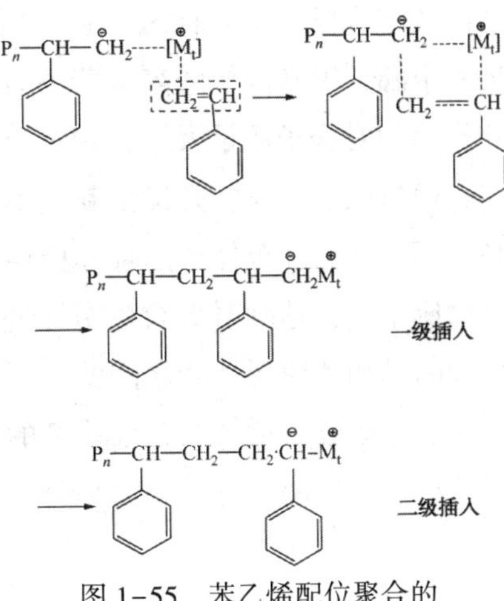

图 1-55　苯乙烯配位聚合的过程及其插入方式

催化剂活性中心的种类和数量可以影响其催化效率及聚合物的相对分子质量，聚合反应中的链增长速度及链转移速度影响的是聚合物最终的相对分子质量分布。

纵观苯乙烯、甲基丙烯酸酯类聚合催化剂的发展，可以看出，其主要发展趋势为：

①选择 Schiff 碱等适宜配体和合适的金属活性中心，尤其是含 N、O 原子的配体，以使活性中心较稳定，进一步提高催化剂的催化活性，使之有利于工业应用；

②通过催化剂体系的设计来控制聚合物的相对分子质量、相对分子质量分布以及规整度，达到控制聚合物微观结构和使用性能的目的；

③提高催化剂在共聚方面的应用性能，得到适应不同行业要求的新型聚合物。

基于以上苯乙烯、甲基丙烯酸酯类聚合催化剂的发展趋势，本书主要涉及的内容如下：

①构筑并用合适的路线合成不同结构的新型不对称 Schiff 碱前驱体，并进行其结构表征；

②将系列不对称 Schiff 碱前驱体与后过渡金属铜(Cu)、镍(Ni)配位，再与不同取代基的醛类反应，得到一系列具有不同电子效应和空间效应的不对称 Salen 型 Ni(Ⅱ)、Cu(Ⅱ)配合物，并进行其结构表征；

③将合成的各种不对称 Salen 型 Ni(Ⅱ)、Cu(Ⅱ)配合物作主催化剂、助催化剂(如 AIBN、BPO 等)组成催化体系，应用于非极性单体苯乙烯、极性单体甲基丙烯酸甲酯以及甲基丙烯酸高级酯的溶液聚合，探讨这类催化剂的结构、聚合反应条件对催化剂的活性、均聚物的相对分子质量大小、相对分子质量分布及规整度的影响规律；

④将合成的不对称 Salen 型 Ni(Ⅱ)、Cu(Ⅱ)配合物应用于苯乙烯、甲基丙烯酸甲酯、甲基丙烯酸高级酯的共聚，探讨这类催化剂的结构、聚合反应条件对共聚物相对分子质量大小、相对分子质量分布的影响规律以及聚合物的性能。

通过以上工作，开发出新型不对称 Salen 型 Ni(Ⅱ)、Cu(Ⅱ)配合物催化剂，并应用于非极性单体苯乙烯和极性单体甲基丙烯酸酯类的均聚以及共聚反应，调整反应条件，达到对聚合物分子进行“剪裁”，控制聚合物的微观结构，寻求催化剂的结构和使用性能之间的关系，最终达到调控聚合物结构和性能的目的，从而为后过渡金属烯烃聚合催化剂的理论研究及催化性能提供实验依据和方法，为得到更多高性能、专门化的高分子材料奠定理论基础。

参 考 文 献

[1] 唐黎明，庹新林．高分子化学(第2版)[M]．北京：清华大学出版社，2016.

[2] Thakur S., Verma A., Sharma B., et al. Recent developments in recycling of polystyrene based plastics [J]. Current Opinion in Green and Sustainable Chemistry, 2018, 13: 32-38.

[3] Hong S. C., Jia S., Teodorescu M., et al. Polyolefin graft copolymers via living polymerization techniques: Preparation of poly(n-butyl acrylate)-graft-polyethylene through the combination of Pd-mediated living olefin polymerization and atom transfer radical polymerization[J]. Journal of Polymer Science Part A Polymer Chemistry, 2002, 40(16): 2736-2749.

[4] Godoy L. R., D'Agosto F., Boisson C. Synthesis of well-defined polymer architectures by successive catalytic olefin polymerization and living/controlled polymerization reactions [J]. Progress in Polymer Science, 2007, 32(4): 419-454.

[5] Marks T J, Chen J, Gao Y. Early transition metal catalysis for olefin - polar monomer copolymerization [J]. Angewandte Chemie International Edition, 2020.

[6] 赵文明．高端聚烯烃树脂产业发展现状及市场预测[J]．化学工业，2017，35(5)：46-58.

[7] Tomostsu N., Ishihara N., Newman T. H., et al. Syndiospecific polymerization of styrene[J]. Journal of Molecular Catalysis A: Chemical, 1998, 128: 167-190.

[8] Jürgen S. Recent transition metal catalysts for syndiotactic polystyrene[J]. Progress in Polymer Science, 2009, 34: 688-718.

[9] Miyake G. M., Chen Y. X. Synthesis of highly syndiotactic polymers by discrete catalysts or initiators[J]. Polymer Chemistry, 2011, 2(11): 2462-2480.

[10] Desert X., Carpentier J. F., Kirillov E. Quantification of active sites in single-site group 4 metal olefin polymerization catalysis[J]. Coordination Chemistry Reviews, 2019, 386: 50-68.

[11] 刘心志，许云波，张长军，等．Ziegler-Natta 催化剂合成丙烯/1-丁烯共聚物[J]．高分子材料科学与工程，2019，35(02)：14-21.

[12] Son K. S., Waymouth R M. Stereospecific Styrene Polymerization and Ethylene-Styrene Copolymerization wth Titanocenes Containing a Pendant Amine Donor[J]. Journal of Polymer Science,

Part A: Polymer Chemistry, 2010, 48(7): 1579-1585

[13] Ziegler K., Holzkamp E., Breil H., et al. Polymerisation von Äthylen und anderen Olefinen [J]. Angewandte Chemie, 1955, 67(16): 426.

[14] Natta G., Mazzanti G., Longi P., et a1. Process for polymerizing unsaturated hydrocarbons with catalysts based on beryllium alkyis [P]. U. S.: 3259613, 1957.

[15] Kaminsky W., Kulper K., Bfintzinger H. H., et a1. Polymerization of propene and butene with a chiral zirconocene and methylalumoxaneas cocatalyats [J]. Angewandte Chemie International Edition, 1985, 24(6): 507-508.

[16] Elsherbiny S. A., El-Ghamry A. H. Synthesis characterization and catalytic activity of new Cu (Ⅱ) complexes of schiff Base: Effective catalysts for decolorization of acid red 37 dye solution [J]. Chemical Kinetics, 2015, 47(3): 162-173.

[17] Zoubi W. A., Ko Y. G. Schiff base complexes and their versatile applications as catalysts in oxidation of organic compounds: Part I [J]. Applied Organometallic Chemistry, 2017, 31(3): 1-12.

[18] Kaiser J M, Long B K. Recent developments in redox-active olefin polymerization catalysts [J]. Coordination Chemistry Reviews, 2018, 372: 141-152.

[19] Baek J W, Kwon S J, Lee H J, et al. Preparation of half-and post-metallocene hafnium complexes with tetrahydroquinoline and tetrahydrophenanthroline frameworks for olefin polymerization [J]. Polymers, 2019, 11(7): 1093.

[20] 胡杰，朱博超，义建军，等．金属有机烯烃聚合催化剂及其烯烃聚合物[M]．北京：化学工业出版社，2011.

[21] 黄葆同，李悦生译．后过渡金属聚合催化[M]．北京：化学工业出版社，2005.

[22] Puzin Y. I., Zakharova E. M., Puzin P. Y., et al. Interaction of titanium, zirconium and hafnium metallocene dichlorides with styrene and methyl methacrylate in the media of different polarity[J]. Russian Journal of General Chemistry, 2019, 89(4): 747-752.

[23] Anne S. R., Evgueni K., Jean F. C. Group 3 and 4 single site catalysts for stereospecific polymerization of styrene[J]. Coordination Chemistry Reviews, 2008, 252: 2115-2136.

[24] Xu C. J., Chen Z., Shen Q., et al. Synthesis characterization and catalytic bchaviors of β-carbonylenamine-derived metal complexes (M=Ti, Zr) in styrene polymerization[J]. Journal of Organometallic Chemistry, 2014, 761: 142-146.

[25] Yang D., Gan Q., Chen H., et al. Polymerization of conjugated dienes and olefins promoted by cobalt complexes supported by phosphine oxide ligands[J]. Inorganica Chimica Acta, 2019, 496: 119046.

[26] Lei Y. L., Wang Y. B., Luo Y. J.. Synthesis characterization and styrene polymerization catalysis of pyridylfunctionalized indenyl rare earth metal bis(silylamide) complexes[J]. Journal of Organometallic Chemistry, 2013, 738: 24-28.

[27] Small L B., Brookhart M., Bennett M A.. Highly active iron and cobalt catalysts for the polymerization of ethylene [J]. Journal of the American Chemical Society, 1998, 120(16):

4049-4050.
[28] Deshmukh S. S., Gaikwad S. R., Gonnade R. G., et al. Pd - iminocarboxylate complexes and their behavior in ethylene polymerization[J]. Chemistry - An Asian Journal, 2020, 15(3): 398-405.
[29] Takeuchi D. Olefin Polymerization and copolymerization catalyzed by dinuclear catalysts having macrocyclic ligands[J]. Journal of Synthetic Organic Chemistry, Japan, 2019, 77(11): 1136-1146.
[30] Belalem K., Benaboura A., Lerari D., et al. Effect of cationic and anionic clays as supports for styrene polymerization initiated by metallocenes/MAO catalytic system[J]. Polymer Bulletin, 2019: 1-17.
[31] Carfagna C., Gatti G., Paoli P., et al. Mechanism for stereoblock isotactic CO/styrene copolymerization promoted by aryl α-Diimine Pd(Ⅱ) Catalysts: A DFT study[J]. Organometallics, 2009, 28: 3212-3217.
[32] Chi C. M., Huang H. S.. Metal complexes of chiral binaphthyl schiff-base ligands and their application in stereoselective organic transformations[J]. Coordination Chemistry Reviews, 2003, 242: 97-113.
[33] Li Y. F., Gao M. L., Wu Q. Styrene polymerization with nickel complexes/ methyl -aluminoxane catalytic system[J]. Applied Organometallic Chemistry, 2008, 22: 659-663.
[34] Nomura K., Izawa I., Yi J., et al. Solution xas analysis for exploring active species in syndiospecific styrene polymerization and 1-hexene polymerization using half-titanocene - mao catalysts: significant changes in the oxidation state in the presence of styrene[J]. Organometallics, 2019, 38(22): 4497-4507.
[35] Johnson L. K., Killian C. M., Brookhart M. New Pd(Ⅱ)-and Ni(Ⅱ)-based catalysts for polymerization of ethylene and alpha-olefins[J]. Journal of the American Chemical Society, 1995, 117(23): 6414-6415.
[36] Killian C M, Tempel D J, Johnson L K, et al. Living polymerization of α-olefins using Ni^{II}-α-diimine catalysts. synthesis of new block polymers based on α-olefins[J]. Journal of the American Chemical Society, 1996, 118(46): 11664-11665.
[37] Ittel S. D., Johnson L. K., Brookhart M.. Late-metal catalysts for ethylene homo-and copolymerization[J]. Chemical Reviews, 2000, 100(4): 1169-1204.
[38] Agrawal D., De S. K., Singh P. K., et al. Synthesis of a novel post-metallocene titanium complex of chelating [ONOO]-type ligand and studies on the effect of an extra donor arm on its reactivity in aqueous emulsion polymerization[J]. Polymer Bulletin, 2019: 1-22.
[39]焦书科．烯烃配位聚合理论与实践(第二版)[M]．北京：化学工业出版社，2013.
[40] Bartyzel A. Synthesis crystal structure and characterization of manganese(Ⅲ) complex containing a tetradentate Schiff base[J]. Journal of Coordination Chemistry, 2013, 66: 4292-4303.
[41] Rajput J. D., Bagul S. D., Tadavi S. K., et al. Comparative anti-proliferative studies of natu-

ral phenolic monoterpenoids on human malignant tumour cells[J]. Medicinal and Aromatic Plants (Los Angel), 2016, 5: 2167-0412.

[42] Matsumoto K., Saito B., Katsuki T. Asymmetric catalysts of metal complexes with non-planar ONNO ligands: Salen, Salaen and Salan [J]. Chemical Communications, 2007, 35: 3619-3627.

[43] Ahmadi M., Mague J. T., Akbari A., et al. Dianion N1, N4-bis(salicylidene)-S- allyl-thiosemicarbazide complexes: synthesis structure spectroscopy and thermal behavior[J]. Polyhedron, 2012, 42: 128-134.

[44] You J. S., Shao M. Y., Gau H. M.. Enantioselective addition of diethylzinc to aldehydes catalyzed by titanium(Ⅳ) complexes of N-sulfonylated amino alcohols with two stereogenic centers [J]. Tetrahedron: Asymmetry, 2001, 12 (21): 2971-2975.

[45] Qin W., Long S., Panunzio M., et al. Schiff bases: a short survey on an evergreen chemistry tool[J]. Molecules, 2013, 18, 12264-89.

[46] Yoshino T., Morimoto H., Lu G., et al. Magnesium schiff base catalyzed direct asymmetric aldol reaction[J]. Synfacts, 2010, (3): 0321-0321.

[47] Rakhtshah J., Salehzadeh S., Zolfigol M A., et al. Mn(III) - pentadentate Schiff base complex supported on multi - walled carbon nanotubes as a green, mild and heterogeneous catalyst for the synthesis of tetrahydrobenzo[*b*]pyrans via tandem Knoevenagel - Michael cyclocondensation reaction[J]. Applied Organometallic Chemistry, 2017, 31(9): 1-10.

[48] Ding L. Q., Chu Z., Chen L. L., et al. Pd-Salen and Pd-Salan complexes: characterization and application in styrene polymerization [J]. Inorganic Chemistry Communications, 2011, 14: 573 - 577.

[49] 杨昆忠. 水杨醛类席夫碱及其配合物的合成与性能研究[D]. 南昌: 南昌大学, 2018.

[50] Savithri K., Kumar B. C. V., Vivek H. K., et al. Synthesis and characterization of cobalt (Ⅲ) and copper(Ⅱ) complexes of 2-((E)-(6-fluorobenzo[d]thiazol-2-ylimino) methyl)-4-chlorophenol: DNA binding and nuclease studies—SOD and antimicrobial activities[J]. International Journal of Spectroscopy, 2018, (1): 1-15.

[51] Thomas P S., Mohanan K.. Synthesis and biological evaluation of some 3d metal complexes with a novel heterocyclic schiff base[J]. Journal of the Chinese Chemical Society, 2017, 64(12): 1510-1523.

[52] Cozzi P. G.. Metal - Salen Schiff base complexes in catalysis: practical aspects[J]. Chemical Society Reviews, 2004, 33: 410-421.

[53] 张鹏飞. 吲哚-2, 3 二酮类希夫碱配合物的合成、表征与生物活性研究[D]. 中国海洋大学, 2014.

[54] Vance A. L., Alcock N. W., Busch D. H., et al. Copper(Ⅱ) template synthesis of a 20-membered [1+1] schiff base macrocycle and nickel(II) template synthesis of a 40-membered [2+2] schiff base macrocycle from 2, 6-pyridinedicarboxaldehyde and 1, 13-diamino-4, 7, 10-trioxatridecane[J]. Inorganic Chemistry, 1997, 36(22): 5132-5134.

[55] 谢晶晶. 基于新型希夫碱配体的配合物的合成及结构研究[D]. 长春：东北师范大学，2017.

[56] Shi Q, Yang J. X, Lü X. Q.. A tetranuclear [$Zn_4(L)_2(OAc)_3(OH)$] complex based on the salen-type schiff-base ligand H_2L for effective bulk solvent-free melt ring-opening polymerization (ROP) of L-lactide[J]. Inorganic Chemistry Communications, 2015, 59: 61-62.

[57] Tanaka K., Shimour R., Caira M. R. Synthesis crystal structures and photochromic properties of novel chiral Schiff base macrocycles[J]. Tetrahedron Letters, 2010, 51(2): 449-452. PH

[58] 丁丽芹，张君涛，梁生荣，等. 苯乙烯环氧化反应制备氧化苯乙烯的催化剂研究进展[J]. 西安石油大学学报(自然科学版)，2011，26，4：71-77.

[59] Williams O. F., Bailar J. C.. The stereochemistry of complex inorganic compounds. XXIV. cobalt stibenediamine complexes[J]. Journal of the American Chemical Society, 1959, 81 (17): 4464-4469.

[60] Saigo K., Kubota N., Takebayashi S., et al. Improved optical resolution of (±) -1, 2-diphenylenediamine [J]. Bulletin of the Chemical Society of Japan, 1986, 59: 931-932.

[61] Corey E J., Imwinkelried R., Pikul S., et al. Practical enantioselective Diels-Alder and aldol reactions using a new chiral controller system [J]. Journal of the American Chemical Society, 1989, 111 (14): 5493-5495.

[62] Samsel E G, Srinivasan K, Kochi J K. Mechanism of the chromium-catalyzed epoxidation of olefins. role of oxochromium(V) cations [J]. Journal of the American Chemical Society, 1985, 107: 7606-7617.

[63] Srinivasan K., Michaud P., Kochi J. K. Epoxidation of olefins with cationic (salen)Mn complexes. The modulation of catalytic activity by substituents [J]. Journal of the American Chemical Society, 1986, 108: 2309-2320.

[64] Zhang W., Loebach J L., Wilson S R., et al. Enantioselective epoxidation of unfunctionalized olefins catalyzed by (salen)manganese complexes [J]. Journal of the American Chemical Society, 1990, 112: 2801-2803.

[65] Mitchell N. E., Long B. K.. Recent advances in thermally robust, late transition metal - catalyzed olefin polymerization [J]. Polymer International, 2019, 68(1): 14-26.

[66] Khezrollah Khezri., Hossein Roghani-Mamaqani., Activators generated by electron transfer for atom transfer radical polymerization of styrene in the presence of mesoporous silica nanoparticles [J]. Materials Research Bulletin, 2014, 59, 241-248.

[67] Sun H M., Shen Q., Yang M J.. New neutral Ni (Ⅱ) - and Pd (Ⅱ)-based initiators for polymerization of styrene [J]. European Polymer Journal, 2002, 38: 2045 - 2049.

[68] Wei W P., Wang X L., Zhang D F., et al. Novel neutral phenylnickel phosphine compounds bearing iminoaryl - substituted cyclopentadienyl ligand: Synthesis characterization and their styrene polymerization behaviors [J]. Inorganic Chemistry, 2008, 11(5): 487-491.

[69] O'Reilly R. K., Shaver P. M., et al. Nickel (Ⅱ) α-diimine catalysts for the atom transfer

radical polymerization of styrene [J]. Inorganica Chimica Acta, 2006, 359: 4417-4420.
[70] Gao H. Y., Pei L. X., Song K. M., et al. Styrene polymerization with novel anilidoimino nickel com-plexe-s/MAO cat-alytic system: Catalytic behavior, microstructure of polystyrene and polymerization mechanism [J]. European Polymer Journal, 2007, 43: 908-914.
[71] Li Y. F., Gao M. L., Wu Q. Styrene polymerization with nickel complexes/methylaluminoxane catalytic system[J]. Applied Organometallic Chemistry, 2008, 22(11): 659-663.
[72] Wang Y. Y., Li B. X., Zhu F. M. Polymerization of styrene using pyrazolylimine nickel(Ⅱ)/methylaluminoxane catalytic systems. Applied Polymer Science, 2012, 125: 121-125.
[73] Yuan J. C., Zhang Z. H., Xu W. B. {Bis[N, N'-(2-alkyl-6-para-methylphenyl)phenyl)imino] acenaphthene} dibromo-nickel catalysts bearing bulky methylphenyl groups: synthesis, characterization, crystal structures and application in catalytic polymerization of ethylene and styrene[J]. Transition Metal Chemistry, 2014, 39: 769-779.
[74] Yuan J. C., Zhao J., Song F. Y., et al. Chiral nickel(Ⅱ) and palladium(Ⅱ) catalysts bearing strong electron-withdrawing fluorine groups: synthesis, characterization and their application in catalytic polymerization for ethylene and styrene [J]. Applied Organometallic Chemistry, 2014, 28: 484 - 494.
[75] Bao F., Ma R., Lǚ X. Q., et al. Structures and styrene polymerization activities of a series of nickel complexes bearing ligands of pyrazolone derivatives [J]. Applied Organometallic Chemstry, 2006, 20: 32 - 38.
[76] Yu S. X., He X. H., Chen Y W., et al. Polymerization of styrene using bis(b-ketoamino) nickel(Ⅱ)/methylaluminoxane catalytic systems [J]. Journal of Applied Polymer Science, 2007, 105(2): 500-509.
[77] Tang G. R., Jin G. X. Styrene polymerization catalyzed by nickel complexes bearing hydroxyindanone-iminate ligands[J]. Chinese Science Bulletin, 2008, 53(18): 2764-2769.
[78] 李爱科. N'N'O 型后过渡金属铁、钴、镍、钯系列配合物的合成、表征及催化烯烃聚合反应的研究[D]. 福建: 福建师范大学, 2009.
[79] Wang J Y., Wan L., Zhang D., et al. Trans-1, 2-diphenylethylene linked isoindoline - salicylaldiminato nickel(II) halide complexes: synthesis, structure, dehydrogenation, and catalytic activity toward olefin homopolymerization [J]. European Journal of Inorganic Chemistry, 2013, 2093-2101.
[80] 陈燕. 不对称席呋碱镍、铜烯烃聚合催化剂的设计及研究[D]. 西安: 西北大学, 2014.
[81] (a) Li L D., Gomes C S B., Lopes P S., et al. Polymerization of styrene with tetradentate chelated α-diimine nickel(Ⅱ) complexes/MAO catalyst systems: Catalytic behavior and microstructure of polystyrene[J]. European Polymer Journal, 2011, 47: 1636-1645.
(b) Li L D., Gomes C S B., Gomes P T., et al. New tetradentate N, N, N, N-chelating a-diimine ligands and their corresponding zinc and nickel complexes: synthesis, characterisation

and testing as olefin polymerisation catalysts[J]. Dalton Transactions, 2011, 40, 3365-3380.

[82] Sirbu D., Consiglio G., Gischig S. Palladium and nickel complexes of (P, N)-ligands based on quinolines: Catalytic activity for polymerization and oligomerization[J]. Journal of Organometallic Chemistry, 2006, 691: 1143 - 1150.

[83] Chowdhury S I, Tanaka R, Nakayama Y, et al. Copolymerization of norbornene and styrene with anilinonaphthoquinone-ligated nickel complexes[J]. Polymers, 2019, 11(7): 1100.

[84] Song D P., Ye W P., Wang Y X. Highly active neutral nickel(Ⅱ) catalysts for ethylene polymerization bearing modified β-ketoiminato ligands[J]. Organometallic Chemistry, 2009, 28: 5697 - 5704.

[85] He X, Wang S, Yang Y, et al. C - C bridged Ni (Ⅱ) complexes bearing β - keto - 9 - fluorenyliminato ligands prepared by different in situ bonding mechanisms and their use in catalytic (co) polymerization of norbornene and styrene[J]. Applied Organometallic Chemistry, 2019, 33(2): e4694.

[86] Mendonca P V., Serra, A C., Coelho, et al. Ambient temperature rapid ATRP of methyl acrylate, methyl methacrylate and styrene in polar solvents with mixed transition metal catalyst system [J]. European Polymer Journal, 2011, 47(7): 1460-1466.

[87] Bienemann O., Froin A. K., Vieira I. D. S., et al. Structural aspects of copper - mediated atom transfer radical polymerization with a novel tetradentate bisguanidine ligand[J]. Zeitschrift Für Anorganische Und Allgemeine Chemie, 2012, 638(11): 1683-1690.

[88] Eckenhoff W T., Pintauer, T. Atom Transfer Radical Addition (ATRA) Catalyzed by Copper Complexes with Tris [2-(Dimethylamino) Ethyl] Amine (Me_6TREN) Ligand in the Presence of Free-Radical Diazo Initiator AIBN [J]. Dalton Transactions, 2011, 40(18): 4909-4917.

[89] Gulli S., Daran J., Poli R. Synthesis and structure of four-coordinate copper (Ⅱ) complexes stabilized by β-ketiminato ligands and application in the reverse atom-transfer radical polymerization of styrene [J]. European Journal of Inorganic Chemistry, 2011, (10): 1666-1672.

[90] Hao Zhiqiang., Ma Anjie., Xu Bin., et al. Cu(Ⅱ) complexes with anilido-imine ligands: Synthesis characterization and catalysis on reverse atom transfer radical polymerization of styrene [J]. Polyhedron, 2017, 126: 276 - 281.

[91] Qu J B., Huan G S., Chen Y L., et al. Exploration of the bulk atom transfer radical polymerization of styrene [J]. Advances in Polymer Technology, 2013, 32(4): 1-5.

[92] Miao Y P, Lyu J, Yong H Y, et al. Controlled polymerization of methyl methacrylate and styrene via Cu (0)-mediated RDRP by selecting the optimal reaction conditions [J]. Chinese Journal of Polymer Science, 2019, 37(6): 591-597.

[93] Vishwakarma S, Kumari A, Mitra K, et al. L - menthol - based initiators for atom transfer radical polymerization of styrene[J]. Journal of Applied Polymer Science, 2019, 136(38): 1-10.

[94] Kim I L, Hwang J M, Jin K L. Polymerization of Methyl Methacrylate with Ni (Ⅱ)α-diimine / MAO and Fe(Ⅱ) and Co (Ⅱ) Pyridyl Bis (imine) / MAO macromol[J]. Rapid Commun, 2003, 24, 508- 511.

[95] 李锦春，顾春辉，单玉华．新型α-二亚胺中性镍催化剂的合成及催化甲基丙烯酸甲酯(MMA) 本体聚合[J]. 化工新型材料，2007，35(8)：40-42.

[96] 田大伟，李建峰，崔春明．含有磺酰胺亚胺配体的镍化合物催化 MMA 聚合的研究[J]. 中国科技论文在线，2010，5 (3)：176-179.

[97] Wang F. Z., Tanaka R., Li Q. S., et al. Synthesis and application of α-diimine Ni(Ⅱ) and Pd(Ⅱ) complexes with bulky steric groups to polymerization of ethylene and methyl methacrylate [J]. Journal of Molecular Catalysis A-chemical, 2015, 398: 231 - 240.

[98] Wang C., Friedrich S., Younkin T. R., et al. Neutral nickel (Ⅱ)-based catalysts for ethylene polymerization [J]. Organometallics, 1998, 17(15): 3149-3151.

[99] Bansleben D. A., Friedrich, S. K., Younkin T. R., et al. Transition metal complex catalyst compositions and processes for olefin oligomerization and polymerization [P]. WO 9842665.

[100] Carlini C., Martinelli M., Galletti A. R., et al. Copolymerization of ethylene with methyl methacrylate by Ziegler- Natta type catalysts based on nickel slicylaldininate/ methylalumoxane systems [J]. Macromolecular Chemistry and Physics, 2002, 203(10-11): 1606-1613.

[101] Carlini C., Martinelli M., Gaiietiam R., et al. Highly active methyl methacrylate polymerization catalysts obtained from bis(3, 5dinitro-salieylaldiminate) nickel (Ⅱ) complexes and methylaluminoxane [J]. Journal of Polymer Science Part A: Polymer Chemistry, 2003, 41 (13): 2117- 2124.

[102] Wu Z. Y., Xu D. J., Feng Z. X. Synthesis and catalytic properties of a Ni(Ⅱ) complex with tetraglycol aldehyde bis (methionine) schiff base [J]. Polyhedron, 2001, 20 (3-4): 281-284.

[103] He X. H., Yao Y. Z., Luo X., et al. Nickel (Ⅱ) complexes bearing N, O-chelate ligands: synthesis solid structure characterization and reactivity toward the polymerization of polar monomer[J]. Organometallics, 2003, 22(24), 4952-4957.

[104] Li X. F., Li Y. G., Li Y. S., et al. Copolymerization of ethylene with methyl methacrylate with neutral nickel(Ⅱ) complexes bearing-ketoiminato chelate ligands[J]. Organometallics, 2005, 24(10), 2502-2510.

[105] 崔永刚，孙俊全，王临才，等．双核水杨醛亚中性镍催化 MMA 本体聚合[J]. 浙江大学学报(理学版)，2006，33(1)：80-84.

[106] Tang G. R., Jin G. X. Polymerization of methyl methacrylate catalyzed by nickel complexes with hydroxyindanone-imine ligands [J]. Dalton Transactions, 2007, 34: 3840-3846.

[107] 陈晓丽，祝方明，林尚安．双[N，O]配体合镍催化剂/MAO 催化 MMA 聚合的研究[J]. 高分子学报，2007，(11)：1064-1068.

[108] 胡扬剑，江洪流，王海华．含[N，O]配体的镍配合物/烷基铝催化甲基丙烯酸甲酯的聚合[J]．工业催化，2007，15(6)：23-27.

[109] De Roma A.，Yang H. J.，Milione S.，et al. Atom transfer radical polymerization of methylmethacrylate mediated by a naphtyl - nickel (Ⅱ) phosphane complex [J]. Inorganic Chemistry Communications，2011，14(4)：542-544.

[110] (a) Haddleton D. M.，Jasieczek C. B.，Hannon M. J.，et al. Atom transfer radical polymerization of methyl methacrylate initiated by alkyl bromide and 2-pyridinecarbaldehyde imine copper(Ⅰ) complexes [J]. Macromolecules，1997，30(7)：2190-2193.

(b) Haddleton D. M.，Duncalf D. J.，Kukulj D.，et al. [N-alkyl-2(2-pyridyl)methanimine] copper(Ⅰ) complexes：characterization and application as catalysts for atom-transfer polymerization [J]. European Journal of Inorganic Chemistry，1998，1998(11)：1799-180.

(c) Haddleton D. M.，Crossman M. C.，Dana B. H.，et al. Atom transfer polymerization of methyl methacrylate mediated by alkylpyridylmethanimine type ligands，copper(Ⅰ) bromide，and alkyl halides in hydrocarbon solution [J]. Macromolecules，1999，32(7)：2110-2119.

[111] Haddleton D. M.，Duncalf D. J.，Kukulj D.，et al. Atom transfer polymerization of methyl methacrylate：use of chiral aryl/alkyl pyridylmethanimine ligands；with copper(Ⅰ) bromide and as structurally characterized chiral copper(Ⅰ) complexes [J]. Journal of Materials Chemistry，1998，8(7)：1525-1532.

[112] Ding S. J.，Shen Y. Q.，Radosz M. A new tetradentate ligand for atom transfer radical polymerization[J]. Journal of Polymer Science Part A：Polymer Chemistry，2004，(42)，3553-3562.

[113] Chen G. J.，Zhu X. L.，Cheng Z. P.，et al. Controlled /“living” radical polymerization of methyl methacrylate using AIBN as the initiator under microwave irradiation [J]. Radiation Physics and Chemistry，2004，69：129 - 135.

[114] Nagel M.，Paxton W. F.，Sen A. Metal-mediated polymerization of acrylates：relevance of radical traps? [J]. Macromolecules，2004，37，9305-9307.

[115] Limer A.，Haddleton D. M. Reverse atom transfer radical polymerisation (ratrp) of methacrylates using copper (Ⅰ)/pyridinimine catalysts in conjunction with AIBN [J]. European Polymer Journal，2006，42：61 - 68.

[116] (a) Carlini C.，Giaiacopi S.，Marchetti F.，et al. Vinyl Polymerization of norbomene by bis (salicylaldiminate) copper(Ⅱ) / methylalumoxane catalysts [J]. Organometallics，2006，25 (15)：3659-3664.

(b) Galletti A. M. R.，Carlini C.，Giaiacopi S.，et al. Bis(salicylaldiminate) copper(Ⅱ)/ methylalumoxane catalysts for homo- and copolymerizations of ethylene and methyl methacrylate [J]. Journal of Polymer Science Part A：Polymer Chemistry，2007，45(6)：1134-1142.

[117] Lansalot-Matras C.，Bonnette F.，Lavastre O.，et al. N-tripodal ligands to generate copper

catalysts for the syndiotactic polymerization of methyl-methacrylate: crystal structures of copper complexes [J]. Journal of Organometallic Chemistry, 2008, 693: 393 - 398.

[118] Munoz-Molina J. M., Belderraın T. R., Perez P. J. Efficient atom-transfer radical polymerization of methacrylates catalyzed by neutral copper complexes [J]. Macromolecules, 2010, 43 (7), 3221-3227.

[119] 高艳梅, 陈永平. 甲基丙烯酸甲酯的原子转移自由基沉淀聚合[J]. 化学工程师, 2010, 176(5): 63-75.

[120] Liu X., Sun M., Wu Z. W., et al. CuI-catalyzed aerobic oxidation of tertiary amines as chain initiationfor radical polymerization of methyl methacrylate. Syndiotactic - richalpha - amino PMMA via mono-centered initiation [J]. Applied Catalysis A: General, 2016, 522: 1 - 12.

[121] Liu X., Jiang B. B., Zhai G. Q. Catalytic aerobic radical polymerization of methyl methacrylate in N, N - dimethylformamide: stepwise in situ activation of dioxygen to peroxides and further to oxyl radicals [J]. Journal of Catalysis, 2016, 339: 292 - 304.

[122] Shin S., Ahn S. H., Choi S., et al. Synthesis and structural characterization of 5-coordinate cobalt(Ⅱ), copper(Ⅱ) and 4-coordinate zinc(Ⅱ) complexes containing N'-cyclopentyl substituted N, N-bispyrazolylmethylamine [J]. Polyhedron, 2016, 110: 149 - 156.

[123] Park S., Lee J., Lee H., et al. Five - coordinate dinuclar cobalt (Ⅱ), copper (Ⅱ), zinc (Ⅱ) and cadmium (Ⅱ) complexes with 4 - bromo - N - (2 - pyridinylmethylene) benzenamine: Synthesis, characterisation and methyl methacrylate polymerization [J]. Applied Organometallic Chemistry, 2019, 33(3): e4766.

[124] Cho H., Jung M. J., Jeon J., et al. Synthesis, structural characterization and MMA polymerization studies of dimeric 5-coordinate copper (Ⅱ), cadmium (Ⅱ), and monomeric 4-coordinate zinc (Ⅱ) complexes supported by N - methyl - N - [(pyridine - 2 - yl) methyl] benzeneamine [J]. Inorganica Chimica Acta, 2019, 487: 221-227.

[125] Fang C., Fantin M., Pan X., et al. Mechanistically guided predictive models for ligand and initiator effects in copper-catalyzed atom transfer radical polymerization (Cu-ATRP) [J]. Journal of the American Chemical Society, 2019, 141(18): 7486-7497.

[126] Gao H. Y., Pei L. X., Song K. M., et al. Styrene polymerization with novel anilido-imino nickel complexes/MAO catalytic system: Catalytic behavior micro-structure of polystyrene and polymerization mechanism [J]. European Polymer Journal, 2007, 43: 908-914.

[127] Jian H. X., Krzyszt of Matyjaszewski. Homogeneous reverse atom transfer radical polymerization of styrene initiated by peroxides [J]. Macromolecules, 1999, 32, 5199-5202.

[128] Kato M., Kamigaito M., Sawamoto M., et al. Polymerization of methyl methacrylate with the carbon tetrachloride / dichlorotris (triphenylphosphine) ruthenium(Ⅱ) / methyl -aluminum bis (2, 6 - di - tert - butylphenoxide) initiating System: Possibility of living radical polymerization [J]. Macromolecules, 1995, 28: 1721-1723.

[129] (a) Wang J. S., Matyjaszewski K. Controlled /"living" radical polymerization. Atom transfer radical polymerization in the presence of transition-metal complexes [J]. Journal of the American Chemical Society, 1995, 117: 5614 - 5615.

(b) Wang J. S, Matyjaszewski K. Controlled/ "living" radical polymerization.

Halogenatom transfer radical polymerization promoted by a Cu (Ⅰ)/Cu(Ⅱ) redox process [J]. Macromolecules, 1995, 28: 7901-7910.

[130] Ding S., Radosz, M., Shen, Y. Ionic liquid catalyst for biphasic atom transfer radical polymerization of methyl methacrylate [J]. Macromolecules, 2005, 38: 5921-5928.

[131] Szwarc M., Aida T., Amass A. J., et al. Comments on "Living Polymerization: Rationale for Uniform Teminnology" by Darling et al [J]. Journal of Polymer Science Part A: Polymer Chemistry, 2000, 38(10): 1710-1752.

[132] Zetterlund P. B., Kagawa Y., Okubo M., Controlled /living radical polymerization in dispersed systems[J]. Chemical Reviews, 2008, 108(9): 3747-3794.

[133] Lena F. D., Matyjaszewskia K. Transition metal catalysts for controlled radical polymerization [J]. Progress in Polymer Science, 2010, 35: 959 - 1021.

[134] Tsarevsky N. V., Matyjaszewski K. "Green" atom transfer radical polymerization: From process design to preparation of well-defined environmentally friendly polymeric materials[J]. Chemical Reviews, 2007, 107(6) : 2270-2299.

[135] Matyjaszewski K. Atom transfer radical polymerization (ATRP): current status and future perspectives[J]. Macromolecules, 2012, 45(10): 4015-4039.

[136] Ribelli T. G., Fantin M., Daran J. C., et al. Synthesis and characterization of the most active copper ATRP catalyst based on tris [(4-dimethylaminopyridyl) methyl] amine[J]. Journal of the American Chemical Society, 2018, 140(4): 1525-1534.

[137] Zaborniak I., Chmielarz P., Matyjaszewski K. Synthesis of Riboflavin - Based Macromolecules through Low ppm ATRP in Aqueous Media[J]. Macromolecular Chemistry and Physics, 2020, 1900496.

[138] Layadi A., Kessel B., Yan W., et al. Oxygen tolerant and cytocompatible iron (0)-mediated atrp enables the controlled growth of polymer brushes from mammalian cell cultures[J]. Journal of the American Chemical Society, 2020.

[139] Matyjaszewski K., Tsarevsky N. V. Nanostructured functional materials prepared by atom transfer radical polymerization[J]. Nature Chemistry, 2009, 1(4): 276 - 288.

[140] Matyjaszewski K., Macromolecular engineering: From rational design through precise macromolecular synthesis and processing to targeted macroscopic material properties[J]. Progress in Polymer Science, 2005, 30(8 - 9): 858-875.

[141] Najafi M., Roghani-Mamaqani H., Salami-Kalajahi M., et al. A comprehensive monte carlo simulation of styrene atom transfer radical polymerization[J]. Chinese Journal of Polymer Sci-

ence, 2010, 28 (4): 483-497.

[142] Canak T C, Selcukoglu M., Hamuryudan E., et al. Atom transfer radical polymerization of methyl methacrylate and styrene initiated by 3, 5-bis (perfluoro ben-zyloxy) benzyl 2-bromopropanoate[J]. Journal of Applied Polymer Science, 2012, 124: 1683-1694.

[143] Matyjaszewski K., Inner sphere and outer sphere electron transfer reactions in atom transfer radical polymerization [J]. Macromolecular Symposia, 1998, 134: 105-18.

[144] Najafi M., Roghani-Mamaqani H., Salami-Kalajahi M., et al. An exhaustive study of chain-length-dependent and diffusion-controlled free radical and atom-transfer radical polymerization of styrene [J]. Journal of Polymer Research, 2011, 18(6): 1539-1555.

[145] Wang J. S., Matyjaszewski K. "Living"/Controlled Radical Polymerization. Transition -metal-catalyzed atom transfer radical polymerization in the presence of a conventional radical initiator [J]. Macromolecules, 1995, 28: 7572-7573.

[146] Noda T., Grice A J., Levere M E., et al. Continuous process for ATRP: Synthesis of homo and block copolymers[J]. European Polymer Journal, 2007, 43: 2321-2330.

[147] Nicolay V. T, Wojciech J. Atom Transfer Radical polymerization of functional monomers employing Cu-based catalysts at low concentration: polymerization of glycidyl methacrylate[J]. Journal of Polymer Science: Part A: Polymer Chemistry, 2011, 49: 918-925.

[148] Chen X. P., Qiu K. Y., "Living" radical polymerization of styrene with AIBN/$FeCl_3$/ PPh_3 initiating system via a reverse atom transfer radical polymerization process[J]. Polymer International, 2000, 49(11): 1529-1533.

[149] Xu Y. Q., Xu Q F., Lu J. M., et al. Reverse atom transfer radical polymerization of MMA initiated by triphenylmethane[J]. Polymer Bulletin, 2007, 58(5): 809-817.

[150] Zhou W. Y., Chen H., Liang Y., et al. Synthesis of poly (methyl methacrylate) via reverse atom transfer radical polymerization catalyzed by $FeCl_3$/lactic acid[J]. Journal of Applied Polymer Science, 2009, 114(3): 1593-1597.

[151] Ge X. P., Ye Q., Song L. Y., et al. Visible-light initiated free-radical/cationic ring-opening hybrid photopolymerization of methacrylate/epoxy: Polymerization kinetics crosslinking structure and dynamic mechanical properties [J]. Macromolecular Chemistry and Physics, 2015, 216(8): 856-872.

[152] 张洪敏，侯元雪．活性聚合[M]．北京：中国石化出版社，1998.

[153] Atsushi Goto., Koichi Sato., Yoshinobu Tsujii., et al. Mechanism and kinetics of RAFT-based living radical polymerizations of styrene and methyl methacrylate[J]. Macromolecules, 2001, 34: 402-408.

[154] Kato M., Kamigaito M., Sawamoto M., et al. Polymerization of methyl methacrylate with the carbon tetrachloride/dichlorotris (triphenylphosphine) ruthenium (II)/methyl-aluminum bis (2, 6-ditertbutylphenoxide) initiating system: Possibility of living radical polymerization [J].

Macromolecules, 1995, 28: 1721-1723.

[155] Jun Z., Xin W., Guo X. J. Polymerized metallocene catalysts and late transition metal catalysts for ethylene polymerization [J]. Coordination Chemistry Reviews, 2006, 250: 95-109.

[156] Rodrigues A. S., Kirillov E., Carpentier J. F. Group 3 and 4 single-site catalysts for stereospecific polymerization of styrene [J]. Coordination Chemistry Reviews, 2008, 252: 2115-2136.

[157] Kampferbeck M., Vossmeyer T., Weller H. Cross-linked polystyrene shells grown on iron oxide nanoparticles via surface-grafted AGET-ATRP in microemulsion[J]. Langmuir, 2019, 35 (26): 8790-8798.

[158] Upadhayay Regmi K. N., Mehrvar M., Dhib R. Experimental design and statistical analysis of AGET ATRP of MMA in emulsion polymer reactor[J]. Macromolecular Reaction Engineering, 2019, 13(4): 1900006.

[159] Shao M., Yue X., He J., et al. Controlling gelation time of in situ polymerization of gel system through AGET ATRP principle[J]. Iranian Polymer Journal, 2020, 29(3): 275-286.

[160] Sengupta A., Wickramasinghe R. Activator generated electron transfer combined atom transfer radical polymerization (AGET-ATRP) for controlled grafting location of glycidyl methacrylate on regenerated cellulose ultrafiltration membranes [J]. Journal of Membrane Science and Research, 2020, 6(1): 90-98.

2 不对称Salen型Ni(Ⅱ)、Cu(Ⅱ)系催化剂的合成及表征

2.1 引言

Salen 型配体通常由活泼羰基的化合物(如水杨醛及其衍生物)与二胺化合物经缩合脱水反应，得到的具有亚胺或甲亚胺特性基团(—CR═N—)的一类 Schiff 碱。由于可以在其C═N 的左右两侧引入各种不同的活性官能团，致使其种类、结构丰富多样。将后过渡金属 Ni(Ⅱ)、Cu(Ⅱ)的金属盐或金属化合物与 Salen 型配体反应可以生成 Salen 型 Ni(Ⅱ)、Cu(Ⅱ)金属配合物。由于 Ni(Ⅱ)、Cu(Ⅱ)等后过渡金属配合物具有较强的抗氧化性以及对极性单体容忍度高等优点，该类金属配合物作为一类高效的金属催化剂广泛应用于烯烃的聚合过程。

在合成过程中，由于采用的二胺化合物通常具有对称结构，即二胺上的两个 NH_2基团的活泼性相同，很容易形成对称结构的 Salen 型配体。为了得到功能性更强、活性更高的不对称 Salen 型配合物，本章描述了采用金属离子模板法，合成 20 种不对称 Salen 型 Ni(Ⅱ)、Cu(Ⅱ)金属配合物的方法，并借助现代分析测试手段，如元素分析(EA)、红外吸收光谱(FT-IR)、核磁共振氢谱(^1H NMR)、热重分析(TGA)、单晶衍射(X-Ray)等对所合成的不对称 Salen 型 Ni(Ⅱ)、Cu(Ⅱ)配合物进行了结构表征，为该类配合物作为催化剂催化聚合烯烃奠定了理论基础。

2.2 主要原材料及仪器

不对称 Salen 型 Ni(Ⅱ)、Cu(Ⅱ)配合物的合成所需主要原材料及仪器，见表 2-1。

表 2-1　主要原材料及仪器

名称	含量	规格
3，5-二叔丁基-2-羟基-苯甲醛	≥99%	AR
邻苯二胺	≥99%	AR
4，5-二氯-1，2-苯二胺	≥96%	AR
$Cu(OAc)_2 \cdot H_2O$	≥99.5%	AR
$Ni(OAc)_2 \cdot 4H_2O$	≥99.5%	AR
水杨醛	≥99.5%	AR
5-溴-水杨醛	≥99.5%	AR
3，5-二溴-水杨醛	≥99.5%	AR
邻香草醛	≥99.5%	AR
5-溴-邻香草醛	≥99.5%	AR
无水乙醇	≥99.7%	AR
二氯甲烷	≥99.5%	AR
三氯甲烷	≥99.0%	AR
乙腈	≥99.5%	AR
盐酸	—	AR
HAMILTON 微量进样注射器	—	—
BS124S 型电子天平	—	—
ZNHW 型恒温电热套	—	—
差示扫描量热测定仪	—	—
傅立叶变换红外光谱仪	—	—
核磁共振仪	—	—
X 射线单晶衍射仪	—	—

2.3　分析测试方法

(1)元素分析(EA)

依据德国 Elementar 元素分析系统公司制造的 Vario EL cube 元素分析仪，测定了 C、H、N 元素的含量。

(2)红外光谱(FT-IR)

采用 Thermo Electron corporation 傅立叶变换红外光谱仪(NICOLET 5700)，KBr 压片法。测定范围为 400~4000 cm^{-1}。

(3)核磁共振氢谱(^{1}H-NMR)

采用美国 Varian 公司生产的核磁共振仪(INVOA-400 MHZ),以 TMS 为内标,$CDCl_3$为溶剂,将纯化后的产物进行核磁氢谱表征。

(4)热重分析(TGA)

利用美国 TA 公司生产的差示扫描量热测定仪(SDTQ600),针对目标产物的热性能进行系统测试,其扫描条件为:在氮气气氛下,20 ℃/min 的升温速率。

(5)X 射线单晶衍射(X-ray)

X 射线单晶衍射的测定采用德国 Bruker AXS 有限公司生产的 SMART APEX CCD 型单晶 X 射线衍射仪。选择尺寸合适的单晶,将其固定在玻璃丝上,用 Bruker 单晶衍射仪进行晶体结构数据的采集。用 Mo- Kα 射线($\lambda = 0.71073$ Å),以 Φ/ω 的扫描方式室温下收集足够数量衍射较强的数据。晶体结构由直接法解出,用 SHELXTL 软件通过全矩阵最小二乘法进行精修,用程序 SADABS 进行吸收校正。

(6)X-射线粉末衍射(PXRD)

采用日本理学电机生产的(D/Max-IIIA 型)X 射线粉末(多晶)衍射衍射仪进行 X 射线粉末衍射的测定。将 0.2 g 催化剂样品粉末倒在干燥的 XRD 专用样品承载片中,压实并保持表面平整。

2.4 不对称 Salen 型 Ni(Ⅱ)、Cu(Ⅱ)系催化剂的合成

2.4.1 HL^1不对称前驱体的合成

HL^1不对称前驱体的合成路线如图 2-1 所示。

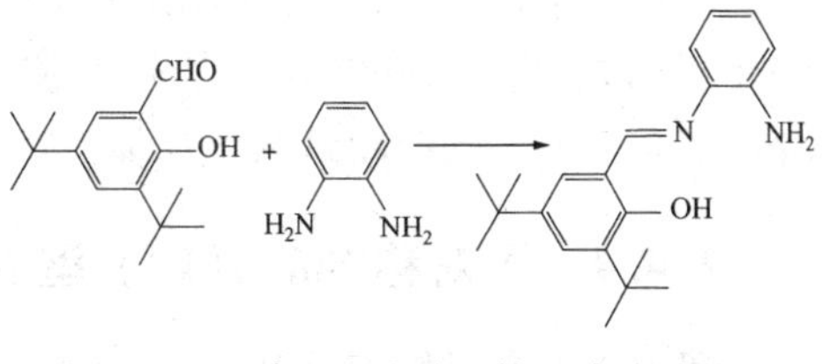

依据相关文献方法,称取 0.092 mol 的邻苯二胺,溶于 20 mL 无水乙醇中形成溶液,然后缓慢滴入 20 mL 2-羟基-3,5-二叔丁基-苯甲醛(0.046 mol)的无水乙醇溶液中,加热回流搅拌反应 4 h,溶液呈橘红色,将反应液浓缩至 10mL,冷却,静置挥发,过滤、干燥得橘黄色晶体,即为前驱体 HL^1{(E)-2-[(2-氨基-苯胺)-甲基]-4,6-二-叔丁基-苯酚},产率约 71%。

图 2-1 H_2L^1不对称前驱体的合成路线

2.4.2 Ni(L¹)(OAc)中间体的合成

Ni(L¹)(OAc)中间体的合成路线如图 2-2 所示。

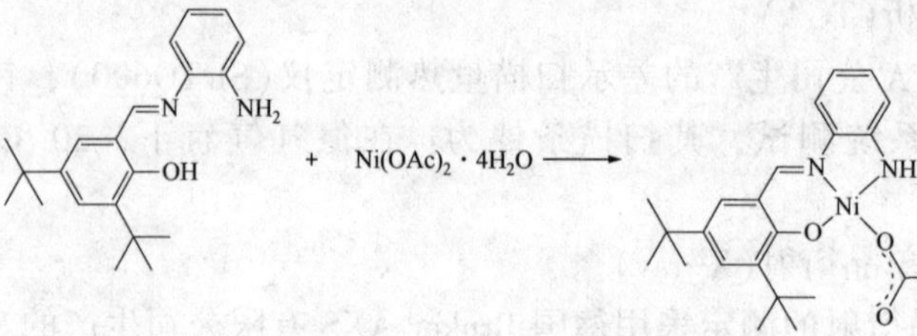

图 2-2　Ni(L¹)(OAc)中间体的合成路线

将 0.035 mol 前驱体 HL¹溶于 10 mol 三氯甲烷中，加入 10 mL 醋酸镍(0.0375 mol)的无水乙醇溶液，加热回流搅拌，反应 0.5 h，冷却，静置挥发，过滤，干燥，可得到棕红长方形晶体，产率约 61%。

2.4.3 [Cu(L¹)(OAc)]₂中间体的合成

[Cu(L¹)(OAc)]₂中间体的合成路线如图 2-3 所示。

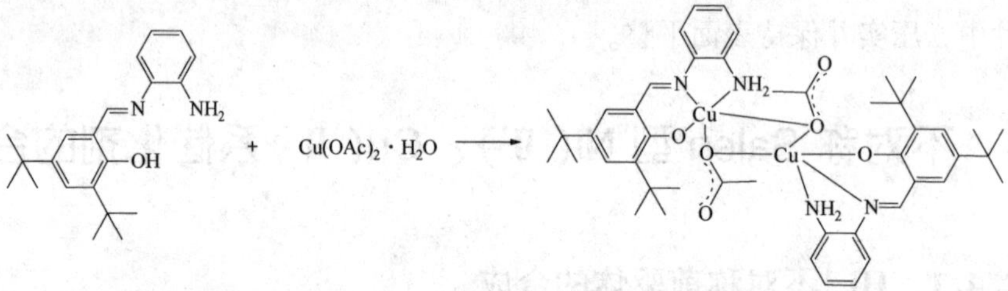

图 2-3　[Cu(L¹)(OAc)]₂中间体的合成路线

将 0.025 mol 前驱体 HL¹溶于 10 mol 二氯甲烷中，加入 10 mL 的醋酸铜(0.025 mol)无水乙醇溶液，加热回流搅拌，反应 0.5 h，冷却，静置挥发，过滤，干燥，可得到针状黄绿色晶体，产率约 61%。

2.4.4 不对称 Salen(L¹) 型 Ni(Ⅱ)、Cu(Ⅱ)催化剂的合成

利用金属离子模板法进行不对称 Salen 型 Ni(Ⅱ)、Cu(Ⅱ)催化剂的合成，主要有两步法和一步法。

两步法的反应步骤为：首先将前驱体(E)-2-[(2-氨基-苯胺)-甲基]-4,6-二-叔丁基-苯酚和等摩尔的金属醋酸盐的无水乙醇溶液反应 1 h 得到中间体；然后将中间体加入等摩尔的水杨醛或水杨醛衍生物的甲醇或乙醇溶液，室温下连

续反应 3 h，过滤收集滤液，挥发，即可得到不对称 Salen(L^1) 型 Ni(Ⅱ)、Cu(Ⅱ)催化剂。以$[Cu(L^1)(OAc)]^2$中间体为例，通过两步法合成不对称 Salen(L^1) 型 Cu(Ⅱ)催化剂的路线如图 2-4 所示。

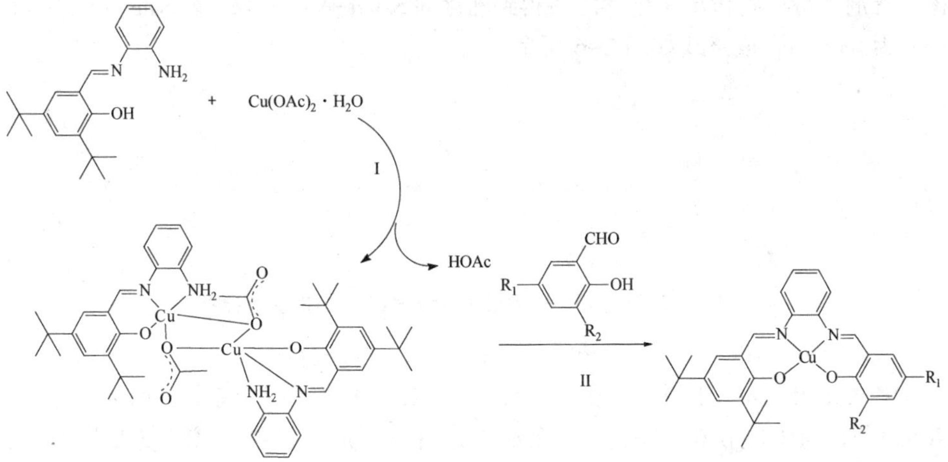

R_1=H，Br；R_2=H，Br，OCH_3；

图 2-4　两步法合成不对称 Salen(L^1)型 Cu(Ⅱ)催化剂的路线

一步法的反应步骤为：将前驱体(E)-2-[(2-氨基-苯胺)-甲基]-4，6-二-叔丁基-苯酚溶解于二氯甲烷中，先加入等摩尔醋酸铜的乙醇溶液，加热回流搅拌反应 0.5 h 后，在反应液中加入等摩尔的水杨醛或水杨醛衍生物的乙醇溶液，进一步室温连续反应 1 h 后，过滤收集滤液，挥发，即可得到 Salen 型不对称 Ni(Ⅱ)、Cu(Ⅱ)催化剂。以$[Cu(L^1)(OAc)]^2$中间体为例，通过一步法合成 Salen 型不对称 Cu(Ⅱ)催化剂的路线如图 2-5 所示。

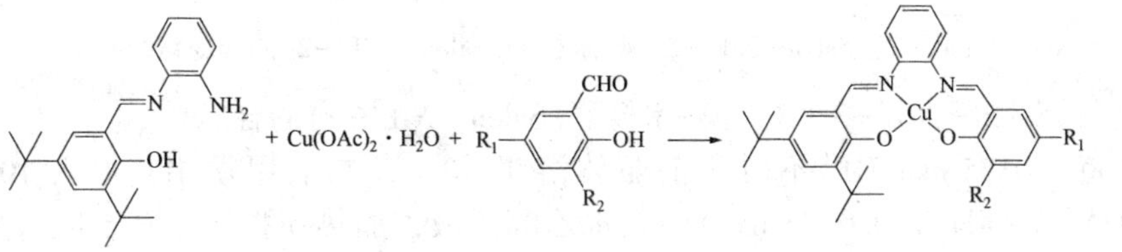

R_1=H，Br；R_2=H，Br，OCH_3；

图 2-5　一步法合成 Salen(L^1)型不对称 Cu(Ⅱ)催化剂的路线

由于一步法操作简单易行，产品收率较高，且大大缩短了反应时间，故采用金属离子模板一步法合成不对称 Salen(L^1)型 Ni(Ⅱ)、Cu(Ⅱ)催化剂。

(1)Salen-NiL^1-水杨醛(Salen-NiL^1-1)的合成

将 0.0375 mol HL^1 不对称前驱体溶于 10 mL 二氯甲烷中，加入 10 mL

$Ni(OAc)_2 \cdot 4H_2O$(0.0375 mol)的无水乙醇溶液，加热搅拌回流 0.5 h，停止加热，继续回流，直至冷却到室温。加入 0.0375 mol 水杨醛，补加 2 mL 无水乙醇及 2 mL 二氯甲烷，继续反应 30min，静置挥发，过滤，收集滤液于小烧杯中，挥发溶剂等待产物析出，干燥之后得到催化剂 Salen-NiL^1-水杨醛(Salen-NiL^1-1)，产率为 63%。合成路线如图 2-6 所示。

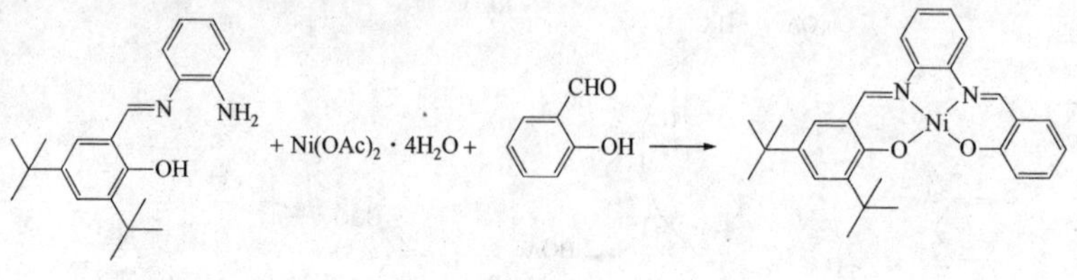

图 2-6　Salen-NiL^1-水杨醛(Salen-NiL^1-1)的合成路线

(2)Salen- NiL^1-5-溴-水杨醛(Salen- NiL^1-2)的合成

将 0.0375 mol HL^1 不对称前驱体溶于 10 mL 二氯甲烷中，加入 10 mL $Ni(OAc)_2 \cdot 4H_2O$(0.0375 mol)的无水乙醇溶液，加热搅拌回流 0.5 h，停止加热，继续回流，直至冷却到室温。加入 0.0375 mol 5-溴-水杨醛，补加 3 mL 无水乙醇及 3 mL 二氯甲烷，继续反应 40 min，静置挥发，过滤，收集滤液于小烧杯中，挥发溶剂等待产物析出，干燥之后得到催化剂 Salen- NiL^1-5-溴-水杨醛(Salen- NiL^1-2)，产率为 72%。合成路线如图 2-7 所示。

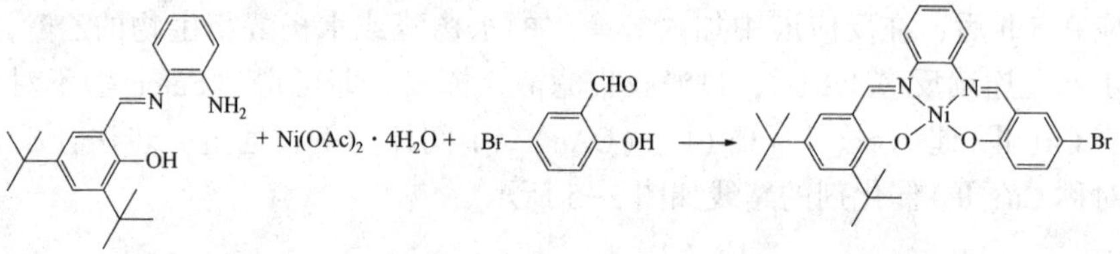

图 2-7　Salen- NiL^1-5-溴-水杨醛(Salen- NiL^1-2)的合成路线

(3)Salen- NiL^1-3，5 二溴-水杨醛(Salen- NiL^1-3)的合成

将 0.0375 mol HL^1 不对称前驱体溶于 10 mL 二氯甲烷中，加入 10 mL $Ni(OAc)_2 \cdot 4H_2O$(0.0375 mol)的无水乙醇溶液，加热搅拌回流 0.5 h，停止加热，继续回流，直至冷却到室温。加入 0.0375 mol 3，5-二溴水杨醛，补加 2 mL 无水乙醇及 4 mL 甲苯，继续反应 60 min，静置挥发，过滤，收集滤液于小烧杯中，挥发溶剂等待产物析出，干燥之后得到催化剂 Salen- NiL^1-3，5 二溴-水杨醛(Salen- NiL^1-3)，产率为 56%。合成路线如图 2-8 所示。

(4)Salen- NiL^1-邻香草醛(Salen- NiL^1-4)的合成

将 0.0375 mol HL^1 不对称前驱体溶于 10 mL 二氯甲烷中，加入 10 mL $Ni(OAc)_2 \cdot 4H_2O$(0.0375 mol)的无水乙醇溶液，加热搅拌回流 0.5 h，停止加

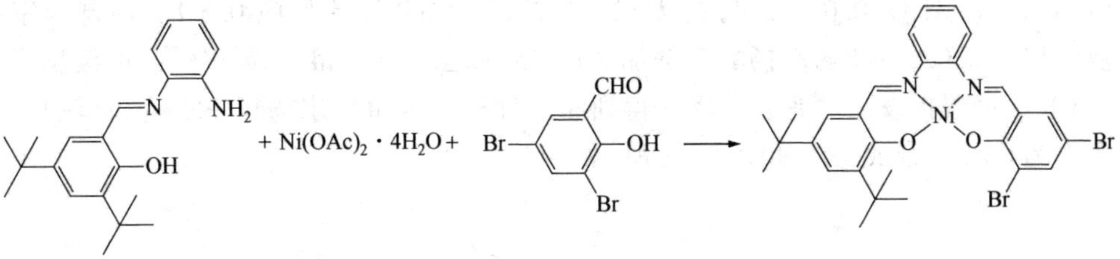

图 2-8　Salen- NiL^1-3，5 二溴-水杨醛(Salen- NiL^1-3)的合成路线

热，继续回流，直至冷却到室温。加入 0.0375 mol 3，5-二溴水杨醛，补加 2 mL 无水乙醇及 4 mL 甲苯，继续反应 60 min ，静置挥发，过滤，收集滤液于小烧杯中，挥发溶剂等待产物析出，干燥之后得到催化剂 Salen- NiL^1-邻香草醛(Salen-NiL^1-4)，产率为 75%。合成路线如图 2-9 所示。

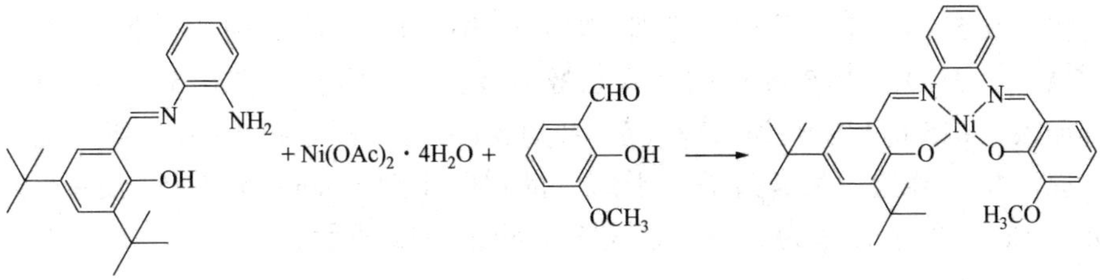

图 2-9　Salen- NiL^1-邻香草醛(Salen- NiL^1-4)的合成路线

(5)Salen NiL^1-5-溴-邻香草醛(Salen- NiL^1-5)的合成

将 0.0375 mol HL^1 不对称前驱体溶于 10 mL 三氯甲烷中，加入 10 mL $Ni(OAc)_2 \cdot 4H_2O$(0.0375 mol)的无水乙醇溶液，加热搅拌回流 0.5 h，停止加热，继续回流，直至冷却到室温。加入 0.0375 mol 3，5-二溴水杨醛，补加 4 mL 无水乙醇及 4 mL 三氯甲烷，继续反应 30 min ，静置挥发，过滤，收集滤液于小烧杯中，挥发溶剂等待产物析出，干燥之后得到催化剂 Salen NiL^1-5-溴-邻香草醛(Salen- NiL^1-5)，产率为 81%。合成路线如图 2-10 所示。

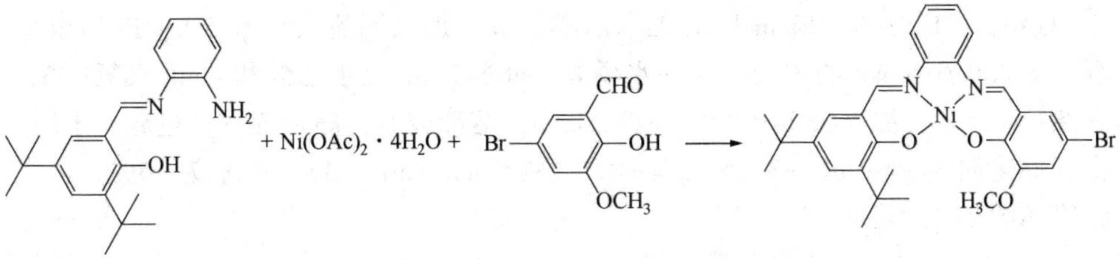

图 2-10　Salen -NiL^1-5-溴-邻香草醛(Salen- NiL^1-5)的合成路线

(6)Salen-CuL^1-水杨醛(Salen-CuL^1-1)的合成

将 0.025 mol HL^1 不对称前驱体溶于 10 mL 二氯甲烷中，加入 10 mL

$Cu(OAc)_2 \cdot H_2O$(0.025 mol)的无水乙醇溶液，加热回流反应0.5 h，冷却至室温。加入0.025 mol的水杨醛，补加2 mL无水乙醇和2 mL二氯甲烷，继续反应0.5 h，静置挥发，过滤、干燥，得到催化剂Salen-CuL¹-水杨醛(Salen-CuL¹-1)，产率为65%。合成路线如图2-11所示。

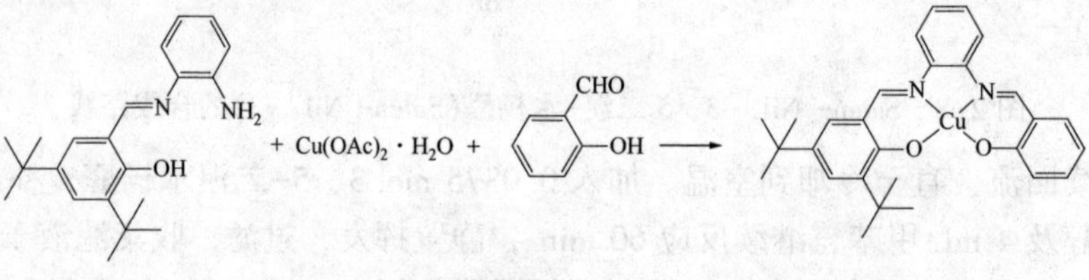

图2-11　Salen-CuL¹-水杨醛(Salen-CuL¹-1)的合成路线

(7)Salen-CuL¹-5-溴-水杨醛(Salen-CuL¹-2)的合成

将0.025 mol HL¹不对称前驱体溶于10 mL二氯甲烷中，加入10 mL $Cu(OAc)_2 \cdot H_2O$(0.025 mol)的无水乙醇溶液，加热回流反应0.5 h，冷却至室温。加入0.025 mol的5-溴-水杨醛，补加3 mL无水乙醇和2 mL二氯甲烷，继续反应1 h，静置挥发，过滤、干燥，得到催化剂Salen-CuL¹-5-溴-水杨醛(Salen-CuL¹-2)，产率为81%。合成路线如图2-12所示。

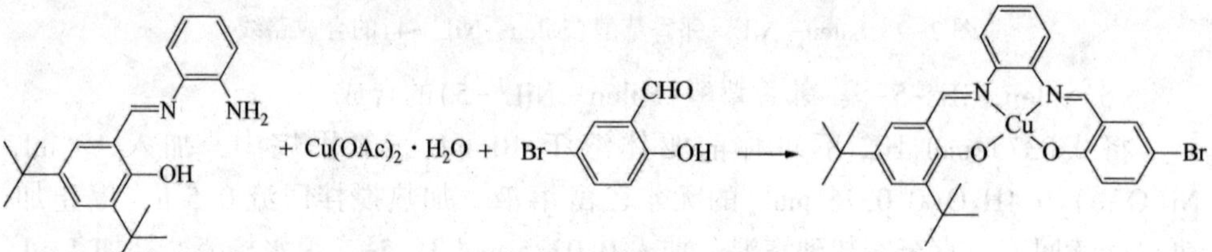

图2-12　Salen-CuL¹-5-溴-水杨醛(Salen-CuL¹-2)的合成路线

(8)Salen-CuL¹-3，5二溴-水杨醛(Salen-CuL¹-3)的合成

将0.025 mol HL¹不对称前驱体溶于10 mL三氯甲烷中，加入10 mL $Cu(OAc)_2 \cdot H_2O$(0.025 mol)的无水乙醇溶液，加热回流反应0.5 h，冷却至室温。加入0.025 mol的3，5二溴-水杨醛，补加2 mL无水乙醇和4 mL三氯甲烷，继续反应1 h，加入2mL甲苯，搅拌30min，溶液澄清，静置挥发，过滤、干燥，得到催化剂Salen-CuL¹-3，5二溴-水杨醛(Salen-CuL¹-3)，产率为55%。合成路线如图2-13所示。

(9)Salen-CuL¹-邻香草醛(Salen-CuL¹-4)的合成

将0.025 mol HL¹不对称前驱体溶于10 mL二氯甲烷中，加入10 mL $Cu(OAc)_2 \cdot H_2O$(0.025 mol)的无水乙醇溶液，加热回流反应0.5 h，冷却至室温。加入0.025 mol的邻香草醛，补加2 mL无水乙醇和2 mL二氯甲烷，继续反

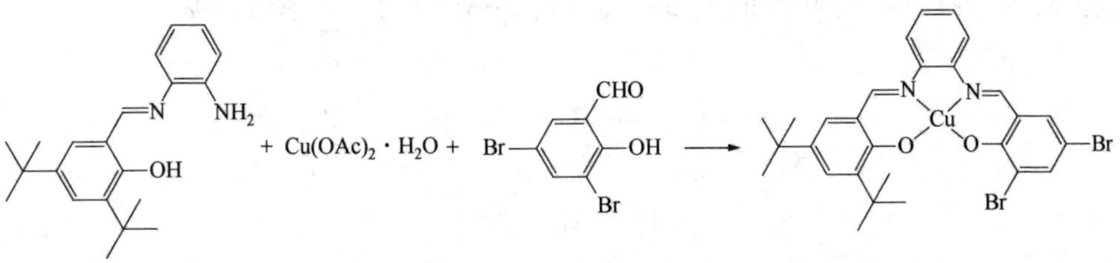

图 2-13　Salen-CuL[1]-3，5 二溴-水杨醛(Salen-CuL[1]-3)的合成路线

应 1 h，静置挥发，过滤、干燥，得到催化剂 Salen-CuL[1]-邻香草醛(Salen-CuL[1]-4)，产率为 90%。合成路线如图 2-14 所示。

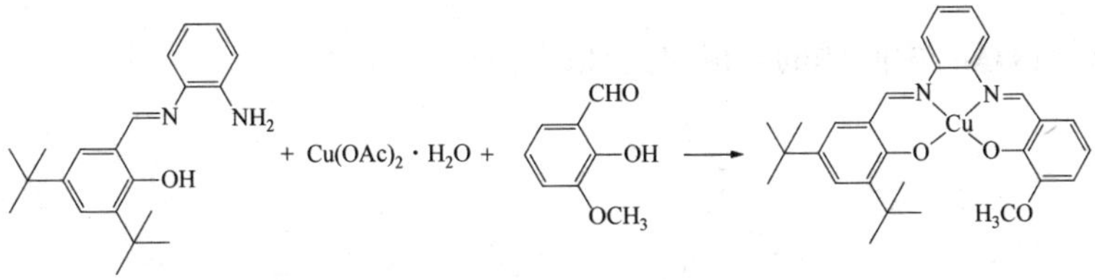

图 2-14　Salen-CuL[1]-邻香草醛(Salen-CuL[1]-4)的合成路线

(10) Salen-CuL[1]-5-溴-邻香草醛(Salen-CuL[1]-5)的合成

将 0.025 mol HL[1] 不对称前驱体溶于 10 mL 三氯甲烷中，加入 10 mL $Cu(OAc)_2 \cdot H_2O$(0.025 mol)的无水乙醇溶液，加热回流反应 0.5 h，冷却至室温。加入 0.025 mol 的 5-溴-邻香草醛，补加 3 mL 无水乙醇和 3 mL 三氯甲烷，继续反应 1 h，静置挥发，过滤、干燥，得到催化剂 Salen-CuL[1]-5-溴-邻香草醛(Salen-CuL[1]-5)，产率为 81%。合成路线如图 2-15 所示。

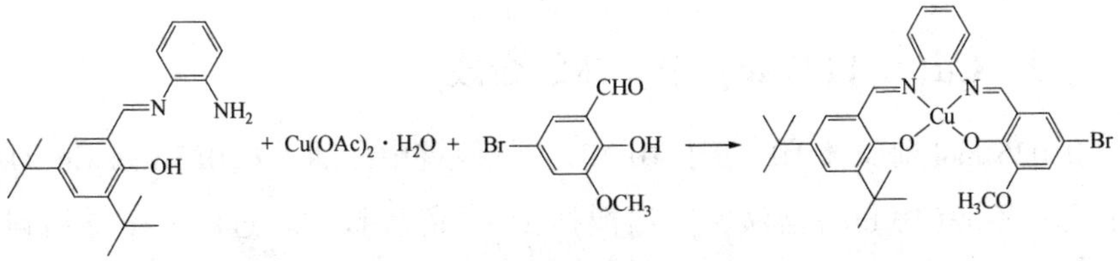

图 2-15　Salen-CuL[1]-5-溴-邻香草醛(Salen-CuL[1]-5)的合成路线

2.4.5　HL[2]不对称前驱体的合成

HL[2]不对称前驱体的合成路线如图 2-16 所示。

称取 5.6 mol 4，5 二氯-1，2-苯二胺，溶于 20 mL 无水乙醇中，缓慢滴入 20 mL 2-羟基-3，5 二叔丁基-苯甲醛(2.8 mol)的无水乙醇溶液中，室温搅拌 3 d，溶液呈棕红色，静置挥发，过滤，干燥得黄色晶体，即为前驱体 HL[2](2-羟基-3，5二叔丁基-苯甲醛缩4，5-二氯-1，2-苯二胺)，产率约68%。

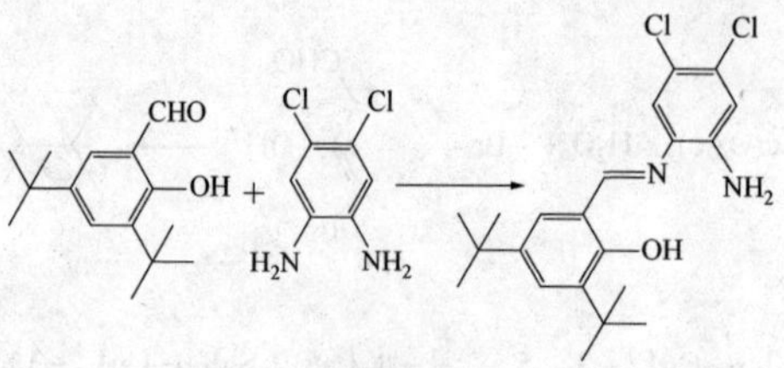

图 2-16 H_2L^2不对称前驱体的合成路线

2.4.6 Ni(L^2)(OAc) 中间体的合成

Ni(L^1)(OAc)中间体的合成路线如图 2-17 所示。

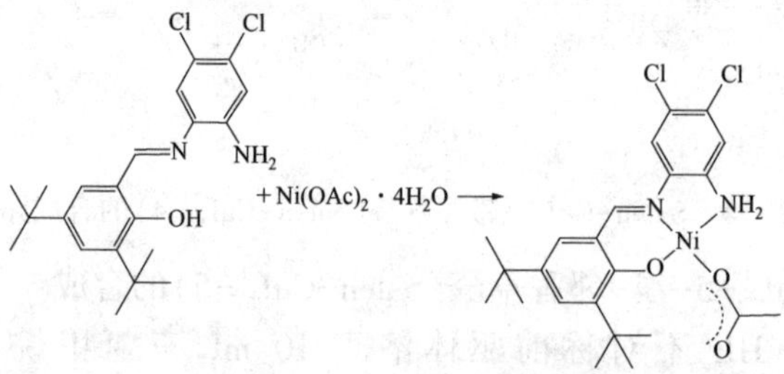

图 2-17 Ni(L^1)(OAc)中间体的合成路线

将0.0375 mol 前驱体 HL^2 溶于 8 mL 二氯甲烷中，加入 0.0375 mol Ni$(OAc)_2 \cdot 4H_2O$ 的无水乙醇(8 mL)溶液，室温搅拌 1 h，静置挥发，过滤，干燥，得针状棕黄色晶体，产率约 75 %。

2.4.7 Cu(L^2)(OAc) 中间体的合成

将0.025 mol 前驱体 HL^2溶于 10 mL 三氯甲烷中，加入 0.025 mol $Cu(OAc)_2 \cdot H_2O$ 的无水乙醇(10 mL)溶液，室温搅拌 1 h，静置挥发，过滤、干燥后得片状黄绿色晶体，产率 65%。其合成路线如图 2-18 所示。

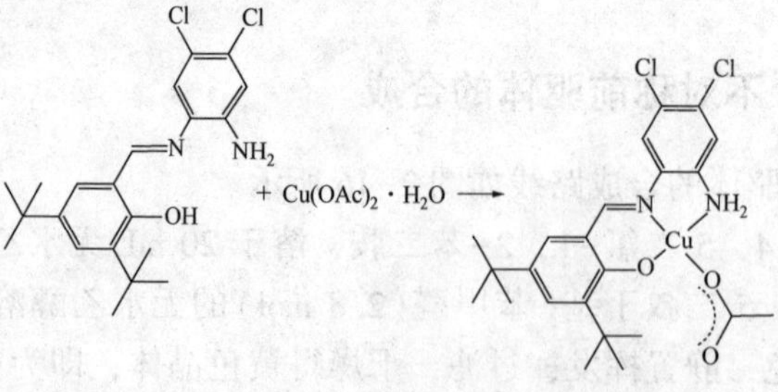

图 2-18 Cu(L^2)(OAc)中间体的合成路线

2.4.8 Salen(L^2) 型不对称 Ni(Ⅱ)、Cu(Ⅱ)催化剂的合成

仍然采用金属离子模板一步法合成 Salen(L^2) 型不对称 Ni(Ⅱ)、Cu(Ⅱ)催化剂。

(1) Salen-NiL^2-水杨醛(Salen-NiL^2-1)的合成

将 0.0375 mol 不对称前驱体 HL^2溶于 8 mL 二氯甲烷中，加入 0.0375 mol $Ni(OAc)_2 \cdot 4H_2O$ 的乙腈(8 mL)溶液，室温搅拌反应 1 h。加入 0.0375 mol 水杨醛，补加二氯甲烷(2 mL)和乙腈(2 mL)，继续反应 1 h，静置挥发，过滤，干燥后得到催化剂 Salen-NiL^2-水杨醛(Salen-NiL^2-1)，产率为 72%。合成路线如图 2-19 所示。

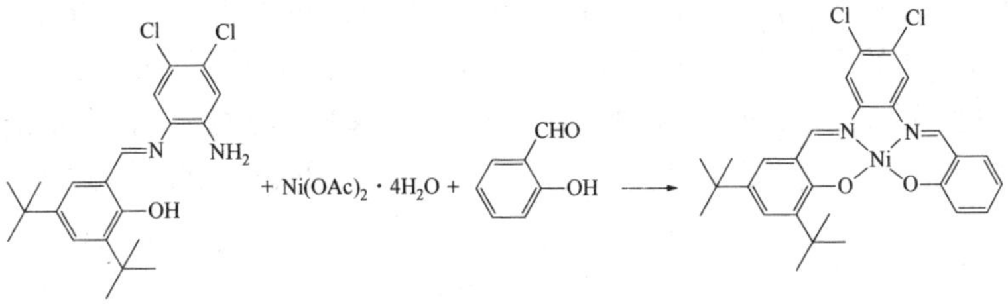

图 2-19 Salen-NiL^2-水杨醛(Salen-NiL^2-1)的合成路线

(2) Salen-NiL^2-5-溴-水杨醛(Salen-NiL^2-2)的合成

将 0.0375 mol 不对称前驱体 HL^2溶于 8 mL 二氯甲烷中，加入 0.0375 mol $Ni(OAc)_2 \cdot 4H_2O$ 的无水乙醇(8 mL)溶液，室温搅拌反应 1 h。加入 0.0375 mol 5-溴-水杨醛，补加二氯甲烷 2 mL，继续反应 1 h，静置挥发，过滤，干燥后得到催化剂 Salen-NiL^2-5-溴-水杨醛(Salen-NiL^2-2)，产率为 75%。合成路线如图 2-20所示。

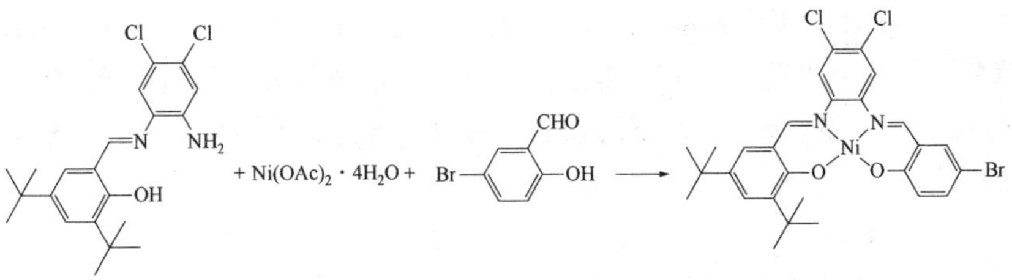

图 2-20 Salen-NiL^2-5-溴水杨醛(Salen-NiL^2-2)的合成路线

(3) Salen-NiL^2-3，5 二溴-水杨醛(Salen-NiL^2-3)的合成

将 0.0375 mol 不对称前驱体 HL^2溶于 8 mL 二氯甲烷中，加入 0.0375 mol $Ni(OAc)_2 \cdot 4H_2O$ 的无水乙醇(8 mL)溶液，室温搅拌反应 1 h。加入 0.0375 mol 3，5 二溴-水杨醛，补加二氯甲烷 2 mL，继续反应 1 h，静置挥发，过滤，干燥后

得到催化剂 Salen-NiL^2-3，5 二溴-水杨醛(Salen-NiL^2-3)，产率为 62%。合成路线如图 2-21 所示。

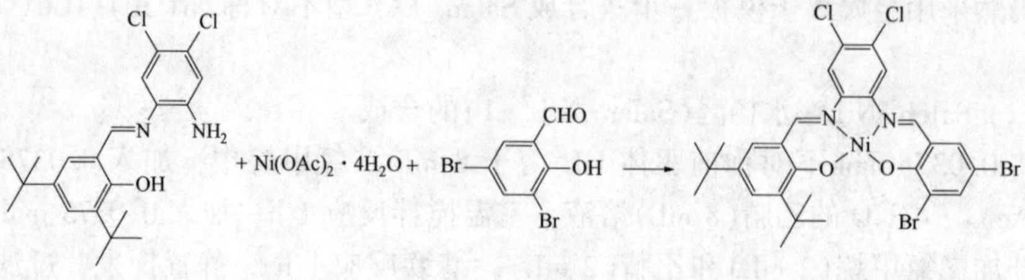

图 2-21　Salen-NiL^2-3，5-二溴水杨醛(Salen-NiL^2-3)的合成路线

（4）Salen-CuL^2-邻香草醛(Salen-NiL^2-4)的合成

将 0.0375 mol 不对称前驱体 HL^{2}溶于 8 mL 二氯甲烷中，加入 0.0375 mol Ni$(OAc)_2 \cdot 4H_2O$ 的无水乙醇(8 mL)溶液，室温搅拌反应 1 h。加入 0.0375 mol 邻香草醛，补加无水乙醇 2 mL，继续反应 1 h ，静置挥发，过滤，干燥后得到催化剂 Salen-CuL^2-邻香草醛(Salen-NiL^2-4)，产率为 86%。合成路线如图 2-22 所示。

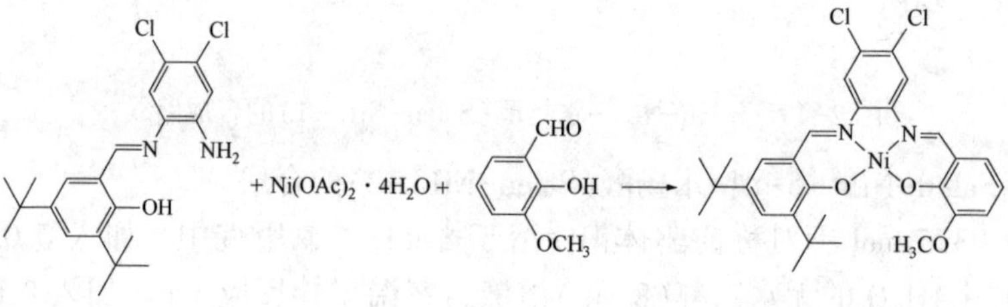

图 2-22　Salen-CuL^2-邻香草醛(Salen-NiL^2-4)的合成路线

（5）Salen-NiL^2-5-溴-邻香草醛(Salen-NiL^2-5)的合成

将 0.0375 mol 不对称前驱体 HL^{2}溶于 8 mL 三氯甲烷中，加入 0.0375 mol Ni$(OAc)_2 \cdot 4H_2O$ 的无水乙醇(8 mL)溶液，室温搅拌反应 1 h。加入 0.0375 mol 邻香草醛，补加无水乙醇 1 mL，继续反应 1 h ，静置挥发，过滤，干燥后得到催化剂 Salen-NiL^2-5-溴-邻香草醛(Salen-NiL^2-5)，产率为 87%。合成路线如图 2-23所示。

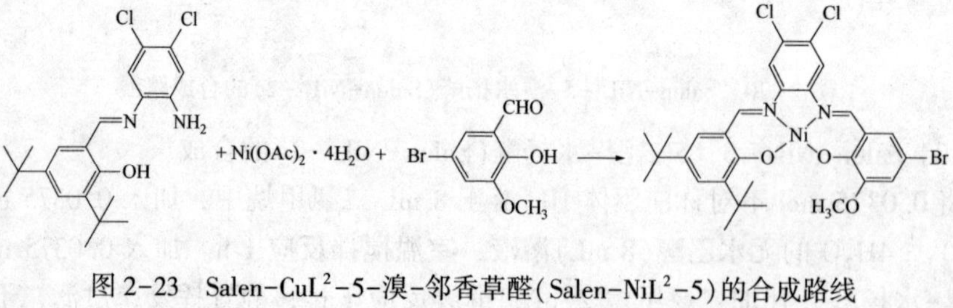

图 2-23 Salen-CuL^2-5-溴-邻香草醛(Salen-NiL^2-5)的合成路线

（6）Salen-CuL^2-水杨醛（Salen-CuL^2-1）的合成

将0.025 mol 不对称前驱体 HL^2 溶于 10 mL 甲苯中，加入 0.025 mol $Cu(OAc)_2 \cdot H_2O$ 的无水乙醇（10 mL）溶液，室温搅拌反应 1 h。加入 0.025 mol 水杨醛，无水乙醇 2 mL，继续反应 1 h，静置挥发，过滤，干燥后得到催化剂 Salen-CuL^2-水杨醛（Salen-CuL^2-1），产率为 68%。合成路线如图 2-24 所示。

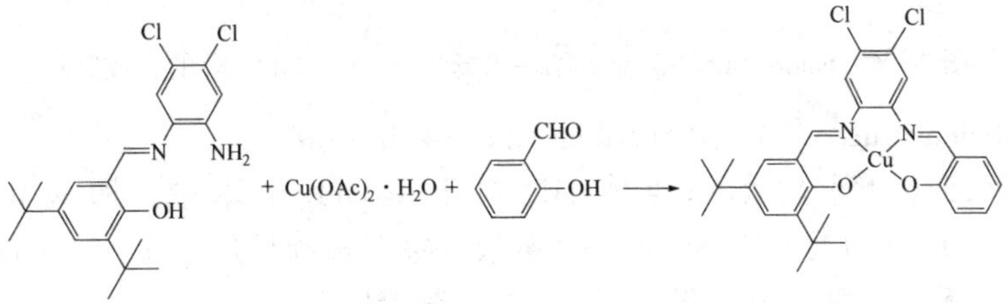

图 2-24　Salen-CuL^2-水杨醛（Salen-CuL^2-1）的合成路线

（7）Salen-CuL^2-5-溴-水杨醛（Salen-CuL^2-2）的合成

将0.025 mol 不对称前驱体 HL^2 溶于 10 mL 甲苯中，加入 0.025 mol $Cu(OAc)_2 \cdot H_2O$ 的无水乙醇（10 mL）溶液，室温搅拌反应 1 h。加入 0.025 mol 5-溴-水杨醛，无水乙醇 3 mL，继续反应 1 h，静置挥发，过滤，干燥后得到催化剂 Salen-CuL^2-5-溴-水杨醛（Salen-CuL^2-2），产率为 78%。合成路线如图 2-25所示。

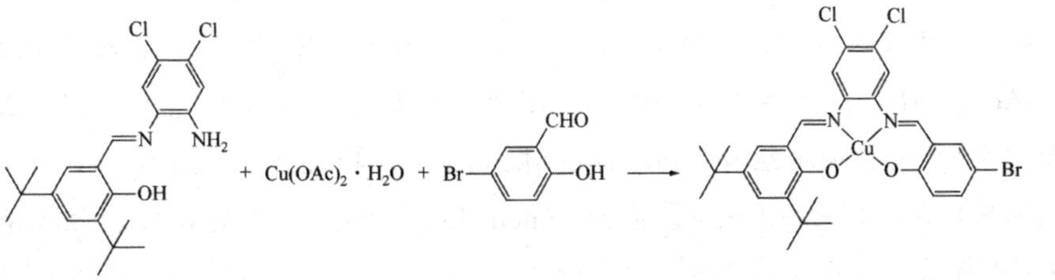

图 2-25　Salen-CuL^2-5-溴-水杨醛（Salen-CuL^2-2）的合成路线

（8）Salen-CuL^2-3，5 二溴-水杨醛（Salen-CuL^2-3）的合成

将0.025 mol 不对称前驱体 HL^2 溶于 10 mL 甲苯中，加入 0.025 mol $Cu(OAc)_2 \cdot H_2O$ 的无水乙醇（10 mL）溶液，室温搅拌反应 1 h。加入 0.025 mol 3，5 二溴-水杨醛，无水乙醇 4mL，二氯甲烷 4 mL，继续反应 1 h，静置挥发，过滤，干燥后得到催化剂 Salen-CuL^2-3，5 二溴-水杨醛（Salen-CuL^2-3），产率为 78%。合成路线如图 2-26 所示。

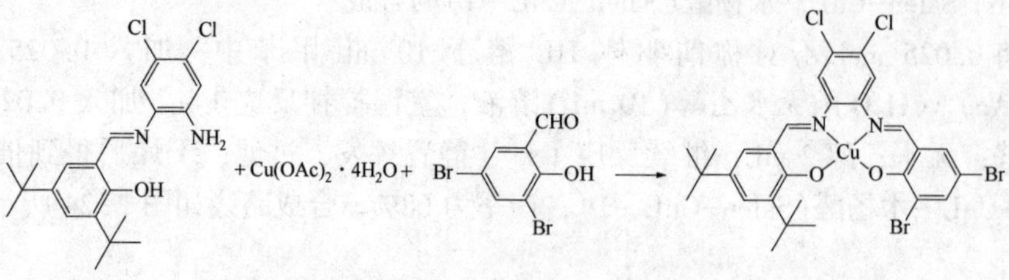

图 2-26　Salen-CuL^2-3，5 二溴-水杨醛(Salen-CuL^2-3)的合成路线

(9) Salen-CuL^2-邻香草醛(Salen-CuL^2-4)的合成

将 0.025 mol 不对称前驱体 HL^2 溶于 10 mL 甲苯中，加入 0.025 mol $Cu(OAc)_2 \cdot H_2O$ 的无水乙醇(10 mL)溶液，室温搅拌反应 1 h。加入 0.025 mol 邻香草醛，无水乙醇 4 mL，继续反应 1 h，静置挥发，过滤，干燥后得到催化剂 Salen-CuL^2-邻香草醛(Salen-CuL^2-4)，产率为 88%。合成路线如图 2-27 所示。

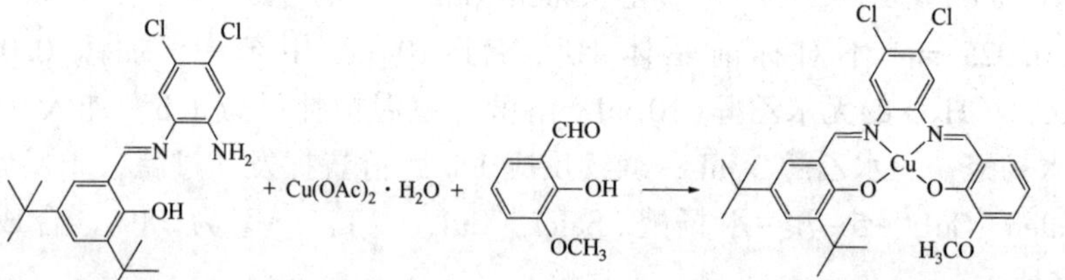

图 2-27　Salen-CuL^2-邻香草醛(Salen-CuL^2-4)的合成路线

(10) Salen-CuL^2-5-溴-邻香草醛(Salen-CuL^2-5)的合成

将 0.025 mol 不对称前驱体 HL^2 溶于 10 mL 甲苯中，加入 0.025 mol $Cu(OAc)_2 \cdot H_2O$ 的无水乙醇(10 mL)溶液，室温搅拌反应 1 h。加入 0.025 mol 5-溴-邻香草醛，无水乙醇 2 mL，继续反应 1 h，静置挥发，过滤，干燥后得到催化剂 Salen-CuL^2-5-溴-邻香草醛(Salen-CuL^2-5)，产率为 85%。合成路线如图 2-28 所示。

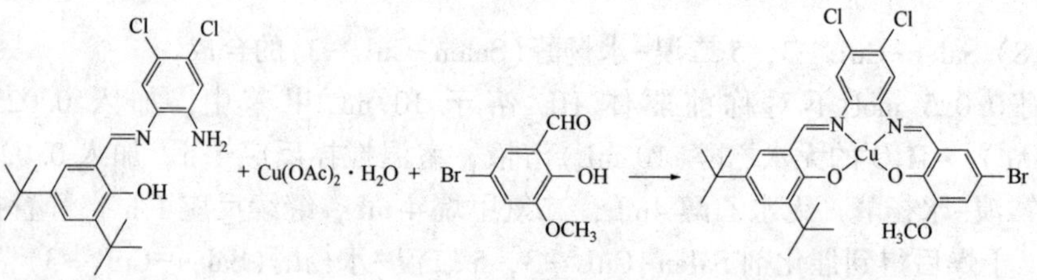

图 2-28　Salen-CuL^2-5-溴-邻香草醛(Salen-CuL^2-5)的合成路线

2.5 不对称 Salen 型 Ni(Ⅱ)、Cu(Ⅱ)系催化剂合成的结果与讨论

2.5.1 催化剂的合成

各种不同结构的醛和对称结构的二胺类缩合是合成 Salen 类 Schiff 碱的常用方法之一，但由于二胺上的两个-NH_2具有相同的反应活性，如果对反应条件不加以控制，很容易发生双缩合反应而形成对称结构的 Salen 类 Schiff 碱，然后和金属盐反应势必也会得到对称结构的 Salen 型金属配合物。为了合成不对称结构的 Salen 类型金属配合物，在合成前驱体和催化剂时的关键技术及特点如下：

(1)在合成不对称单边 Schiff 碱前驱体阶段，必须严格控制醛和二胺的摩尔比为 1∶2，选择合适的溶剂和反应条件，使得二胺上的一个-NH_2参与醛胺缩合反应，实现了选择性反应，合成了不对称的 Schiff 碱前驱体 HL^1和 HL^2。

(2)在合成配合物中间体时，前驱体的结构、溶剂的类型、金属离子的不同等因素导致了中间体结构的差异，同时也有力证明了中间体{$Ni(L^1)(OAc)$、$[Cu(L^1)(OAc)]_2$、$Ni(L^2)(OAc)$、$Cu(L^2)(OAc)$}的存在(其结构见 X-射线单晶衍射部分)，证明了本方法是在以金属离子为模板的条件下，合成了不对称结构的 Salen 型金属配合物。例如，当前驱体的结构相同时，其在不同溶剂中和不同的金属盐反应，得到了结构迥异的配合物中间体。前驱体 HL^1和 $Ni(OAc)_2\cdot 4H_2O$ 反应，得到了单核四配位的中间体 $Ni(L^1)(OAc)$，而前驱体 HL^1和 $Cu(OAc)_2\cdot H_2O$ 反应，得到了双核、五配位、具有 John-Telle 效应的中间体$[Cu(L^1)(OAc)]_2$。结构不同的中间体的合成路线比较如图 2-29 所示。

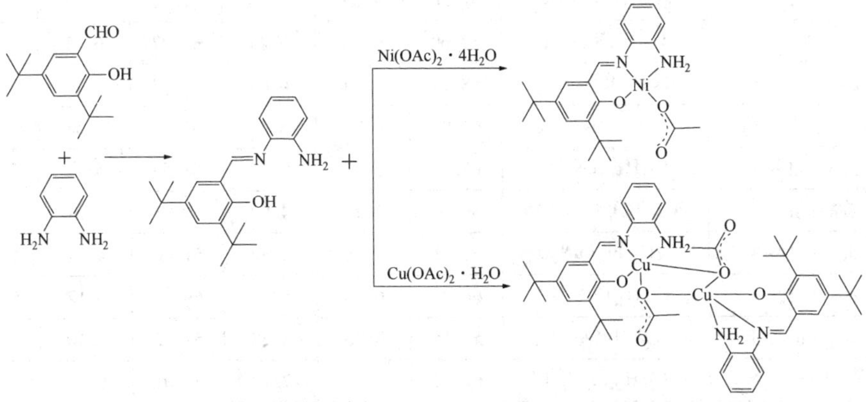

CHO
OH
+
H_2N NH_2
N NH_2 +
OH
$Ni(OAc)_2\cdot 4H_2O$
N NH_2
Ni
O O
O
$Cu(OAc)_2\cdot H_2O$
N NH_2 O
Cu
O O
O Cu O
O
NH_2 N

图 2-29 中间体 $Ni(L^1)(OAc)$、$[Cu(L^1)(OAc)]_2$的合成路线比较

（3）合成不对称结构的 Salen 型金属配合物可采用一步法和两步法进行，但由于一步法操作简单、所需时间短而备受青睐。在利用一步法合成不对称结构的 Salen 型金属配合物阶段，必须加入与不对称的 Schiff 碱前驱体 HL^1 或 HL^2 相同摩尔数的醋酸盐［$Cu(OAc)_2 \cdot H_2O$ 或 $Ni(OAc)_2 \cdot 4H_2O$］溶液，在合适的溶剂中，控制一定的反应时间；然后加入与前驱体相同摩尔数的水杨醛及其衍生物的溶液，并补加适量合适的溶剂，此阶段也容易形成对称结构的双 Schiff 碱金属配合物，所以要严格控制反应温度、反应时间并选择适宜的溶剂。

总之，经过不对称结构的 Salen 型 Schiff 碱的合成、中间体的制备，实现了 Salen 型不对称 Ni(Ⅱ)、Cu(Ⅱ)金属配合物的制备，成功合成了 20 种结构新颖的 Salen 型不对称 Ni(Ⅱ)、Cu(Ⅱ)系列催化剂。

2.5.2 催化剂的元素分析

前驱体（HL^1 和 HL^2）、中间体{$Ni(L^1)(OAc)$、$[Cu(L^1)(OAc)]_2$、$Ni(L^2)(OAc)$、$Cu(L^2)(OAc)$}及相应不对称 Salen 型 Ni(Ⅱ)、Cu(Ⅱ)系列催化剂的元素分析数据见表 2-2。

表 2-2 催化剂的元素分析数据

催化剂	分子式	计算值			实测值		
		C%	H%	N%	C%	H%	N%
HL^1	$C_{21}H_{28}N_2O$	77.74	8.70	8.63	77.64	8.41	8.75
$Ni(L^1)(OAc)$	$C_{23}H_{30}NiN_2O_3$	62.61	6.85	6.35	62.56	6.78	6.39
Salen-NiL^1-1	$C_{28}H_{30}CuN_2O_2$	69.31	6.23	5.77	69.23	6.18	5.81
Salen-NiL^1-2	$C_{28}H_{29}BrN_2NiO_2$	59.61	5.18	4.97	59.42	5.11	5.08
Salen-NiL^1-3	$C_{28}H_{28}Br_2N_2NiO_2$	52.30	4.39	4.36	52.16	4.34	4.39
Salen-NiL^1-4	$C_{29}H_{32}N_2NiO_3$	67.60	6.26	5.44	67.27	6.15	5.49
Salen-NiL^1-5	$C_{29}H_{31}BrN_2NiO_3$	58.23	5.24	4.68	57.92	5.10	4.85
$[Cu(L^1)(OAc)]_2$	$C_{46}H_{62}Cu_2N_4O_6$	61.93	6.78	6.28	61.56	6.58	6.39
Salen-CuL^1-1	$C_{28}H_{30}CuN_2O_2$	68.62	6.17	5.72	68.56	6.12	5.86
Salen-CuL^1-2	$C_{28}H_{29}BrCuN_2O_2$	59.10	5.14	4.92	59.02	5.01	5.09
Salen-CuL^1-3	$C_{28}H_{28}Br_2CuN_2O_2$	51.91	4.36	4.32	51.66	4.34	4.35
Salen-CuL^1-4	$C_{29}H_{32}CuN_2O_3$	66.97	6.20	5.39	66.77	6.17	5.41
Salen-CuL^1-5	$C_{29}H_{31}BrCuN_2O_3$	58.15	5.22	4.68	57.92	5.10	4.85
HL^2	$C_{21}H_{26}Cl_2N_2O$	64.12	6.66	7.12	64.01	6.74	7.08
$Ni(L^2)(OAc)$	$C_{23}H_{28}Cl_2N_2NiO_3$	54.16	5.48	5.49	53.96	5.52	5.36

续表

催化剂	分子式	计算值			实测值		
		C%	H%	N%	C%	H%	N%
Salen-NiL^2-1	$C_{28}H_{28}Cl_2N_2NiO_2$	60.69	5.09	5.06	60.51	5.01	5.18
Salen-NiL^2-2	$C_{28}H_{27}BrCl_2N_2NiO_2$	53.13	4.30	4.43	52.98	4.41	4.31
Salen-NiL^2-3	$C_{28}H_{26}Br_2Cl_2N_2NiO_2$	47.24	3.68	3.93	47.01	3.81	3.79
Salen-NiL^2-4	$C_{29}H_{30}Cl_2N_2NiO_3$	59.63	5.18	4.80	59.23	5.01	4.92
Salen-NiL^2-5	$C_{29}H_{29}BrCl_2N_2NiO_3$	52.53	4.41	4.22	52.23	4.35	4.51
$Cu(L^2)(OAc)$	$C_{23}H_{28}Cl_2CuN_2O_3$	53.65	5.48	5.44	53.16	5.42	5.50
Salen-CuL^2-1	$C_{28}H_{28}Cl_2CuN_2O_2$	60.16	5.05	5.01	60.01	4.98	5.34
Salen-CuL^2-2	$C_{28}H_{27}BrCl_2CuN_2O_2$	52.72	4.27	4.39	52.32	4.42	4.21
Salen-CuL^2-3	$C_{28}H_{26}Br_2Cl_2CuN_2O_2$	46.92	3.66	3.91	46.38	3.89	3.70
Salen-CuL^2-4	$C_{29}H_{30}Cl_2CuN_2O_3$	66.97	6.20	5.39	66.77	6.17	5.41
Salen-CuL^2-5	$C_{29}H_{29}BrCl_2CuN_2O_3$	52.43	4.41	4.22	52.23	4.35	4.51

由表2-2的元素分析数据可知，各催化剂的实测值与理论计算值相近，其中$e^* \leqslant \pm 0.5$，$\delta \leqslant \pm 5\%$。综上所述，所合成的化合物的元素含量均与目标产物相同。

2.5.3 催化剂的红外光谱分析

2.5.3.1 不对称Salen（L^1）型Ni(Ⅱ)、Cu(Ⅱ)系催化剂的红外光谱分析

(1)前驱体HL^1的红外分析数据

前驱体HL^1的红外数据IR（KBr，cm^{-1}）：3487（m），3290（m），2958（m），2943（m），2909（w），2866（w），2364（w），2333（w），1615（vs），1492（m），1461（m），1434（m），1392（w），1353（m），1311（m），1268（m），1245（m），1160（s），1025（w），975（w），929（w），875（w），751（s），685（w），635（w），574（w），542（w），521（w），491（w），451（w）。

前驱体HL^1的红外分析数据表明：在3487 cm^{-1}处出现了$-NH_2$的伸缩振动吸收带；在2958 cm^{-1}处出现了分子内氢键O—H ···N的伸缩振动吸收峰；最强吸收峰出现在1615 cm^{-1}，为Schiff碱特征基团—C═N—键的伸缩振动吸收峰；1392 cm^{-1}和1353cm^{-1}处出现了$-C(CH_3)_3$的对称弯曲振动的特征吸收带。以上分析证明了前驱体HL^1是一种具有不对称结构的Schiff碱。

(2) 中间体$Ni(L^1)(OAc)$的红外分析数据

中间体$Ni(L^1)(OAc)$的红外分析数据IR（KBr，cm^{-1}）：3462（m），

2957（w）,2905（w），2869（w），2026（w），1607（s），1579（s），1525（vs），1492（w），1463（m），1430（m），1388（w），1360（m），1334（w），1267（w），1245（w），1200（m），1179（m），1132（w），1083（w），940（w），890（w），866（w），836（w），786（w），740（m），638（w），592（w），569（w），538（m），422（w）。

中间体 $Ni(L^1)(OAc)$的红外分析数据表明：在 3462 cm^{-1}处出现了$-NH_2$的伸缩振动吸收带；2958 cm^{-1}处中强吸收峰消失，说明了配位反应的发生，并形成了配合物；—C═N— 双键的吸收峰出现在 1607 cm^{-1}，相对前驱体 HL^1 中—C═N—的吸收峰出现红移，这是由于 N 原子的配位，减小了—C═N— 双键的强度，使—C═N— 吸收峰向低波数方向移动；1579 cm^{-1}和 1388 cm^{-1}的出现说明了 OAc^-的存在。

（3）催化剂 Salen-NiL^1-水杨醛(Salen-NiL^1-1)的红外分析数据

催化剂 Salen-NiL^1-水杨醛（Salen-NiL^1-1）的红外数据 IR（KBr，cm^{-1}）：3442（w）,2995（w），2955（w），2901（w），1607（vs），1578（s），1538（s），1461（m），1286（w），1263（w），1243（m），1198（m），1128（w），947（w），931（w）,842（w），760（m），739（m），550（w）。

催化剂 Salen-NiL^1-水杨醛(Salen-NiL^1-1)的红外数据表明：3500~3250 cm^{-1}处-NH_2的中强伸缩振动吸收带消失；且 1607 cm^{-1}和 1578 cm^{-1}附近出现了强吸收带，证明了两个—C═N— 双键的存在；且 N 原子与金属离子发生了配位作用形成了 Ni—N 键。以上分析表明，金属配位反应已经发生。

（4）催化剂 Salen- NiL^1-5-溴-水杨醛(Salen- NiL^1-2)的红外分析数据

催化剂 Salen- NiL^1-5-溴-水杨醛(Salen-NiL^1-2)的红外数据 IR（KBr，cm^{-1}）：3474（w），2948（w），2867（w），2026（w），1608（vs），1579（s），1525（m），1510（m），1491（w），1462（m），1428（w），1384（w），1359（m），1329（w），1265（w），1248（w），1198（m），1181（m），1163（m），1131（m），992（w），938（w），895（w），860（w），843（w），820（m），787（w），740（s），715（w），670（w），645（w），555（m），537（m），455（w），415（m）。

催化剂 Salen- NiL^1-5-溴-水杨醛(Salen-NiL^1-2)的红外数据表明：3500~3250 cm^{-1}处-NH_2的中强伸缩振动吸收带消失，且 1608 cm^{-1}和 1579 cm^{-1}附近出现了强吸收带，证明了两个—C═N— 双键的存在；且 N 原子与金属离子发生了配位作用形成了 Ni—N 键，1131 cm^{-1}处出现了-C-Br 的伸缩振动带。以上分析表明，金属配位反应已经发生，-Br 取代基已经取代了苯环上的-H 原子。

（5）催化剂 Salen- NiL^1-3，5 二溴-水杨醛(Salen- NiL^1-3)的红外分析数据

催化剂 Salen- NiL^1-3，5 二溴-水杨醛(Salen- NiL^1-3)的红外数据 IR(KBr，cm^{-1})：3421（w），2959（w），2026（w），1618（vs），1581（m），1529（m），

1502（w）,1461（w），1445（w），1361（w），1333（w），1197（w），1171（w），1159（m），1131（s），995（w），857（w），785（w），756（w），737（m），718（w）,622（s），571（w），532（m），406（w）。

催化剂 Salen- NiL^1-3，5 二溴-水杨醛(Salen-NiL^1-3)的红外数据表明：3500~3250 cm^{-1}处-NH_2的中强伸缩振动吸收带消失，且 1618 cm^{-1}和 1581 cm^{-1}附近出现了强吸收带，证明了两个—C═N—双键的存在；且 N 原子与金属离子发生了配位作用形成了 Ni—N 键，1131 cm^{-1}和 532 cm^{-1}处出现了-C-Br 的伸缩振动带。以上分析表明，金属配位反应已经发生，-Br 取代基已经取代了苯环上的-H原子。

（6）催化剂 Salen- NiL^1-邻香草醛(Salen- NiL^1-4)的红外分析数据

催化剂 Salen- NiL^1-邻香草醛(Salen- NiL^1-4)的红外数据 IR（KBr，cm^{-1}）：3477（w），2956（w），2026（m），1639（w），1608（vs），1578（s），1536（m），1490（w），1464（w），1442（w），1386（w），1361（w），1248（w），1200（w），1181（w），1113（w），991（w），945（w），844（w），787（w），734（m），624（w）,545（m），416（w）。

催化剂 Salen- NiL^1-邻香草醛(Salen- NiL^1-4)的红外数据表明：3500~3250 cm^{-1}处-NH_2的中强伸缩振动吸收带消失，且 1608 cm^{-1}和 1578 cm^{-1}附近出现了强吸收带，证明了两个—C═N—双键的存在；且 N 原子与金属离子发生了配位作用形成了 Ni—N 键，1248 cm^{-1}和 1113 cm^{-1}处出现了苯环上-OCH_3的强伸缩振动吸收带。以上分析表明，金属配位反应已经发生，-OCH_3取代基已经取代了苯环上的-H 原子。

（7）催化剂 Salen-NiL^1-5-溴-邻香草醛(Salen- NiL^1-5)的红外分析数据

催化剂 Salen-NiL^1-5-溴-邻香草醛(Salen-NiL^1-5)的红外数据 IR（KBr，cm^{-1}）：3460（w），2955（w），2909（w），1606（vs），1580（s），1490（m），1461（s），1392（w）,1362（m），1263（m），1240（m），1197（m），1182（m），1131（m），993（m），938（w），889（w），869（w），841（w），801（w），786（w），767（w），736（m），635（w），556（w），415（w）。

催化剂 Salen-NiL^1-5-溴-邻香草醛(Salen-NiL^1-5)的红外数据表明：3500~3250 cm^{-1}处-NH_2的中强伸缩振动吸收带消失，且 1606 cm^{-1}和 1580 cm^{-1}附近出现了强吸收带，证明了两个—C═N—双键的存在；且 N 原子与金属离子发生了配位作用形成了 Ni—N 键，1240 cm^{-1}和 1182 cm^{-1}处的中强吸收带是苯环上-OCH_3的伸缩振动带，1131 cm^{-1}处的中强吸收带是-C-Br 的伸缩振动带。以上分析表明，金属配位反应已经发生，-Br、-OCH_3等取代基已经取代了苯环上的-H原子。

(8) 中间体 $[Cu(L^1)(OAc)]_2$ 的红外分析数据

中间体 $[Cu(L^1)(OAc)]_2$ 的红外数据 IR（KBr，cm^{-1}）：3271（m），3075（w），2954（w），2869（w），1608（vs），1586（m），1523（m），1490（w），1425（m），1383（s），1357（w），1329（w），1253（w），1227（w），1201（m），1164（m），1113（w），1078（w），1046（w），1023（m），922（w），875（w），790（m），755（s），673（m），616（w），531（w）。

中间体 $[Cu(L^1)(OAc)]_2$ 的红外分析数据表明：在 3271 cm^{-1} 处出现了 $-NH_2$ 的伸缩振动吸收带；2958 cm^{-1} 处中强吸收峰消失，说明了配位反应的发生，并形成了配合物；—C═N— 双键的吸收峰出现在 1608 cm^{-1}，相对前驱体 HL^1 中—C═N—的吸收峰出现红移，这是由于 N 原子的配位，减小了—C═N—双键的强度，使—C═N—吸收峰向低波数方向移动，1586 cm^{-1}，1383 cm−1 的出现说明了 OAc-的存在。

(9) 催化剂 Salen-CuL^1-水杨醛（Salen-CuL^1-1）的红外分析数据

催化剂 Salen-CuL^1-水杨醛（Salen-CuL^1-1）的红外数据 IR（KBr，cm^{-1}）：3427（w），2952（s），2862（m），1739（w），1607（vs），1579（s），1517（s），1456（m），1378（m），1330（m），1250（w），1173（m），1128（m），958（w），921（w），843（w），789（w），739（m），606（w），575（w），535（w），496（w）。

催化剂 Salen-CuL^1-水杨醛（Salen-CuL^1-1）的红外分析数据表明：3500~3250cm^{-1} 处 $-NH_2$ 的中强伸缩振动吸收带消失，且 1607 cm^{-1} 和 1579 cm^{-1} 附近出现了强吸收带，证明了两个—C═N—双键的存在；且 N 原子与金属离子发生了配位作用形成了 Cu—N 键。以上分析表明，金属配位反应已经发生。

(10) 催化剂 Salen-CuL^1-5-溴-水杨醛（Salen-CuL^1-2）的红外分析数据

催化剂 Salen-CuL^1-5-溴-水杨醛（Salen-CuL^1-2）的红外数据 IR（KBr，cm^{-1}）：3454（w），2947（w），2026（w），1609（vs），1582（s），1526（m），1509（s），1487（m），1461（m），1425（w），1382（m），1360（w），1325（w），1256（w），1196（w），1178（m），1132（m），1092（m），990（w），864（w），825（m），791（w），742（m），710（w），642（w），539（m），413（w）。

催化剂 Salen-CuL^1-水杨醛（Salen-CuL^1-1）的红外分析数据表明：3500~3250 cm^{-1} 处 $-NH_2$ 的中强伸缩振动吸收带消失，且 1609 cm^{-1} 和 1582 cm^{-1} 附近出现了强吸收带，证明了两个—C═N—双键的存在；且 N 原子与金属离子发生了配位作用形成了 Cu—N 键，1092 cm^{-1} 处出现了-C-Br 的伸缩振动带。以上分析表明，金属配位反应已经发生，-Br 取代基已经取代了苯环上的-H 原子。

(11) 催化剂 Salen-CuL^1-3，5 二溴-水杨醛（Salen-CuL^1-3）的红外分析数据

催化剂 Salen-CuL^1-3，5 二溴-水杨醛（Salen-CuL^1-3）的红外数据 IR（KBr，

cm^{-1}): 3469 (w), 2959 (w), 2026 (w), 1603 (vs), 1579 (s), 1525 (m), 1501 (w), 1460 (w), 1445 (w), 1416 (w), 1361 (w), 1333 (w), 1255 (w), 1197 (w), 1171 (w), 1149 (m), 1095 (m), 993 (w), 857 (w), 756 (w), 740 (s), 708 (w), 571 (w), 532 (s), 415 (w)。

催化剂 Salen-CuL^1-3, 5 二溴-水杨醛(Salen-CuL^1-3)的红外分析数据表明：3500-3250 cm^{-1}处-NH_2的中强伸缩振动吸收带消失，且 1603 cm^{-1}和 1579 cm^{-1}附近出现了强吸收带，证明了两个 —C═N— 双键的存在；且 N 原子与金属离子发生了配位作用形成了 Cu—N 键，1095 cm^{-1}和 532 cm^{-1}处出现了-C-Br 的伸缩振动带。以上分析表明，金属配位反应已经发生，-Br 取代基已经取代了苯环上的-H 原子。

(12) 催化剂 Salen-CuL^1-邻香草醛(Salen-CuL^1-4)的红外分析数据

催化剂 Salen-CuL^1-邻香草醛(Salen-CuL^1-4)的红外数据 IR (KBr, cm^{-1}): 3504 (w), 2951 (w), 2363 (w), 2026 (w), 1605 (vs), 1581 (s), 1526 (m), 1462 (s), 1443 (m), 1429 (m), 1369 (m), 1331 (w), 1248 (s), 1196 (s), 1181 (m), 1164 (w), 1132 (w), 1091 (m), 988 (w), 872 (m), 837 (w), 790 (w), 736 (s), 533 (m), 412 (w)。

催化剂 Salen-CuL^1-邻香草醛(Salen-CuL^1-4)的红外分析数据表明：3500~3250 cm^{-1}处-NH_2的中强伸缩振动吸收带消失，且 1605 cm^{-1}和 1581 cm^{-1}附近出现了强吸收带，证明了两个 —C═N— 双键的存在；且 N 原子与金属离子发生了配位作用形成了 Cu—N 键，1248 cm^{-1}和 1196 cm^{-1}处出现了苯环上-OCH_3的强伸缩振动吸收带。以上分析表明，金属配位反应已经发生，-OCH_3等取代基已经取代了苯环上的-H 原子。

(13) 催化剂 Salen-CuL^1-5-溴-邻香草醛(Salen-CuL^1-5)的红外分析数据

催化剂 Salen-CuL^1-5-溴-邻香草醛(Salen-CuL^1-5)的红外数据 IR (KBr, cm^{-1}): 3460 (w), 2957 (w), 2026 (w), 1604 (vs), 1580 (s), 1525 (s), 1486 (w), 1443 (m), 1386 (w), 1362 (m), 1257 (m), 1238 (m), 1180 (m), 1131 (w), 1070 (w), 989 (w), 877 (w), 837 (w), 792 (w), 770 (w), 739 (m), 710 (w), 536 (w), 414 (w)。

催化剂 Salen-CuL^1-5-溴-邻香草醛(Salen-CuL^1-5)的红外分析数据表明：3500~3250 cm^{-1}处-NH_2的中强伸缩振动吸收带消失，且 1605 cm^{-1}和 1581 cm^{-1}附近出现了强吸收带，证明了两个 —C═N— 双键的存在；且 N 原子与金属离子发生了配位作用形成了 Cu—N 键，1238 cm^{-1} 和 1180 cm^{-1}处的中强吸收带是苯环上-OCH_3的伸缩振动带，1070 cm^{-1}处的中强吸收带是-C-Br 的伸缩振动带。以上分析表明，金属配位反应已经发生，-Br、-OCH_3等取代基已经取代了苯环上的-

H 原子。

2.5.3.2 Salen (L^2)型不对称 Ni(Ⅱ)、Cu(Ⅱ)系催化剂的红外光谱分析

(1)前驱体 HL^2的红外分析数据

前驱体 HL^2的红外数据 IR（KBr, cm^{-1}）：3680（w），3410（m），3310（m），2960（m），2910（w），2870（w），1590（vs），1520（s），1480（m），1420（s），1330（m），1250（m），1200（w），1170（m），1130（m），997（w），958（w），924（w），874（w），835（w），787（w），746（w），679（w），640（w），579（w），542（w），476（w），440（w）。

前驱体 HL^2的红外分析数据表明：在 3410 cm^{-1}处出现了-NH_2的伸缩振动吸收带；在 2960 cm^{-1}处出现了分子内氢键 O-H …N 的伸缩振动吸收峰；最强吸收峰出现在 1590 cm^{-1}，为 Schiff 碱特征基团—C═N—键的伸缩振动吸收峰，证明了前驱体是 Schiff 碱；1420 cm^{-1}和 1330 cm^{-1}处出现了-$C(CH_3)_3$的对称弯曲振动的特征吸收带；1130 cm^{-1}处的中强吸收带是苯环上 C-Cl 伸缩振动吸收带。以上分析证明了前驱体 HL^2是一种具有不对称结构的 Schiff 碱。

(2) 中间体 Ni(L^2)(OAc)的红外分析数据

中间体 Ni(L^1)(OAc)的红外分析数据 IR（KBr, cm^{-1}）：3562（w），3417（m），3240（w），2955（s），2900（w），2865（w），2025（w），1618（m），1598（s），1578（s），1549（w），1523（vs），1482（m），1462（s），1427(m)，1392（w），1354（s），1326（w），1270（m），1200（m），1181（m），1151（w），1128（m），941（w），907（w），855（m），837（w），788（m），687（w），638（w），498（w），423（m）。

中间体 Ni(L^2)(OAc)的红外分析数据表明：在 3417 cm^{-1}处出现了-NH_2的伸缩振动吸收带；2960 cm^{-1}处中强吸收峰消失，说明了配位反应的发生，并形成了配合物；—C═N—双键的吸收峰出现在 1598 cm^{-1}；1578 cm^{-1}和 1354 cm^{-1}的出现说明了 OAc^-的存在。

(3) 催化剂 Salen-NiL^2-水杨醛(Salen-NiL^2-1)的红外分析数据

催化剂 Salen-NiL^2-水杨醛(Salen-NiL^2-1)的红外数据 IR（KBr, cm^{-1}）：3442（w），2995（w），2955（w），2901（w），1607（vs），1578（s），1538（s），1461（m），1286（w），1263（w），1243（m），1198（m），1128（w），947（w），931（w），842（w），760（m），739（m），550（w）。

催化剂 Salen-NiL^2-水杨醛(Salen-NiL^2-1)的红外数据表明：3500～3250 cm^{-1}处-NH_2的中强伸缩振动吸收带消失，且 1607 cm^{-1}和 1578 cm^{-1}附近出现了强吸收带，证明了两个—C═N—双键的存在；且 N 原子与金属离子发生了配位作用形成了 Ni—N 键。以上分析表明，金属配位反应已经发生。

(4) 催化剂 Salen- NiL^2-5-溴-水杨醛(Salen- NiL^2-2)的红外分析数据

催化剂 Salen- NiL^2-5-溴-水杨醛(Salen-NiL^2-2)的红外数据 IR (KBr, cm^{-1}): 3480 (w), 2953 (w), 2906 (w), 2867 (w), 2026 (m), 1605 (vs), 1577 (s), 1526 (m), 1509 (m), 1481 (m), 1460 (m), 1425 (w), 1392 (w), 1355 (m), 1265 (w), 1237 (w), 1201 (m), 1183 (m), 1147 (m), 1130 (m), 998 (w), 935 (w), 901 (w), 854 (w), 825 (m), 785 (w), 758 (w), 686 (w), 626 (w), 541 (w), 495 (w), 416 (w)。

催化剂 Salen- NiL^2-5-溴-水杨醛(Salen-NiL^2-2)的红外数据表明: 3500~3250 cm^{-1}处-NH_2的中强伸缩振动吸收带消失, 且 1605 cm^{-1}和 1577 cm^{-1}附近出现了强吸收带, 证明了两个—C═N— 双键的存在; 且 N 原子与金属离子发生了配位作用形成了 Ni—N 键, 1130 cm^{-1}处出现了-C-Br 的伸缩振动带。以上分析表明, 金属配位反应已经发生, -Br 取代基已经取代了苯环上的-H 原子。

(5) 催化剂 Salen- NiL^2-3, 5 二溴-水杨醛(Salen- NiL^2-3)的红外分析数据

催化剂 Salen- NiL^2-3, 5 二溴-水杨醛(Salen- NiL^2-3)的红外数据 IR (KBr, cm^{-1}): 2951 (w), 2908 (w), 2868 (w), 1597 (vs), 1574 (s), 1525 (s), 1502 (s),1480 (m), 1461 (s), 1444 (m), 1421 (m), 1356 (s), 1259 (m), 1200 (m), 1171 (s), 1147 (m), 1123 (w), 933 (w), 903 (w), 855 (m), 786 (w),751 (w), 725 (w), 686 (w), 632 (w), 586 (w), 496 (w), 419 (w)。

催化剂 Salen- NiL^2-3, 5 二溴-水杨醛(Salen-NiL^2-3)的红外数据表明: 33500~3250 cm^{-1}处-NH_2的中强伸缩振动吸收带消失, 且 1597 cm^{-1}和 1574 cm^{-1}附近出现了强吸收带, 证明了两个—C═N— 双键的存在; 且 N 原子与金属离子发生了配位作用形成了 Ni—N 键, 1123 cm^{-1}和 586 cm^{-1}处出现了-C-Br 的伸缩振动带。以上分析表明, 金属配位反应已经发生, -Br 取代基已经取代了苯环上的-H 原子。

(6) 催化剂 Salen- NiL^2-邻香草醛(Salen- NiL^2-4)的红外分析数据

催化剂 Salen- NiL^2-邻香草醛(Salen- NiL^2-4)的红外数据 IR (KBr, cm^{-1}): 2954 (w), 2904 (w), 2866 (w), 1607 (vs), 1576 (s), 1524 (s), 1481 (m), 1464 (m), 1442 (s), 1388 (w), 1357 (s), 1250 (s), 1200 (m), 1180 (m), 1148 (w), 1114 (w), 992 (w), 965 (w), 937 (w), 907 (w), 846 (w), 786 (w),734 (m), 636 (w), 570 (w), 494 (w), 420 (w)。

催化剂 Salen-NiL^2-邻香草醛(Salen-NiL^2-4)的红外数据表明: 3500~3250 cm^{-1}处-NH_2的中强伸缩振动吸收带消失, 且 1600 cm^{-1}和 1575 cm^{-1}附近出现了强吸收带, 证明了两个—C═N— 双键的存在; 且 N 原子与金属离子发生了配位作用形成了 Ni—N 键, 1250 cm^{-1}和 1148 cm^{-1}处出现了苯环上-OCH_3的强伸缩振动

吸收带。以上分析表明，金属配位反应已经发生，$-OCH_3$取代基已经取代了苯环上的-H原子。

(7)催化剂Salen-NiL^2-5-溴-邻香草醛(Salen-NiL^2-5)的红外分析数据

催化剂Salen-NiL^2-5-溴-邻香草醛(Salen-NiL^2-5)的红外数据IR(KBr，cm^{-1})：3559(w)，2952(w)，2906(w)，2868(w)，2026(w)，1618(m)，1597(vs)，1577(s)，1526(s)，1481(m)，1460(s)，1425(w)，1390(w)，1357(s)，1267(w)，1242(s)，1200(m)，1181(m)，1149(w)，1125(m)，995(w)，935(w)，909(w)，856(w)，832(m)，802(w)，758(w)，686(w)，632(w)，568(w)，495(w)，418(w)。

催化剂Salen-NiL^2-5-溴-邻香草醛(Salen-NiL^2-5)的红外数据表明：3500~3250 cm^{-1}处$-NH_2$的中强伸缩振动吸收带消失，且1600 cm^{-1}和1575 cm^{-1}附近出现了强吸收带，证明了两个—C═N—双键的存在；且N原子与金属离子发生了配位作用形成了Ni—N键，1242 cm^{-1}和1200 cm^{-1}处的中强吸收带是苯环上$-OCH_3$的伸缩振动带，1125 cm^{-1}处的中强吸收带是-C-Br的伸缩振动带。以上分析表明，金属配位反应已经发生，-Br、$-OCH_3$等取代基已经取代了苯环上的-H原子。

(8)中间体$Cu(L^2)(OAc)$的红外分析数据

中间体$Cu(L^2)(OAc)$的红外数据IR(KBr，cm^{-1})：3680(w)，3410(m)，2954(w)，2910(w)，2870(w)，1590(vs)，1520(s)，1480(m)，1420(s)，1380(s)，1330(m)，1250(m)，1200(w)，1170(m)，1130(m)，997(w)，958(w)，924(w)，874(w)，835(w)，787(w)，746(w)，679(w)，640(w)，579(w)，542(w)，476(w)，440(w)。

中间体$Cu(L^2)(OAc)$的红外分析数据表明：在3410 cm^{-1}处出现了$-NH_2$的伸缩振动吸收带；2960 cm^{-1}处中强吸收峰消失，说明了配位反应的发生，并形成了配合物；—C═N—双键的吸收峰出现在1590 cm^{-1}；1520 cm^{-1}和1380 cm^{-1}的出现说明了OAc^-的存在。

(9)催化剂Salen-CuL^2-水杨醛(Salen-CuL^2-1)的红外分析数据

催化剂Salen-CuL^2-水杨醛(Salen-CuL^2-1)的红外数据IR(KBr，cm^{-1})：3448(w)，2953(w)，2344(w)，1611(s)，1595(vs)，1522(vs)，1481(m)，1456(s)，1416(m)，1382(w)，1357(s)，1255(m)，1233(w)，1197(m)，1174(s)，1141(s)，1126(s)，988(w)，927(w)，828(w)，852(m)，790(w)，758(w)，682(w)，541(m)，428(w)。

催化剂Salen-CuL^2-水杨醛(Salen-CuL^2-1)的红外分析数据表明：3500~3250 cm^{-1}处$-NH_2$的中强伸缩振动吸收带消失，且1595 cm^{-1}和1522 cm^{-1}附近出

现了强吸收带，证明了两个 —C═N— 双键的存在；且 N 原子与金属离子发生了配位作用形成了 Cu—N 键。以上分析表明，金属配位反应已经发生。

(10) 催化剂 Salen-CuL^2-5-溴-水杨醛(Salen-CuL^2-2)的红外分析数据

催化剂 Salen-CuL^2-5-溴-水杨醛(Salen-CuL^2-2)的红外数据 IR (KBr, cm^{-1}): 3420 (w), 2953 (w), 2026 (s), 1615 (vs), 1577 (s), 1526 (m), 1508 (m), 1481 (w), 1460 (m), 1395 (w), 1360 (m), 1254 (w), 1177 (s), 1133 (s), 996 (w), 859 (w), 828 (m), 790 (w), 751 (w), 623 (w), 541 (w), 484 (w)。

催化剂 Salen-CuL^2-水杨醛(Salen-CuL^2-1)的红外分析数据表明：3500~3250 cm^{-1}处-NH_2的中强伸缩振动吸收带消失，且 1595 cm^{-1}和 1522 cm^{-1}附近出现了强吸收带，证明了两个 —C═N— 双键的存在；且 N 原子与金属离子发生了配位作用形成了 Cu—N 键，1133 cm^{-1}处出现了-C-Br 的伸缩振动带。以上分析表明，金属配位反应已经发生，-Br 取代基已经取代了苯环上的-H 原子。

(11) 催化剂 Salen-CuL^2-3，5 二溴-水杨醛(Salen-CuL^2-3)的红外分析数据

催化剂 Salen-CuL^2-3，5 二溴-水杨醛(Salen-CuL^2-3)的红外数据 IR (KBr, cm^{-1}): 3421 (w), 2951 (w), 2026 (m), 1598 (vs), 1522 (m), 1499 (m), 1460 (s), 1443 (m), 1410 (w), 1363 (m), 1252 (m), 1198 (m), 1160 (s), 1140 (s), 1083 (m), 951 (w), 885 (w), 861 (m), 789 (w), 756 (w), 718 (w),619 (w), 545 (w), 487 (w), 463 (w), 421 (w)。

催化剂 Salen-CuL^2-3，5 二溴-水杨醛(Salen-CuL^2-3)的红外分析数据表明：3500~3250 cm^{-1}处-NH_2的中强伸缩振动吸收带消失，且 1595 cm^{-1}和 1522 cm^{-1}附近出现了强吸收带，证明了两个 —C═N— 双键的存在；且 N 原子与金属离子发生了配位作用形成了 Cu—N 键；催化剂 CL-Cu-5-溴-水杨醛(CL-Cu-2) 的 1133 cm^{-1}处出现了-C-Br 的伸缩振动带；催化剂 CL-Cu-3，5 二溴-水杨醛(CL-Cu-3) 的 1140 cm^{-1}和 545 cm^{-1}处出现了-C-Br 的伸缩振动带。以上分析表明，金属配位反应已经发生，-Br 取代基已经取代了苯环上的-H 原子。

(12) 催化剂 Salen-CuL^2-邻香草醛(Salen-CuL^2-4)的红外分析数据

催化剂 Salen-CuL^2-邻香草醛(Salen-CuL^2-4)的红外数据 IR (KBr, cm^{-1}): 3417 (w), 2955 (w), 2026 (s), 1599 (vs), 1523 (s), 1481 (m), 1465 (m), 1440 (s), 1383 (w), 1364 (m), 1247 (m), 1198 (m), 1173 (s), 1136 (s), 1111 (m), 988 (w), 893 (w), 854 (w), 790 (w), 736 (m), 684 (w), 622 (m), 542 (s), 483 (m), 457 (m), 421 (m), 406 (m)。

催化剂 Salen-CuL^2-邻香草醛(Salen-CuL^2-4)的红外分析数据表明：3500~3250 cm^{-1}处-NH_2的中强伸缩振动吸收带消失，且 1595 cm^{-1}和 1522 cm^{-1}附近出

现了强吸收带，证明了两个 —C═N— 双键的存在；且 N 原子与金属离子发生了配位作用形成了 Cu—N 键，1247 cm^{-1}和 1136 cm^{-1}处出现了苯环上-OCH_3的强伸缩振动吸收带。以上分析表明，金属配位反应已经发生，-OCH_3等取代基已经取代了苯环上的-H 原子。

(13) 催化剂 Salen-CuL^2-5-溴-邻香草醛(Salen-CuL^2-5)的红外分析数据

催化剂 Salen-CuL^2-5-溴-邻香草醛(Salen-CuL^2-5)的红外数据 IR (KBr, cm^{-1}): 3400 (w), 2950 (w), 2905 (w), 2866 (w), 1599 (vs), 1580 (s), 1536 (s), 1482 (m), 1461 (s), 1413 (w), 1363 (s), 1256 (m), 1240 (m), 1200 (m), 1176 (m), 1149 (w), 1127 (w), 989 (w), 893 (w), 859 (w), 835 (w), 791 (w), 772 (w), 749 (w), 684 (w), 621 (s), 571 (w), 543 (w), 484 (w), 460 (w)。

催化剂 Salen-CuL^1-5-溴-邻香草醛(Salen-CuL^1-5)的红外分析数据表明: 3500~3250 cm^{-1}处-NH_2的中强伸缩振动吸收带消失，且 1595 cm^{-1}和 1522 cm^{-1}附近出现了强吸收带，证明了两个 —C═N— 双键的存在；且 N 原子与金属离子发生了配位作用形成了 Cu—N 键，1240 cm^{-1}和 1176 cm^{-1}处的中强吸收带是苯环上-OCH_3的伸缩振动带，1127 cm^{-1}处的中强吸收带是-C-Br 的伸缩振动带。以上分析表明，金属配位反应已经发生，-Br、-OCH_3等取代基已经取代了苯环上的-H 原子。

2.5.4 催化剂的核磁共振光谱分析

2.5.4.1 不对称 Salen (L^1) 型 Ni(Ⅱ) 系催化剂的核磁数据分析

(1) 前驱体 HL^1的核磁分析数据

^1H NMR (400 MHz, $CDCl_3$): δ(10^{-6}): 13.41 (s, 1H, -OH), 8.64 (s, 1H, —CH═N—), 7.45 (d, 1H, -Ph), 7.24 (d, 1H, -Ph), 7.07 (m, 2H, -Ph), 6.79 (m, 2H, -Ph), 4.02 (d, 2H, -NH_2), 1.47 [s, 9H, -$C(CH_3)_3$], 1.34 [s, 9H, -$C(CH_3)_3$]。

前驱体 HL^1的核磁分析数据表明: 配体上酚羟基的质子共振峰出现在化学位移 13.41×10^{-6}处，这是因配体中较强分子内氢键的存在，使酚羟基上的质子峰向低场移动；8.64 处出现了 —CH═N— 上的质子共振峰；4.02×10^{-6}处的吸收峰是-NH_2上的质子共振峰。

(2) 中间体 Ni(L^1)(OAc)的核磁分析数据

^1H NMR (400 MHz, $CDCl_3$): δ(10^{-6}): 8.24 (s, 1H, —CH═N—), 7.71 (d, 1H, -Ph), 7.45 (d, 1H, -Ph), 7.19 (m, 2H, -Ph), 7.09 (m, 2H, -Ph), 3.86 (d, 2H, -NH_2), 1.47 [s, 9H, -$C(CH_3)_3$], 1.33 (s, 3H, -OAc), 1.31

[s, 9H, $-C(CH_3)_3$]。

中间体 $Ni(L^1)(OAc)$的核磁分析数据表明：13.41×10^{-6}处酚羟基的质子共振峰消失；8.24×10^{-6}处出现了 —CH═N— 上的质子共振峰；3.86×10^{-6}处出现了 $-NH_2$上的质子共振峰；1.33×10^{-6}处出现了-OAc 上的质子共振峰；说明了酚羟基上的 O 原子和 Ni 离子发生了配位反应。

(3)催化剂 Salen-NiL^1-水杨醛(Salen-NiL^1-1)的核磁分析数据

^1H NMR (400 MHz, $CDCl_3$): $\delta(10^{-6})$: 8.28 (s, 1H, —CH═N—), 8.21 (s, 1H, —CH═N—), 7.70 (d, 2H, -Ph), 7.39 (d, 1H, -Ph), 7.33 (m, 1H, -Ph), 7.28 (m, 1H, -Ph), 7.21 (m, 2H, -Ph), 7.05 (m, 2H, -Ph), 6.63 (m, 1H, -Ph), 1.47 [s, 9H, $-C(CH_3)_3$], 1.31 [s, 9H, $-C(CH_3)_3$]。

催化剂 Salen-NiL^1-水杨醛(Salen-NiL^1-1)的核磁分析数据表明：8.28×10^{-6}和 8.21×10^{-6}处出现了 —CH═N— 上的两对质子共振峰，说明该系列催化剂为 Salen 型不对称催化剂；前驱体 4.02×10^{-6}处的$-NH_2$上的质子共振峰消失，中间体 3.86×10^{-6}处的$-NH_2$上的质子共振峰以及 1.33×10^{-6}处-OAc 上的质子共振峰消失，说明催化剂的金属配位反应已经发生。

(4) 催化剂 Salen- NiL^1-5-溴-水杨醛(Salen- NiL^1-2)的核磁分析数据

^1H NMR (400 MHz, $CDCl_3$): $\delta(10^{-6})$: 8.28 (s, 1H, —CH═N—), 8.21 (s, 1H, —CH═N—), 7.70 (d, 2H, -Ph), 7.39 (d, 1H, -Ph), 7.33 (m, 1H, -Ph), 7.28 (m, 1H, -Ph), 7.21 (m, 2H, -Ph), 7.05 (m, 2H, -Ph), 6.63 (m, 1H, -Ph), 1.47 [s, 9H, $-C(CH_3)_3$], 1.31 [s, 9H, $-C(CH_3)_3$]。

催化剂 Salen- NiL^1-5-溴-水杨醛(Salen- NiL^1-2)的核磁分析数据表明：8.28×10^{-6}和 8.21×10^{-6}处出现了 —CH═N— 上的两对质子共振峰，说明该系列催化剂为 Salen 型不对称催化剂；前驱体 4.02×10^{-6}处的$-NH_2$上的质子共振峰消失，中间体 3.86×10^{-6}处的$-NH_2$上的质子共振峰以及 1.33×10^{-6}处-OAc 上的质子共振峰消失，说明催化剂的金属配位反应已经发生。

(5)催化剂 Salen- NiL^1-3, 5 二溴-水杨醛(Salen- NiL^1-3)的核磁分析数据

^1H NMR (400 MHz, $CDCl_3$): $\delta(10^{-6})$: 8.30 (s, 1H, —CH═N—), 8.14 (s, 1H, —CH═N—), 7.68 (m, 3H, -Ph), 7.42 (d, 2H, -Ph), 7.18 (m, 2H, -Ph), 7.08 (d, 1H, -Ph), 1.49 [s, 9H, $-C(CH_3)_3$], 1.32 [s, 9H, $-C(CH_3)_3$]。

催化剂 Salen- NiL^1-3, 5 二溴-水杨醛(Salen- NiL^1-3)的核磁分析数据表明：8.30×10^{-6}和 8.14×10^{-6}处出现了 —CH═N— 上的两对质子共振峰，说明该系列催化剂为 Salen 型不对称催化剂；前驱体 4.02×10^{-6}处的$-NH_2$上的质子共振峰消失，中间体 3.86×10^{-6}处的$-NH_2$上的质子共振峰以及 1.33×10^{-6}处-OAc 上的质子共振峰消失，说明催化剂的金属配位反应已经发生。

(6)催化剂 Salen- NiL^1-邻香草醛(Salen- NiL^1-4)的核磁分析数据

^1H NMR (400 MHz, $CDCl_3$): δ($\times10^{-6}$): 8.29 (s, 1H, —CH═N—), 8.20 (s, 1H, —CH═N—), 7.71 (m, 2H, -Ph), 7.40 (d, 1H, -Ph), 7.21 (m, 2H, -Ph), 7.09 (d, 1H, -Ph), 6.99 (m, 1H, -Ph), 6.85 (m, 1H, -Ph), 6.54 (t, 1H, -Ph), 3.90 (s, 3H, -OMe), 1.49 [s, 9H, $-C(CH_3)_3$], 1.31 [s, 9H, $-C(CH_3)_3$]。

催化剂 Salen- NiL^1-邻香草醛(Salen- NiL^1-4)的核磁分析数据表明：8.29×10^{-6}和 8.20×10^{-6}处出现了—CH═N—上的两对质子共振峰，说明该系列催化剂为 Salen 型不对称催化剂；前驱体 4.02×10^{-6}处的$-NH_2$上的质子共振峰消失，中间体 3.86×10^{-6}处的$-NH_2$上的质子共振峰以及 1.33×10^{-6}处-OAc 上的质子共振峰消失，说明催化剂的金属配位反应已经发生。

(7)催化剂 Salen-NiL^1-5-溴-邻香草醛(Salen- NiL^1-5)的核磁分析数据

^1H NMR (400 MHz, $CDCl_3$): δ(10^{-6}): 8.21 (s, 1H, —CH═N—), 8.17 (s, 1H, —CH═N—), 7.67 (m, 2H, -Ph), 7.40 (d, 1H, -Ph), 7.23 (m, 2H, -Ph), 7.08 (m, 2H, -Ph), 6.82 (d, 1H, -Ph), 3.86 (s, 3H, -OMe), 1.47 [s, 9H, $-C(CH_3)_3$], 1.30 [s, 9H, $-C(CH_3)_3$]。

催化剂 Salen-NiL^1-5-溴-邻香草醛(Salen- NiL^1-5)的核磁分析数据表明：8.21×10^{-6}和 8.17×10^{-6}处出现了—CH═N 上的两对质子共振峰，说明该系列催化剂为 Salen 型不对称催化剂；前驱体 4.02×10^{-6}处的$-NH_2$上的质子共振峰消失，中间体 3.86×10^{-6}处的$-NH_2$上的质子共振峰以及 1.33×10^{-6}处-OAc 上的质子共振峰消失，说明催化剂的金属配位反应已经发生。

2.5.4.2 Salen (L^2)型不对称 Ni(II)系催化剂的核磁数据分析

(1)前驱体 HL^2的核磁分析数据

^1H NMR (400 MHz, $CDCl_3$): δ(10^{-6}): 11.62 (s, 1H, -OH), 8.60 (s, 1H, —CH═N—), 7.28 (d, 1H, -Ph), 7.18 (d, 1H, -Ph), 7.04 (m, 1H, -Ph), 6.42 (m, 1H, -Ph), 4.01 (s, 2H, $-NH_2$), 1.45 (s, 9H, -tBu), 1.32 (s, 9H, -tBu)。

前驱体 HL^2的核磁分析数据表明：配体上酚羟基的质子共振峰出现在化学位移 11.62×10^{-6}处，这是因配体中较强分子内氢键的存在，使酚羟基上的质子峰向低场移动；8.60 处出现了—CH═N—上的质子共振峰；4.01×10^{-6}处的吸收峰是$-NH_2$上的质子共振峰。

(2)中间体 Ni(L^2)(OAc)的核磁分析数据

^1H NMR (400 MHz, $CDCl_3$): δ(10^{-6}): 8.09 (s, 1H, —CH═N—), 7.78 (d, 1H, -Ph), 7.43 (d, 1H, -Ph), 7.09 (d, 1H, -Ph), 6.38 (m, 1H, -Ph), 3.84 (s, 2H, $-NH_2$), 1.56 (s, 3H, -OAc) 1.45 (s, 9H, -tBu), 1.30 (s, 9H, -tBu)。

中间体 Ni(L^2)(OAc)的核磁分析数据表明：11.62×10^{-6}处酚羟基的质子共振峰消失；8.09×10^{-6}处出现了 —CH═N— 上的质子共振峰；3.84×10^{-6}处出现了-NH_2上的质子共振峰；1.56×10^{-6}处出现了-OAc 上的质子共振峰；说明了酚羟基上的 O 原子和 Ni 离子发生了配位反应。

(3)催化剂 Salen-NiL^2-水杨醛(Salen-NiL^2-1)的核磁分析数据

^{1}H NMR (400 MHz, $CDCl_3$)：δ(10^{-6})：8.15 (s, 1H, —CH═N—), 8.01 (s, 1H, —CH═N—), 7.73 (d, 2H, -Ph), 7.74 (d, 1H, -Ph), 7.28 (m, 2H, -Ph), 7.06 (d, 1H, -Ph), 6.96 (m, 1H, -Ph), 6.60 (t, 1H, -Ph), 1.45 (s, 9H, -tBu), 1.30 (s, 9H, -tBu)。

催化剂 Salen-NiL^2-水杨醛(Salen-NiL^2-1)的核磁分析数据表明：8.15×10^{-6}和8.01×10^{-6}出现了 —CH═N— 上的两对质子共振峰，说明该催化剂为不对称 Salen 型催化剂；前驱体4.01×10^{-6}处的-NH_2上的质子共振峰消失，中间体3.84×10^{-6}处的-NH_2上的质子共振峰以及1.56×10^{-6}处-OAc 上的质子共振峰消失，说明催化剂的金属配位反应已经发生。

(4) 催化剂 Salen- NiL^2-5-溴-水杨醛(Salen- NiL^2-2)的核磁分析数据

^{1}H NMR (400 MHz, $CDCl_3$)：δ(10^{-6})：8.60 (s, 1H, —CH═N—), 8.55 (s, 1H, —CH═N—), 8.12 (s, 1H, -Ph), 8.01 (s, 1H, -Ph), 7.35 (s, 1H, -Ph), 7.33 (s, 1H, -Ph), 7.21 (d, 1H, -Ph), 7.08 (s, 1H, -Ph), 6.88 (d, 1H, -Ph), 1.31 (s, 9H, -tBu), 1.30 (s, 9H, -tBu)。

催化剂 Salen- NiL^2-5-溴-水杨醛(Salen- NiL^2-2)的核磁分析数据表明：8.60×10^{-6}和8.55×10^{-6}处出现了 —CH═N— 上的两对质子共振峰，说明该催化剂为 Salen 型不对称催化剂；前驱体4.02×10^{-6}处的-NH_2上的质子共振峰消失、中间体3.86×10^{-6}处的-NH_2上的质子共振峰以及1.33×10^{-6}处-OAc 上的质子共振峰消失，说明催化剂的金属配位反应已经发生。

(5)催化剂 Salen- NiL^2-3，5 二溴-水杨醛(Salen- NiL^2-3)的核磁分析数据

^{1}H NMR (400 MHz, $CDCl_3$)：δ(10^{-6})：8.72 (s, 1H, —CH═N—), 8.54 (s, 1H, —CH═N—), 8.31 (s, 1H, -Ph), 8.28 (m, 1H, -Ph), 8.05 (s, 1H, -Ph), 7.96 (d, 2H, -Ph), 7.62 (m, 1H, -Ph), 1.98 (s, 9H, -tBu), 1.83 (s, 9H, -tBu)。

催化剂 Salen- NiL^2-3，5 二溴-水杨醛(Salen-NiL^2-3)的核磁分析数据表明：8.72×10^{-6}和8.54×10^{-6}处出现了 —CH═N— 上的两对质子共振峰，说明该催化剂为 Salen 型不对称催化剂；前驱体4.02×10^{-6}处的-NH_2上的质子共振峰消失、中间体3.86×10^{-6}处的-NH_2上的质子共振峰以及1.33×10^{-6}处-OAc 上的质子共振峰消失，说明催化剂的金属配位反应已经发生。

(6)催化剂 Salen- NiL^2-邻香草醛(Salen- NiL^2-4)的核磁分析数据

^1H NMR (400 MHz, $CDCl_3$): δ(10^{-6}): 8.09 (s, 1H, —CH═N—), 7.88 (s, 1H, —CH═N—), 7.64 (s, 1H, -Ph), 7.60 (s, 1H, -Ph), 7.31 (d, 1H, -Ph), 6.96 (d, 1H, -Ph), 6.83 (m, 1H, -Ph), 6.67 (m, 1H, -Ph), 6.40 (t, 1H, -Ph), 3.74 (s, 3H, -OMe), 1.38 (s, 9H, -tBu), 1.21 (s, 9H, -tBu)。

催化剂 Salen- NiL^2-邻香草醛(Salen- NiL^2-4)的核磁分析数据表明: 8.09×10^{-6}和 7.88×10^{-6}处出现了 —CH═N— 上的两对质子共振峰, 说明该催化剂为 Salen 型不对称催化剂; 前驱体 4.02×10^{-6}处的-NH_2上的质子共振峰消失、中间体3.86×10^{-6}处的-NH_2上的质子共振峰以及 1.33×10^{-6}处-OAc 上的质子共振峰消失, 说明催化剂的金属配位反应已经发生。

(7)催化剂 Salen-NiL^2-5-溴-邻香草醛(Salen- NiL^2-5)的核磁分析数据

^1H NMR (400 MHz, $CDCl_3$): δ(10^{-6}): 8.17 (s, 1H, —CH═N—), 7.94 (s, 1H, —CH═N—), 7.70 (s, 1H, -Ph), 7.66 (s, 1H, -Ph), 7.38 (d, 1H, -Ph), 7.05 (d, 1H, -Ph), 6.98 (d, 1H, -Ph), 6.67 (d, 1H, -Ph), 3.76 (s, 3H, -OMe), 1.43 (s, 9H, -tBu), 1.27 (s, 9H, -tBu)。

催化剂 Salen-NiL^2-5-溴-邻香草醛(Salen- NiL^2-5)的核磁分析数据表明: 8.17×10^{-6}和 7.94×10^{-6}处出现了 —CH═N— 上的两对质子共振峰, 说明该系列催化剂为 Salen 型不对称催化剂; 前驱体 4.02×10^{-6}处的-NH_2上的质子共振峰消失、中间体 3.86×10^{-6}处的-NH_2上的质子共振峰以及 1.33×10^{-6}处-OAc 上的质子共振峰消失, 说明催化剂的金属配位反应已经发生。

2.5.5 催化剂的 X-射线单晶结构分析

2.5.5.1 Salen (L^1)型催化剂的 X-射线单晶结构分析

在设计合成的前驱体 HL^1及 Salen (L^1) -Ni(Ⅱ)、Cu(Ⅱ)系列催化剂中, 前驱体 HL^1、中间体 Ni(L^1)(OAc)、催化剂 Salen-NiL^1-1、催化剂 Salen-NiL^1-2、中间体[Cu(L^1)(OAc)$]_2$、催化剂 Salen-CuL^1-1、催化剂 Salen-CuL^1-2、催化剂 Salen-CuL^1-3 得到了单晶, 并进行了单晶 X-射线衍射测定, 分析了其结构。

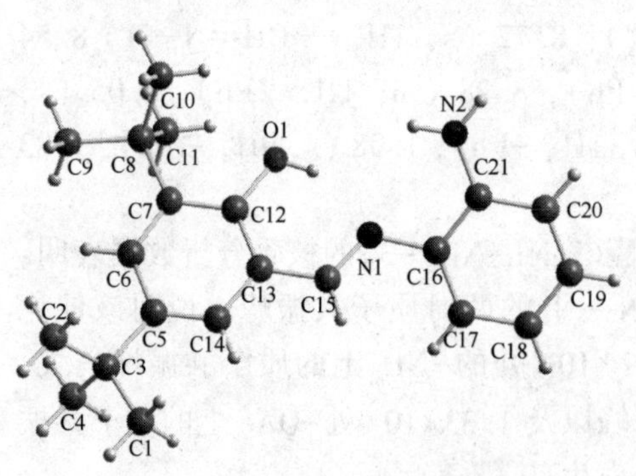

图 2-30 前驱体 HL^1 的单晶结构图

(1)前驱体 HL^1的单晶结构分析

前驱体 HL^1的单晶结构示意图分别如图 2-30 所示, 部分键长及主要键角数据见表 2-3。

前驱体 HL^1是由 1 mol 的邻苯二胺

和1 mol的3，5-二叔丁基-2-羟基-苯甲醛通过醛、胺缩合而得到有氨基存在的不对称Schiff碱；HL^1的晶系为单斜，空间群符号为P2(1)；如图2-30所示，整个分子处于扭曲的构型：其中两个苯环不共面，二面角的大小为34.8(2)°；C13-C15与N1-C16之间的扭角大小为177.3(2)°；同时，N1和N2原子基本在一个平面上，但N1、N2和O1三个原子不在同一平面上，且N1与-OH存在典型的分子内氢键[N1-O1之间的距离为2.608(2) Å]；前驱体HL^1分子的扭曲构型，为进一步和后过渡金属离子的配位及金属催化活性中心的外露创造了条件。

表2-3　前驱体HL^1代表性的键长(Å)键角(°)数据表

O(1)-C(12)	1.357(3)	C(15)-N(1)-C(16)	120.4(3)	C(17)-C(16)-N(1)	123.0(3)
N(1)-C(15)	1.283(3)	O(1)-C(12)-C(13)	119.8(3)	C(21)-C(16)-N(1)	117.3(3)
N(1)-C(16)	1.416(4)	O(1)-C(12)-C(7)	119.6(2)	N(2)-C(21)-C(20)	120.6(3)
C(21)-N(2)	1.375(4)	N(1)-C(15)-C(13)	123.8(3)	N(2)-C(21)-C(16)	120.2(3)

(2) 中间体$Ni(L^1)(OAc)$的单晶结构分析

中间体$Ni(L^1)(OAc)$的单晶结构如图2-31所示，部分键长及主要键角数据见表2-4。

中间体$Ni(L^1)(OAc)$是由前驱体HL^1与$Ni(OAc)_2 \cdot 4H_2O$反应得到，最小重复单元为$Ni(L^1)(OAc) \cdot 0.5H_2O$，即一个中心分子和0.5个溶剂化物组成；$H_2O$分子的存在对中间体的结构未造成影响；中间体$Ni(L^1)(OAc)$的晶系为单斜，空间群符号为P2(1)/c；如图2-31所示，中间体$Ni(L^1)(OAc)$为单核的分子结构：Ni^{2+}为四配位(两个N原子和一个氧原子来自前驱体HL^1，另外一个氧原子来自OAc^-的微变形的四方平面构型)；其中两套Ni—N键[Ni(1)-N(1)及Ni(1)-N(2)]的键长大小分别为1.843(6) Å和1.881(6) Å，Ni—O键[Ni(1)-O(1)及Ni(1)-O(2)]的键长大小分别为1.804(5) Å和1.878(5) Å，两套N-Ni-O[N(1)-Ni(1)-O(1)及N(2)-Ni(1)-O(2)]之间的夹角分别为95.2(3)°和94.92(19)°，N(2)-Ni(1)-O(1)之间的夹角为174.5(2)°，比N(1)-Ni(1)-O(2)之间的夹角177.2(3)°要小一些，说明该配合物中间体有一定的空间扭曲性，有利于与加入的另外几种不同的醛类(水杨醛、5-溴-水杨醛、3，5二溴-水杨醛、邻香草醛或5-溴-邻香草

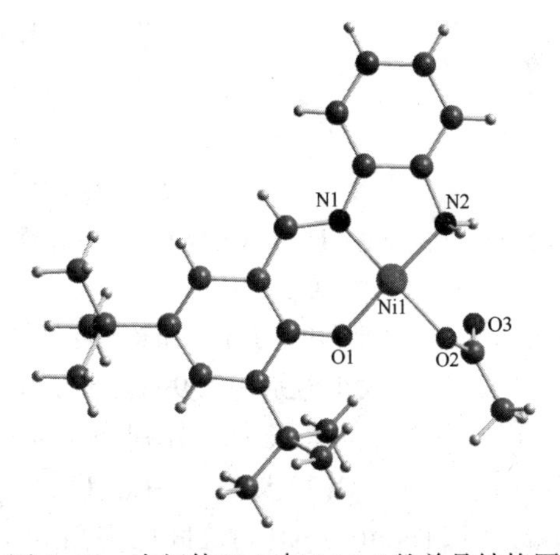

图2-31　中间体$Ni(L^1)(OAc)$的单晶结构图

醛)发生反应，且溶剂化物与中心分子之间无强作用力。

表 2-4　中间体 $Ni(L^1)(OAc)$ 代表性的键长(Å)键角(°)数据表

Ni(1)-N(1)	1.843(6)	N(1)-Ni(1)-N(2)	86.9(3)	O(2)-Ni(1)-O(1)	87.5(2)
Ni(1)-N(2)	1.881(6)	N(1)-Ni(1)-O(1)	95.2(3)	O(2)-Ni(1)-N(2)	90.5(3)
Ni (1)-O(1)	1.804(5)	N(1)-Cu(1)-O(2)	177.2(3)	N(2)-Ni(1)-O(1)	174.5(2)
Ni(1)-O(2)	1.878(5)				

(3) 中间体 $[Cu(L^1)(OAc)]_2$ 的单晶结构分析

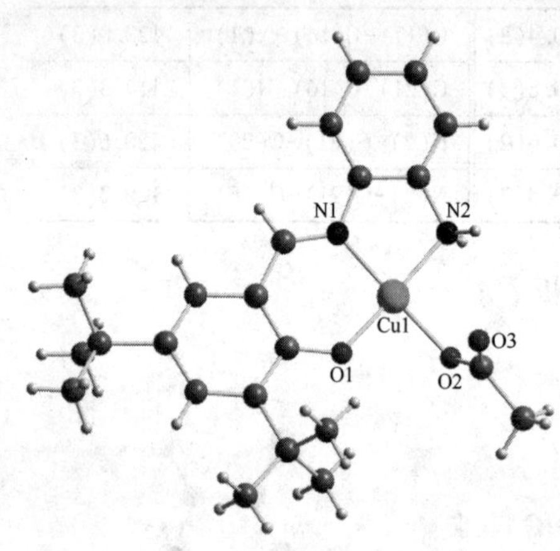

图 2-32　中间体 $Cu(L^1)(OAc)$ 的单晶结构图

中间体 $[Cu(L^1)(OAc)]_2$ 的单晶结构如图 2-32 所示，部分键长及主要键角数据见表 2-5。

中间体 $[Cu(L^1)(OAc)]_2$ 是由前驱体 HL^1 与 $Cu(OAc)_2 \cdot H_2O$ 反应得到，最小重复单元为 $Cu(L^1)(OAc) \cdot EtOH$，即一个中心分子和一个溶剂化物组成；中间体 $[Cu(L^1)(OAc)]_2$ 的晶系为三斜，空间群符号为 P-1；如图 2-32 所示，中间体 $[Cu(L^1)(OAc)]_2$ 最小重复单元为单核的分子结构：Cu^{2+} 为四配位(两个 N 原子和一个氧原子来自前驱体 HL^1，另外一个氧原子来自 OAc-)的微变形的四方平面构型；其中两套 Cu—N 键[Cu(1)-N(1)及 Cu(1)-N(2)]的键长大小分别为 1.993(2) Å 和 1.945(2) Å，Cu—O 键[Cu(1)-O(1)及 Cu(1)-O(2)]的键长大小分别为 1.960(2) Å 和 1.889(2) Å，两套 N-Cu-O [N(1)-Cu(1)-O(1)及N(2)-Cu(1)-O(2)]之间的夹角分别为 92.36(9)°和 93.76(9)°，N(2)-Cu(1)-O(1)之间的夹角为 172.72(9)°，比 N(1)-Cu(1)-O(2) 之间的夹角 174.84(10)°要小一些，说明该配合物中间体有一定的空间扭曲性，利于与加入的另外几种不同的醛类(水杨醛、5-溴-水杨醛、3，5 二溴-水杨醛、邻香草醛或 5-溴-邻香草醛)发生反应，且溶剂化物与中心分子之间无强作用力。

表 2-5　中间体 $[Cu(L^1)(OAc)]_2$ 代表性的键长(Å)键角(°)数据表

Cu(1)-N(1)	1.993(2)	N(1)-Cu(1)-N(2)	84.20(9)	O(2)-Cu(1)-O(1)	90.18(9)
Cu(1)-N(2)	1.945(2)	N(1)-Cu(1)-O(1)	92.36(9)	O(2)-Cu(1)-N(2)	93.76(9)
Cu(1)-O(1)	1.960(2)	N(1)-Cu(1)-O(2)	174.84(10)	N(2)-Cu(1)-O(1)	172.72(9)
Cu(1)-O(2)	1.889(2)				

前驱体 HL^1、中间体 $Ni(L^1)(OAc)$、中间体 $[Cu(L^1)(OAc)]_2$ 的晶体学数据见表 2-6。

表 2-6 前驱体 HL^1、中间体 $Ni(L^1)(OAc)$ 和中间体 $[Cu(L^1)(OAc)]_2$ 的晶体学数据

配合物	OL	$Ni(L^1)(OAc)\cdot 0.5H_2O$	$Cu(L^1)(OAc)\cdot EtOH$
化学式	$C_{21}H_{28}N_2O$	$C_{23}H_{31}N_2NiO_{3.5}$	$C_{25}H_{37}CuN_2O_4$
分子量	324.45	450.21	493.11
温度	296(2)	296(2)	296(2)
波长/ Å	0.71073	0.71073	0.71073
晶系	Monoclinic	Monoclinic	Triclinic
空间群	$P2(1)$	$P2(1)/c$	$P-1$
a/Å	10.898(5)	18.375(5)	9.823(2)
b/Å	6.230(3)	11.688(3)	9.935(2)
c/Å	15.095(8)	22.016(6)	14.908(3)
α/(°)	90	90	72.563(3)
β/(°)	108.928(3)	95.834(5)	85.462(3)
γ/(°)	90	90	66.367(3)
体积/$Å^3$	969.5(8)	4704(2)	1270.1(5)
Z	2	8	2
ρ/(g/cm^3)	1.111	1.271	1.289
μ/mm^{-1}	0.068	0.851	0.891
$F(000)$	352	1912	524
最终结构偏离因子 $[I>2\sigma(I)]$	$R_1=0.0478$, $wR_2=0.1295$	$R_1=0.0741$ $wR_2=0.1378$	$R_1=0.0483$, $wR_2=0.1385$

(4) Salen(L^1)型 Ni(Ⅱ)系催化剂的单晶结构分析

催化剂 Salen-NiL^1-1 的单晶结构如图 2-33 所示，部分键长及主要键角数据见表 2-7。

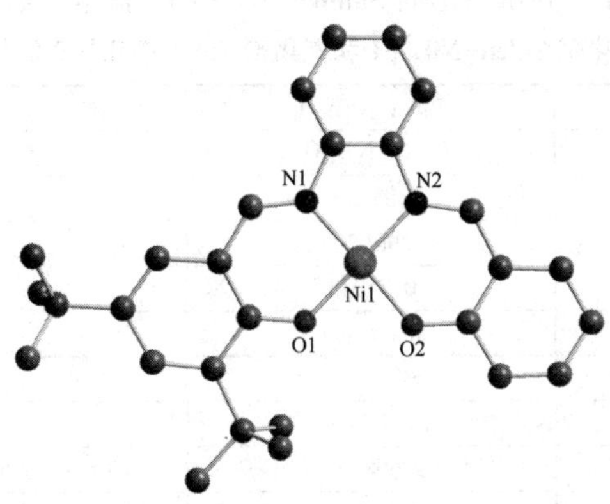

图 2-33 催化剂 Salen- NiL^1-1 的单晶结构图

表 2-7 催化剂 Salen- NiL^1-1 代表性的键长(Å)键角(°)数据表

Ni(1)-N(1)	1.854(4)	N(1)-Ni(1)-N(2)	86.30(19)	O(2)-Ni(1)-O(1)	84.62(17)
Ni(1)-N(2)	1.856(5)	N(1)-Ni(1)-O(1)	94.22(18)	O(2)-Ni(1)-N(2)	94.92(19)
Ni(1)-O(1)	1.836(4)	N(1)-Cu(1)-O(2)	178.28(18)	N(2)-Ni(1)-O(1)	177.55(18)
Ni(1)-O(2)	1.845(4)				

催化剂 Salen-NiL^1-2 的单晶结构如图 2-34 所示，部分键长及主要键角数据见表 2-8。

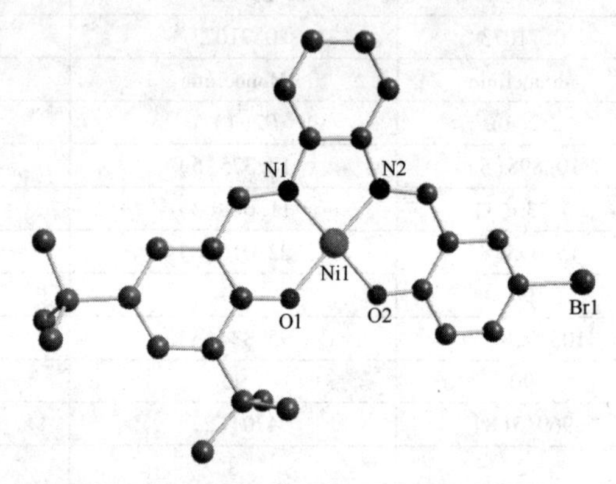

图 2-34 催化剂 Salen- NiL^1-2 的单晶结构图

表 2-8 催化剂 Salen- NiL^1-2 代表性的键长(Å)键角(°)数据表

Ni(1)-N(1)	1.848(3)	N(1)-Ni(1)-N(2)	85.78(14)	O(2)-Ni(1)-O(1)	83.96(12)
Ni(1)-N(2)	1.843(3)	N(1)-Ni(1)-O(1)	94.83(12)	O(2)-Ni(1)-N(2)	95.52(13)
Ni(1)-O(1)	1.828(3)	N(1)-Cu(1)-O(2)	177.61(13)	N(2)-Ni(1)-O(1)	177.47(13)
Ni(1)-O(2)	1.837(3)				

催化剂 Salen-NiL^1-1 和催化剂 Salen-NiL^1-2 的晶体学数据见表 2-9。

表 2-9 催化剂 Salen-NiL^1-1 和催化剂 Salen-NiL^1-2 的晶体学数据

配合物	Salen-NiL^1-1	Salen-NiL^1-2
化学式	$C_{28}H_{30}N_2NiO_2$	$C_{28}H_{29}BrN_2NiO_2$
分子量	485.25	564.15
温度/K	296(2)	296(2)
波长/Å	0.71073	0.71073
晶系	Monoclinic	Monoclinic
空间群	*P*2(1)/*c*	*C*2/*c*
a/Å	15.042(7)	24.828(5)
b/Å	9.608(5)	6.8202(14)
c/Å	17.212(9)	31.251(6)

续表

配合物	Salen-NiL[1]-1	Salen-NiL[1]-2
α/(°)	90	90
β/(°)	100.613(8)	94.722(3)
γ/(°)	90	90
体积/Å^3	2445(2)	5273.9(19)
Z	4	8
ρ/(g/cm^3)	1.318	1.421
μ/mm^{-1}	0.820	2.278
F(000)	1024	2320
最终结构偏离因子[$I>2\sigma(I)$]	R_1 = 0.0806 wR_2 = 0.2084	R_1 = 0.0451 wR_2 = 0.1063

催化剂 Salen-NiL[1]-1 是由中间体 Ni(L[1])(OAc)和水杨醛反应得到的 Salen 型不对称镍系配合物；催化剂 Salen- NiL[1]-1 的晶系为单斜，空间群符号为 P2(1)/c；如图 2-33 所示，催化剂 Salen- NiL[1]-1 为单核的分子结构：Ni^{2+}为四配位(两个 N 原子和一个氧原子来自前驱体 HL[1]，另外一个氧原子来自水杨醛上的酚氧原子)的微变形的四方平面构型，两个稳定的六元金属螯合环(NiOCCCN)的二面角为 3.3(3)°；其中两套 Ni—N 键[Ni(1)-N(1)及 Ni(1)-N(2)]的键长大小分别为 1.854(4) Å 和 1.856(5) Å，Ni—O 键[Ni(1)-O(1)及 Ni(1)-O(2)]的键长大小分别为 1.836(4) Å 和 1.845(4) Å，两套 N-Ni-O[N(1)-Ni(1)-O(1)及 N(2)- Ni(1)-O(2)]之间的夹角分别为 94.22(18)°和 95.52(13)°，N(2)-Ni(1)-O(1)之间的夹角为 177.55(18)°与 N(1)-Ni(1)-O(2) 之间的夹角 178.28(18)°相差 0.73°，说明 N_2O_2 平面有一定的空间扭曲性。

催化剂 Salen-NiL[1]-2 是由中间体 Ni(L[1])(OAc)和 5-溴-水杨醛反应得到的不对称 Salen 型不对称镍系配合物；催化剂 Salen-NiL[1]-2 的晶系为单斜，空间群符号为 C2/c；如图 2-34 所示，催化剂 Salen-NiL[1]-2 为单核的分子结构：Ni^{2+}为四配位(两个 N 原子和一个氧原子来自前驱体 HL[1]，另外一个氧原子来自水杨醛上的酚氧原子)的微变形的四方平面构型，两个稳定的六元金属螯合环(NiOCCCN)的二面角为 4.1(2)°；其中两套 Ni—N 键[Ni(1)-N(1)及 Ni(1)-N(2)]的键长大小分别为 1.848(3) Å 和 1.843(3) Å，Ni—O 键[Ni(1)-O(1)及 Ni(1)-O(2)]的键长大小分别为 1.828(3) Å 和 1.837(3) Å，两套 N-Ni-O[N(1)-Ni(1)-O(1)及 N(2)- Ni(1)-O(2)]之间的夹角分别为 94.83(12)° 和 94.92(19)°，N(2)-Ni(1)-O(1)之间的夹角为 177.47(13)°与 N(1)-Ni(1)-O(2) 之间的夹角 177.61(13)°相差 0.14°，说明 N_2O_2 平面有的空间扭曲性较小。同时，对比催化剂 Salen-NiL[1]-1 和催化剂 Salen-NiL[1]-2，尽管水杨醛和 5-溴-水杨醛存在结构的差异，从空间效应而言，取代基-Br 的引入并未增加 N_2O_2 平面的变形性，但在后续的催化聚合实验中发现催化剂 Salen-NiL¹-2 的活性要高于催化剂 OL-Ni-1 的活性，这可能是由于催化剂 Salen-NiL¹-2 中吸电子基团-Br 的引入而引起了其催化活性的增加。

(5) Salen(L¹)型 Cu(Ⅱ)系催化剂的单晶结构分析

催化剂 Salen-CuL¹-1 的单晶结构如图 2-35 所示，部分键长及主要键角数据见表 2-10。

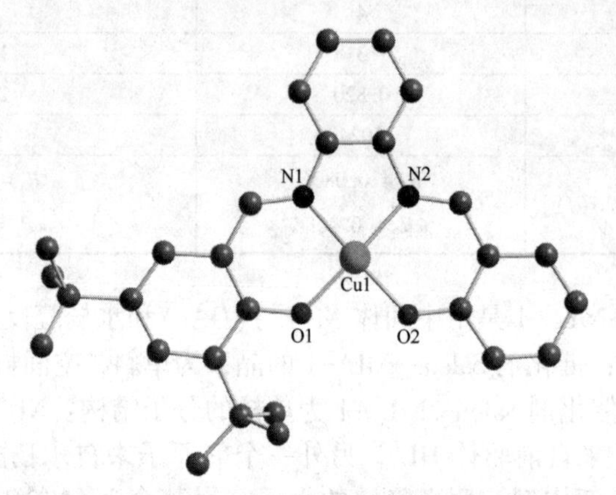

图 2-35　催化剂 Salen-CuL¹-1 的单晶结构图

表 2-10　催化剂 Salen-CuL¹-1 代表性的键长(Å)键角(°)数据表

Cu(1)-N(1)	1.926(4)	N(1)-Cu(1)-N(2)	83.91(16)	O(2)-Cu(1)-O(1)	88.60(15)
Cu(1)-N(2)	1.948(4)	N(1)-Cu(1)-O(1)	93.73(15)	N(2)-Cu(1)-O(2)	93.89(16)
Cu(1)-O(1)	1.880(3)	N(1)-Cu(1)-O(2)	176.61(15)	N(2)-Cu(1)-O(1)	176.08(15)
Cu(1)-O(2)	1.885(3)				

催化剂 Salen-CuL¹-2 的单晶结构如图 2-36 所示，部分键长及主要键角数据见表 2-11。

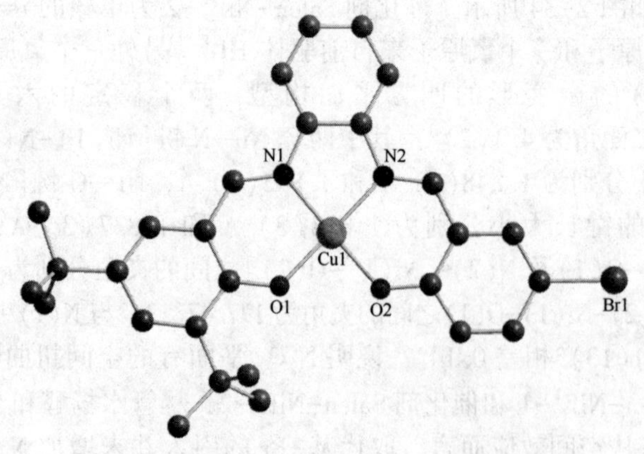

图 2-36　催化剂 Salen-CuL¹-2 的单晶结构图

表 2-11　催化剂 Salen-CuL¹-2 代表性的键长(Å)键角(°)数据表

Cu(1)-N(1)	1.927(4)	N(1)-Cu(1)-N(2)	84.15(15)	O(2)-Cu(1)-O(1)	87.92(13)
Cu(1)-N(2)	1.937(3)	N(1)-Cu(1)-O(1)	94.09(14)	O(2)-Cu(1)-N(2)	93.94(15)
Cu(1)-O(1)	1.872(3)	N(1)-Cu(1)-O(2)	177.33(15)	N(2)-Cu(1)-O(1)	176.66(15)
Cu(1)-O(2)	1.882(3)				

催化剂 Salen-CuL¹-1 是由中间体[Cu(L¹)(OAc)]$_2$和水杨醛反应得到的 Salen 型不对称铜系配合物；催化剂 Salen-CuL¹-1 的晶系为单斜，空间群符号为 P2(1)/c；如图 2-35 所示，催化剂 Salen-CuL¹-1 为单核的分子结构：Cu^{2+}为四配位(两个 N 原子和一个氧原子来自前驱体 HL¹，另外一个氧原子来自水杨醛上的酚氧原子)的微变形的四方平面构型，两个稳定的六元金属螯合环(CuOCCCN)的二面角为 4.3(2)°；其中两套 Cu—N 键[Cu(1)-N(1)及 Cu(1)-N(2)]的键长大小分别为 1.926(4) Å 和 1.948(4) Å，两套 Cu-O 键[Cu(1)-O(1)及 Cu(1)-O(2)]的键长大小分别为 1.880(3) Å 和 1.885(3) Å，两套 N-Cu-O[N(1)-Cu(1)-O(1)及 N(2)-Cu(1)-O(2)]之间的夹角分别为 93.73(15)°和 93.89(16)°,N(2)-Cu(1)-O(1)之间的夹角为 176.08(15)°与 N(1)-Cu(1) -O(2)之间的夹角 176.61(15)°相差 0.53°，说明 N_2O_2 平面的空间扭曲性较小，金属活性中心外露较少，用作催化剂时反应活性会受到一定影响。

催化剂 Salen-CuL¹-2 是由中间体[Cu(L¹)(OAc)]$_2$和 5-溴-水杨醛反应得到的 Salen 型不对称铜系配合物；催化剂 Salen-CuL¹-2 的晶系为单斜，空间群符号为 C2/c；如图 2-36 所示，催化剂 OL-Cu-2 为单核的分子结构：Cu^{2+}为四配位(两个 N 原子和一个氧原子来自前驱体 HL¹，另外一个氧原子来自 5-溴-水杨醛上的酚氧原子)的微变形的四方平面构型，两个稳定的六元金属螯合环(CuOCCCN)的二面角为 4.3(3)°；其中两套 Cu—N 键[Cu(1)-N(1)及 Cu(1)-N(2)]的键长大小分别为 1.927(4) Å 和 1.937(3) Å，两套 Cu—O 键[Cu(1)-O(1)及 Cu(1)-O(2)]的键长大小分别为 1.872(3) Å 和 1.882(3) Å，两套 N-Cu-O[N(1)-Cu(1)-O(1)及 N(2)-Cu(1)-O(2)]之间的夹角分别为 94.09(14)°和 93.94(15)°,N(2)-Cu(1)-O(1)之间的夹角为 176.66(15)°与 N(1)-Cu(1)-O(2) 之间的夹角 177.33(15)°相差 0.67°，说明 N_2O_2 平面有一定的空间扭曲性。

催化剂 Salen-CuL¹-3 的单晶结构示意图如图 2-37 所示，部分键长及主要键角数据见表 2-12。

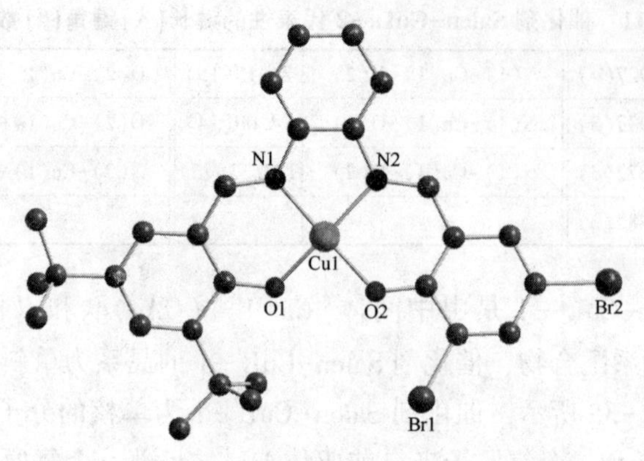

图 2-37　催化剂 Salen-CuL[1]-3 的单晶结构图

表 2-12　催化剂 Salen-CuL[1]-3 代表性的键长(Å)键角(°)数据表

Cu(1)-N(1)	1.926(8)	N(1)-Cu(1)-N(2)	84.1(4)	O(2)-Cu(1)-O(1)	88.6(3)
Cu(1)-N(2)	1.942(9)	N(1)-Cu(1)-O(1)	94.5(3)	O(2)-Cu(1)-N(2)	93.7(3)
Cu(1)-O(1)	1.866(7)	N(1)-Cu(1)-O(2)	173.0(3)	N(2)-Cu(1)-O(1)	171.9(4)
Cu(1)-O(2)	1.866(7)				

催化剂 Salen-CuL[1]-3 是由中间体[$Cu(L^1)(OAc)]_2$和 3，5-二溴-水杨醛反应得到的 Salen 型不对称铜系配合物，最小重复单元为 $Cu(L^1)(OAc)\cdot 0.5CHCl_3$，即 1 个中心分子和 0.5 个溶剂化物组成；催化剂 Salen-CuL[1]-3 的晶系为单斜，空间群符号为 P2(1)/c；如图 2-37 所示，催化剂 Salen-CuL[1]-3 为单核的分子结构：Cu^{2+}为四配位(两个 N 原子和一个氧原子来自前驱体 HL^1，另外一个氧原子来自 3，5-二溴-水杨醛的酚氧原子)的微变形的四方平面构型，两个稳定的六元金属螯合环(CuOCCCN)的二面角为 10(3)°；其中两套 Cu—N 键[Cu(1)-N(1)及 Cu(1)-N(2)]的键长大小分别为 1.926(8) Å 和 1.942(9) Å，两套 Cu—O 键[Cu(1)-O(1)及 Cu(1)-O(2)]的键长大小分别为 1.866(7) Å 和 1.866(7) Å，两套 N-Cu-O[N(1)-Cu(1)-O(1)及 N(2)-Cu(1)-O(2)]之间的夹角分别为 94.5(3)°和 93.7(3)°，N(2)-Cu(1)-O(1)之间的夹角为 171.9(4)°与 N(1)- Cu(1)-O(2) 之间的夹角 173.0(3)°相差 1.10°，说明 N_2O_2 平面有一定的空间扭曲性，金属活性中心暴露的较多，用作催化剂时反应活性会较大，这在后面的聚合反应中得到了证实，且溶剂化物与中心分子之间无强作用力。

催化剂 Salen - CuL[1] - 1、Salen - CuL[1] - 2 和 Salen - CuL[1] - 3 的晶体学数据见表 2-13。

表 2-13　催化剂 Salen-CuL^1-1、Salen-CuL^1-2 和 Salen-CuL^1-3 的晶体学数据

配合物	Salen-CuL^1-1	Salen-CuL^1-2	Salen-CuL^1-3 · 0.5CHCl$_3$
化学式	$C_{28}H_{30}CuN_2O_2$	$C_{28}H_{29}BrCuN_2O_2$	$C_{28.5}H_{28.5}Br_2Cl_{1.5}CuN_2O_2$
分子量	490.08	568.98	707.57
温度/K	296(2)	296(2)	296(2)
波长/ Å	0.71073	0.71073	0.71073
晶系	Monoclinic	Monoclinic	Monoclinic
空间群	*P*2(1)/*c*	*C*2/*c*	*P*2(1)/*c*
a/Å	15.046(2)	24.884(4)	7.000(3)
b/Å	9.5463(15)	6.8158(12)	25.176(12)
c/Å	7.347(3)	31.365(6)	33.323(16)
α/(°)	90	90	90
β/(°)	98.752(2)	94.638(3)	94.376(7)
γ/(°)	90	90	90
体积/Å^3	2462.6(7)	5302.2(16)	5856(5)
Z	4	8	8
ρ/(g/cm^3)	1.322	1.426	1.605
μ/mm^{-1}	0.914	2.357	3.640
F(000)	1028	2328	2832
最终结构偏离因子[$I>2\sigma(I)$]	R_1 = 0.0588, wR_2 = 0.1534	R_1 = 0.0515 wR_2 = 0.1084	R_1 =0.0837 wR_2 = 0.2294

对比催化剂 Salen-CuL^1-1、Salen-CuL^1-2 和 Salen-CuL^1-3，由以上的结构数据可见，由于水杨醛、5-溴-水杨醛和 3，5-二溴-水杨醛的差异，取代基-Br 的引入微微增加了 N_2O_2 平面的变形性[N(2)-Cu(1)-O(1)之间的夹角与 N(1)-Cu(1)-O(2) 之间的夹角分别相差 0.53°、0.67°和 1.10°]。变形性越大，金属活性中心外露的较多，用作催化剂时反应活性将会得到改善，这与后续章节要讨论的该系列催化剂用于催化苯乙烯、甲基丙烯酸甲酯等聚合时的活性大小顺序十分吻合。

2.5.5.2　Salen（L^2）型催化剂的 X-射线单晶结构分析

在设计合成的前驱体 HL^{2}及 Salen（L^2）-Ni(Ⅱ)、Cu(Ⅱ)系列催化剂中，得到了前驱体 HL^2、中间体 Cu(L^2)(OAc)、催化剂 Salen-CuL^2-2、催化剂 Salen-CuL^2-4 和催化剂 Salen-CuL^2-5 的单晶，并进行了单晶 X-射线衍射测定，分析了其结构。

(1)前驱体 HL^{2}的单晶结构分析

中间体 Cu(L^2)(OAc)的单晶结构示意图如图 2-38 所示，部分键长及主要键角数据见表 2-14，晶体学数据见表 2-15。

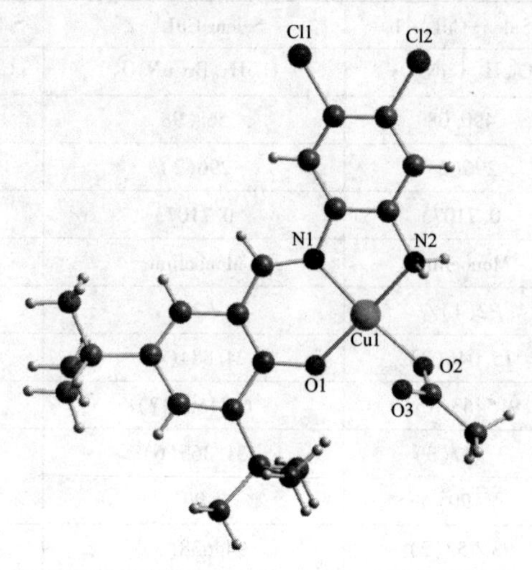

图 2-38　中间体 Cu(L^2)(OAc)的单晶结构图

表 2-14　中间体 Cu(L^2)(OAc)代表性的键长(Å)键角(°)数据表

Cu(1)-N(1)	2.004(4)	N(1)-Cu(1)-N(2)	91.41(16)	O(2)-Cu(1)-O(1)	93.19(17)
Cu(1)-N(2)	1.920(4)	N(1)-Cu(1)-O(1)	91.24(16)	O(2)-Cu(1)-N(2)	84.48(18)
Cu(1)-O(1)	1.890(4)	N(1)-Cu(1)-O(2)	172.87(17)	N(2)-Cu(1)-O(1)	174.89(16)
Cu(1)-O(2)	1.954(3)				

表 2-15　中间体 Cu(L^2)(OAc)的晶体学数据

配合物	Cu(L^2)(OAc)
化学式	$C_{19}H_{31}C_{12}CuN_2O_3$
分子量	469.90
温度/K	296(2)
波长/Å	0.71073
晶系	Triclinic
空间群	*P*-1
a/Å	7.685(4)
b/Å	13.178(6)
c/Å	15.363(8)
α/(°)	113.851(6)
β/(°)	100.349(7)
γ/(°)	91.979(7)
体积/Å^3	1389.9(12)

续表

Z	3
$\rho/(g/cm^3)$	1.684
μ/mm^{-1}	1.492
$F(000)$	738
最终结构偏离因子[$I>2\sigma(I)$]	R_1 = 0.0697 wR_2 = 0.1773

中间体Cu(L^2)(OAc)是由前驱体HL^2与$Cu(OAc)_2 \cdot H_2O$反应得到的；由图2-38和表2-14可知，中间体Cu(L^2)(OAc)的晶系为三斜，空间群符号为P-1；如图2-38所示，中间体Cu(L^2)(OAc)为单核的分子结构：Cu^{2+}为四配位(两个N原子和一个氧原子来自前驱体HL^2，另外一个氧原子来自OAc-)的微变形的四方平面构型；其中两套Cu—N键[Cu(1)-N(1)及Cu(1)-N(2)]的键长大小分别为2.004(4) Å和1.920(4) Å，Cu—O键[Cu(1)-O(1)及Cu(1)-O(2)]的键长大小分别为1.890(4) Å和1.954(3) Å，两套N-Cu-O[N(1)-Cu(1)-O(1)及N(2)-Cu(1)-O(2)]之间的夹角分别为91.24(16)°和84.48(18)°，N(2)-Cu(1)-O(1)之间的夹角为174.89(16)°，比N(1)-Cu(1)-O(2)之间的夹角172.87(17)°稍大一些，说明该配合物中间体有一定的空间扭曲性，有利于和加入的另外几种不同的醛类(水杨醛、5-溴-水杨醛、3，5二溴-水杨醛、邻香草醛或5-溴-邻香草醛)发生反应。

(2) Salen(L^2)型催化剂的单晶结构分析

催化剂Salen-CuL^2-2的单晶结构如图2-39所示，部分键长及主要键角数据见表2-16。

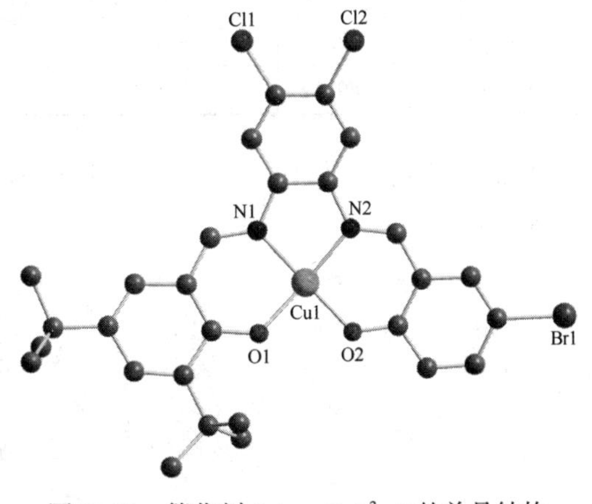

图2-39 催化剂Salen-CuL^2-2的单晶结构

表2-16 催化剂Salen-CuL^2-2代表性的键长(Å)键角(°)数据表

Cu(1)-N(1)	1.931(2)	N(1)-Cu(1)-N(2)	84.48(8)	O(2)-Cu(1)-O(1)	88.57(8)
Cu(1)-N(2)	1.948(2)	N(1)-Cu(1)-O(1)	93.51(8)	O(2)-Cu(1)-N(2)	93.99(8)
Cu(1)-O(1)	1.874(18)	N(1)-Cu(1)-O(2)	175.32(9)	N(2)-Cu(1)-O(1)	172.42(9)
Cu(1)-O(2)	1.892(17)				

催化剂 Salen-CuL^2-4 的单晶结构如图 2-40 所示，部分键长及主要键角数据见表 2-17。

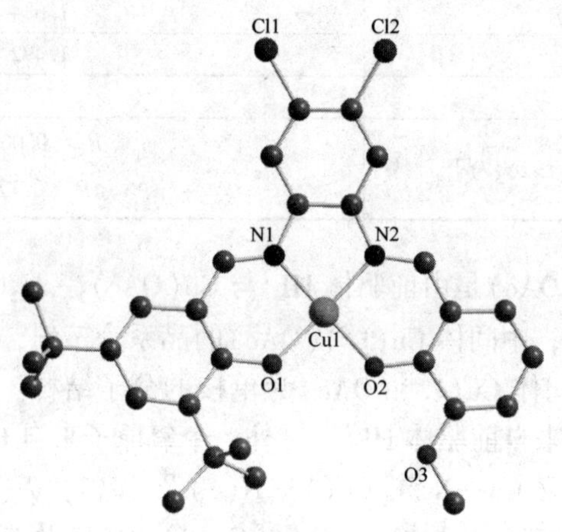

图 2-40　催化剂 Salen-CuL^2-4 的单晶结构

表 2-17　催化剂 Salen-CuL^2-4 代表性的键长(Å)键角(°)数据表

Cu(1)-N(1)	1.939(2)	N(1)-Cu(1)-N(2)	84.10(10)	O(2)-Cu(1)-O(1)	89.07(9)
Cu(1)-N(2)	1.946(2)	N(1)-Cu(1)-O(1)	93.92(10)	O(2)-Cu(1)-N(2)	93.98(10)
Cu(1)-O(1)	1.882(2)	N(1)-Cu(1)-O(2)	172.70(10)	N(2)-Cu(1)-O(1)	170.77(10)
Cu(1)-O(2)	1.891(2)				

催化剂 Salen-CuL^2-5 的单晶结构如图 2-41 所示，部分键长及主要键角数据见表 2-18。

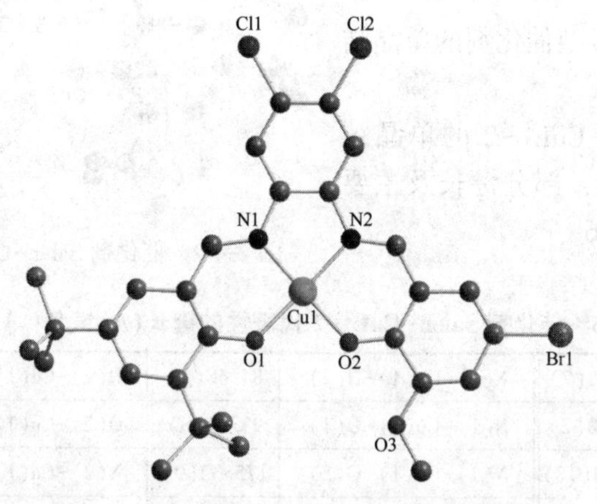

图 2-41　催化剂 Salen-CuL^2-5 的单晶结构

表 2-18　催化剂 Salen-CuL²-5 代表性的键长(Å)键角(°)数据表

Cu(1)-N(1)	1.908(3)	N(1)-Cu(1)-N(2)	84.70(14)	O(2)-Cu(1)-O(1)	88.19(12)
Cu(1)-N(2)	1.939(3)	N(1)-Cu(1)-O(1)	93.71(13)	O(2)-Cu(1)-N(2)	93.65(14)
Cu(1)-O(1)	1.864(3)	N(1)-Cu(1)-O(2)	176.42(14)	N(2)-Cu(1)-O(1)	175.07(14)
Cu(1)-O(2)	1.877(3)				

催化剂 Salen－CuL^2－2、Salen－CuL^2－4 和 Salen－CuL^2－5 的晶体学数据见表 2-19。

表 2-19　催化剂 Salen-CuL²-2、Salen-CuL²-4 和 Salen-CuL²-5 的晶体学数据

配合物	Salen-CuL^2-2	Salen-CuL^2-4	Salen-CuL^2-5
化学式	$C_{28}H_{27}BrCl_2CuN_2O_2$	$C_{29}H_{30}Cl_2CuN_2O_3$	$C_{29}H_{29}BrCl_2CuN_2O_3$
分子量	637. 87	588. 99	667. 89
温度/K	296(2)	296(2)	296(2)
波长/ Å	0. 71073	0. 71073	0. 71073
晶系	Monoclinic	Monoclinic	Monoclinic
空间群	$P2(1)/c$	$P2(1)/c$	$P2(1)/n$
a/Å	7. 0956(10)	7. 5650(8)	6. 9854(15)
b/Å	29. 980(4)	19. 385(2)	21. 691(4)
c/Å	13. 2561(19)	19. 313(2)	19. 307(4)
α/(°)	90	90	90
β/(°)	100. 468(2)	94. 163(2)	100. 42
γ/(°)	90	90	90
体积/Å^3	2773. 0(7)	2824. 7(5)	2877. 1(10)
Z	4	4	4
ρ/(g/cm^3)	1. 528	1. 385	1. 542
μ/mm^{-1}	2. 449	0. 995	2. 367
F(000)	1292	1220	1356
最终结构偏离因子[$I>2\sigma(I)$]	R_1 = 0. 0365 wR_2 = 0. 0868	R_1 = 0. 0471 wR_2 = 0. 1066	R_1 = 0. 0460 wR_2 = 0. 0673

催化剂 Salen-CuL^2-2 是由中间体 Cu(L^2)(OAc)和 5-溴-水杨醛反应得到的 Salen 型不对称铜系配合物；催化剂 Salen-CuL^2-2 的晶系为单斜，空间群符号为 P2(1)/c；如图 2-39 所示，催化剂 Salen-CuL^2-2 为单核的分子结构：Cu^{2+}为四配位(两个 N 原子和一个氧原子来自前驱体 HL^2，另外一个氧原子来自 5-溴-水杨醛上的酚氧原子)的微变形的四方平面构型，两个稳定的六元金属螯合环

(CuOCCCN)的二面角为9.2(3)°；其中两套Cu—N键[Cu(1)-N(1)及Cu(1)-N(2)]的键长大小分别为1.931(2) Å和1.948(2) Å，两套Cu—O键[Cu(1)-O(1)及Cu(1)-O(2)]的键长大小分别为1.874(18) Å和1.892(17) Å，两套N-Cu-O[N(1)-Cu(1)-O(1)及N(2)-Cu(1)-O(2)]之间的夹角分别为93.51(8)°和93.99(8)°，N(2)-Cu(1)-O(1)之间的夹角172.42(9)°与N(1)-Cu(1)-O(2)之间的夹角175.32(9)°相差2.9°，说明N_2O_2平面有一定的空间扭曲性。

催化剂Salen-CuL^2-4是由中间体Cu(L^2)(OAc)和邻香草醛反应得到的Salen型不对称铜系配合物；催化剂Salen-CuL^2-4的晶系为单斜，空间群符号为P2(1)/c;如图2-40所示，催化剂CL-Cu-4为单核的分子结构：Cu^{2+}为四配位(两个N原子和一个氧原子来自前驱体HL^2，另外一个氧原子来自邻香草醛上的酚氧原子)的微变形的四方平面构型，两个稳定的六元金属螯合环(CuOCCCN)的二面角为11.0(2)°；其中两套Cu—N键[Cu(1)-N(1)及Cu(1)-N(2)]的键长大小分别为1.939(2) Å和1.946(2) Å，两套Cu—O键[Cu(1)-O(1)及Cu(1)-O(2)]的键长大小分别为1.882(2) Å和1.891(2) Å，两套N-Cu-O[N(1)-Cu(1)-O(1)及N(2)-Cu(1)-O(2)]之间的夹角分别为93.92(10)°和93.98(10)°，N(2)-Cu(1)-O(1)之间的夹角170.77(14)°与N(1)-Cu(1)-O(2)之间的夹角172.70(10)°相差1.93°，说明N_2O_2平面有一定的空间扭曲性。

催化剂Salen-CuL^2-5是由中间体Cu(L^2)(OAc)和5-溴-邻香草醛反应得到的Salen型不对称铜系配合物；催化剂Salen-CuL^2-5的晶系为单斜，空间群符号为P2(1)/n；如图2-41所示，催化剂Salen-CuL^2-5为单核的分子结构：Cu^{2+}为四配位(两个N原子和一个氧原子来自前驱体HL^2，另外一个氧原子来自5-溴-邻香草醛上的酚氧原子)的微变形的四方平面构型，两个稳定的六元金属螯合环(CuOCCCN)的二面角为6.4(2)°；其中两套Cu—N键[Cu(1)-N(1)及Cu(1)-N(2)]的键长大小分别为1.908(3) Å和1.939(3) Å，两套Cu—O键[Cu(1)-O(1)及Cu(1)-O(2)]的键长大小分别为1.864(3) Å和1.877(3) Å，两套N-Cu-O[N(1)-Cu(1)-O(1)及N(2)-Cu(1)-O(2)]之间的夹角分别为93.71(13)°和93.65(14)°，N(2)-Cu(1)-O(1)之间的夹角175.07(14)°与N(1)-Cu(1)-O(2)之间的夹角176.42(14)°相差1.35°，说明N_2O_2平面有一定的空间扭曲性。

对比催化剂Salen-CuL^2-4和催化剂Salen-CuL^2-5，由于邻香草醛和5-溴-邻香草醛的差异，取代基-Br的引入并未增加N_2O_2平面的空间变形性，但-Br作为吸电子基团，能够降低金属活性中心的电子云密度，且催化剂Salen-CuL^2-5的两个稳定的六元金属螯合环(CuOCCCN)的二面角6.4(2)°，比催化剂Salen-CuL^2-4的两个稳定的六元金属螯合环(CuOCCCN)的二面角11.0(2)°小，说明催化剂 Salen-CuL^2-5 的金属活性中心外露的较多，这可能是导致后续催化聚合实验中发现催化剂 Salen-CuL^2-5 的活性要高于催化剂 Salen-CuL^2-5 的活性的原因之一，也说明了催化剂的结构与其使用性能间有一定的构-效关系。

2.5.6 催化剂的 X-射线粉末衍射分析

由于晶体的 X-射线衍射图谱是对晶体微观结构精细的形象变换，每种晶体结构与其 X-射线衍射图之间有着一一对应的关系，任何一种晶态物质都有自己独特的 X-射线衍射图，而且不会因为与其他物质混合在一起而发生变化。为了进一步证实催化剂的结构，对所设计合成的已有单晶数据的中间体[$Cu(L^1)(OAc)]_2$、催化剂 Salen-CuL^1-1 及催化剂 Salen-NiL^1-1 进行了 X-射线粉末衍射测定(测量谱)，并与各催化剂的已知晶型谱图(计算谱)进行比较，如图 2-42、图 2-43 和图 2-44 所示。

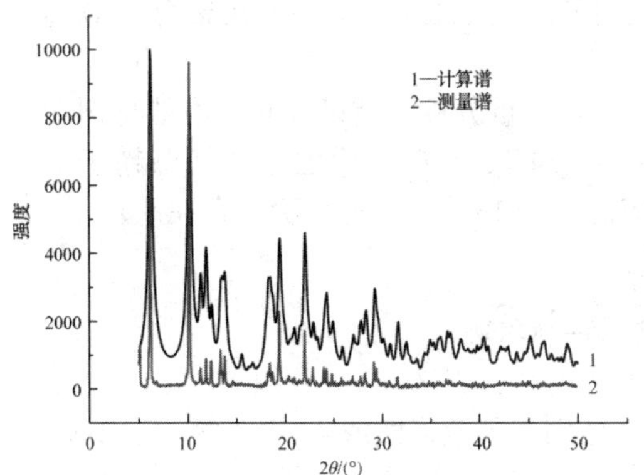

图 2-42 中间体[$Cu(L^1)(OAc)]_2$ 的 X-射线粉末衍射图

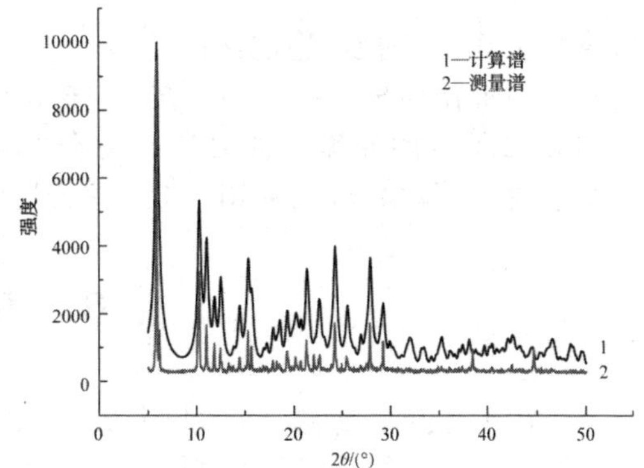

图 2-43 催化剂 Salen-CuL^1-1 的 X-射线粉末衍射图

由图 2-42、图 2-43 和图 2-44可见，各不同催化剂的 X-射线衍射图与其晶体结构模拟图出现了相对应的衍射峰，且各衍射线相对强度顺序也基本一致，说明所合成的催化剂为一纯相，纯度应大于95%。

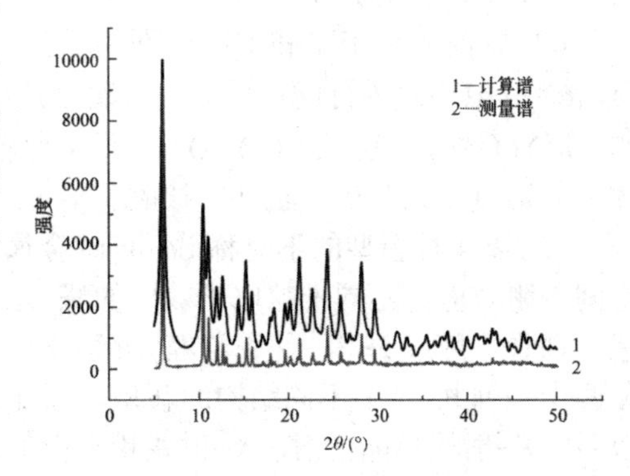

图 2-44 催化剂 Salen-NiL^1-1 的 X-射线粉末衍射图

2.5.7 催化剂的热重分析

对催化剂 Salen-NiL^1-1 在 25～600 ℃进行热重分析，结果表明，该催化剂在 350.26 ℃开始分解，到

538.85 ℃分解了 51.85%，580 ℃后催化剂状态趋于平稳，说明催化剂 Salen-NiL^1-1 在聚合反应温度(<130 ℃)下能够稳定存在(图 2-45)。

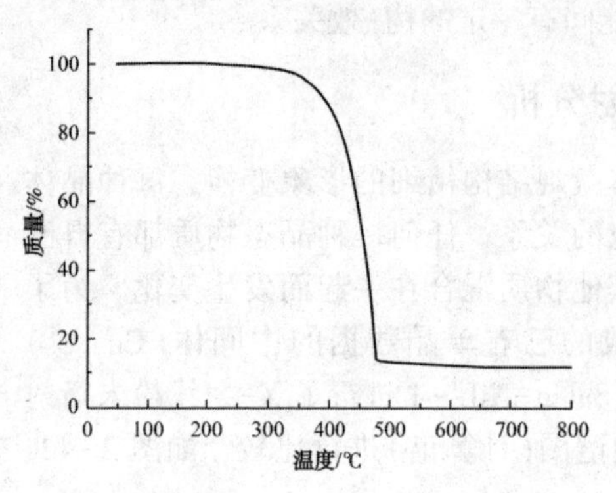

图 2-45 催化剂 Salen-NiL^1-1 的 TGA 曲线

同样，对催化剂 Salen-CuL^1-1 在 25~600 ℃进行热重分析，结果表明，该催化剂在 323.56 ℃开始分解，到 535.20 ℃分解了 61.64%，580 ℃后催化剂状态趋于平稳，说明催化剂 Salen-CuL^1-1 在聚合反应温度(<130 ℃)下能够稳定存在。

对催化剂 Salen-CuL^2-1 在 25~600 ℃进行热重分析，结果表明，该催化剂在 320.58 ℃开始分解，到 527.63 ℃分解了 62.08%，580 ℃后催化剂状态趋于平稳，说明催化剂 Salen-CuL^2-1 在聚合反应温度(<130℃)下能够稳定存在。

对催化剂 Salen-NiL^2-1 在 25~600 ℃进行热重分析，结果表明，该催化剂在 345.92 ℃开始分解，到 525.56 ℃分解了 56.34%，580 ℃后催化剂状态趋于平稳，说明催化剂 Salen-NiL^2-1 在聚合反应温度(<130℃)下能够稳定存在。

2.6 本章小结

(1)以 2-羟基-3，5 二叔丁基-苯甲醛分别与邻苯二胺或 4，5 二氯-1，2-苯二胺按照一定的反应条件进行醛胺缩合反应，合成了前驱体 HL^1 和 HL^2，产率分别为 71%和 68%，元素分析、红外、核磁、X-射线单晶衍射等现代分析测试方法表征结果说明：二胺上只有单一的-NH_2 参与了醛胺缩合反应，成功合成了不对称的 Schiff 碱前驱体；

(2)以前驱体 HL^1 和 HL^2 分别与后过渡金属化合物[$Cu(OAc)_2 \cdot H_2O$ 或 $Ni(OAc)_2 \cdot 4H_2O$]进行配位反应，首次合成了 $Ni(L^1)(OAc)$、$[Cu(L^1)(OAc)]_2$、$Ni(L^2)(OAc)$ 以及 $Cu(L^2)(OAc)$ 共 4 种新型的不对称 Schiff 碱金属配合物中间体，并通过元素分析、红外、核磁、X-射线单晶衍射等手段对其进行了表征；

(3)以 4 种新型的不对称 Schiff 碱金属配合物中间体为模板，加入具有不同空间位阻效应、不同推拉电子效应的醛(水杨醛、5-溴-水杨醛、3，5 二溴-水杨醛、邻香草醛或 5-溴-邻香草醛)继续反应，首次合成出 Salen(L^1)型和 Salen(L^2)型两个系列共 20 个不同结构的新型单核配合物催化剂，并利用元素分析、红外、核磁、X-射线单晶衍射、X-射线粉末衍射等现代分析测试方法进行了结构表征，结果表明，催化剂的金属离子通过与前驱体上的两个 N 原子和一个氧原子以及不同取代基醛上的酚氧原子配位，形成了两个稳定的六元金属螯合环(MOCCCN)，且为 Salen 型不对称双 Schiff 碱结构。

(4)催化剂的 X-射线粉末衍射结果表明，所合成的催化剂为一纯相；热重分析表明，催化剂在 300 ℃之前可稳定存在，可考虑进一步放大催化剂的生产。

(5)结合后续的聚合实验，可以看出，催化剂的结构决定了其使用性能：一般来说，催化剂结构中 N_2O_2 平面的扭曲性大，金属活性中心外露的较多，则催化活性较高。但考虑此空间效应的同时，要结合电子效应，即吸电子基团的引入有利于降低金属活性中心周围的电子云密度，从而使其催化活性增加。

参 考 文 献

[1] 游效曾，孟庆金，韩万书，等．配位化学进展[M]．北京：高等教育出版社，2000：17-23.

[2] Bedioui F. Zeolite - encapsulated and clay - intercalated metal Porphyrin phthalocya nine andSchiff-base complexes as models for biomimetic oxidation catalysts：an overview [J]. Coordination chemistry reviews, 1995, 144：38-39.

[3] Elder R C. Tridentate and unsymmetrical tetradentate schiff base ligands from salicylal -dehydes and dimericnickel(II) complexes[J] . Australian Journal of Chemistry, 1978, 31：35-45.

[4] Atkins R. , Brewer G. , Kokot G. , et al. Copper (II) and nickel(II) complexes of unsym -metrical tetradentate schiff base ligand[J]. Inorganic Chemistry, 1985, 24：127-134.

[5] Yao K M. , Zhou W. , Lu G. , et al. Synthesis mechanism and NMR spectra of lanthanide complexes with a novel unsymmetrical Schiff base [J]. Science in China (Series B), 1999, 42(2)：164-169.

[6] Tao R J. , Li F N. , Zang S Q. , et al. Syntheses crystal structures and magnetic properties of two heterometallic coordination polymers [J]. Polyhedron, 2006, 25(10)：2153-2159.

[7] Gupta K C, Sutar A K. Catalytic activities of schiff base transition metal complexes[J]. Coordination Chemistry Reviews, 2008, 252：1420-1450.

[8] Yao K M. , Li N. , Shen L F. Synthesis and catalytic activity of Ln (III) complexes with an unsymmetrical schiff base including multi -C=N- groups [J]. Science in China (Series B), 2003, 46(1)：75-83.

[9] Vigato P. A. , Tamburini S. Advances in acyclic compartmental ligands and related complexes [J]. Coordination chemistry reviews, 2008, 252：1871-1995.

[10] 王一帆．新型 α-二亚胺镍催化剂的合成及乙烯聚合催化性能的研究 [D]. 西安科技大学，2019.

[11] Muñoz-Hernúndez M. A . , Keizer T. S. , Parkin S. , et al. Group 13 Cation Formation with a Potentially Tridentate Ligand [J]. Organometallics, 2000, 19(21)：4416-4421.

[12] 赵瑶兴，孙祥玉．有机分子结构光谱鉴定．(第二版) [M]. 北京：科学出版社，2010, 118-132.

[13] 李润卿．有机结构波谱分析[M]. 天津：天津大学出版社，2002, 78-104.

[14] 朱诚身．聚合物结构分析．(第二版) [M]. 北京：科学出版社，2010：535-563.

[15] 简丽菊．含 N^O 配体的钯、镍、铜、钴配合物的合成、表征及催化降冰片烯聚合反应 [D]. 福州：福建师范大学，2018.

[16] 周世新．利用后过渡金属催化剂制备功能化聚烯烃[D]. 合肥：中国科学技术大学，2018.

[17] 胡博文．后过渡金属催化剂的合成及在烯烃聚合中的应用[D]. 天津：河北工业大学，2016.

3 不对称Salen型Ni(Ⅱ)、Cu(Ⅱ)系催化剂催化苯乙烯聚合

3.1 引言

聚苯乙烯作为一种重要的石油化工产品，是由苯乙烯单体在催化剂及助催化剂作用下聚合而得到的，广泛应用于食品包装、绝缘板等日常生活领域。20世纪初期，聚苯乙烯的潜在商业价值被美国陶氏化学公司发现，并成功进行了工业化生产。随着美国塑料工业的飞速发展，聚苯乙烯的发展也随之进入了快车道。我国的聚苯乙烯发展起步比较晚，直到改革开放，聚苯乙烯的产量及进口量才逐渐增多，目前我国已经成为聚苯乙烯的消费大国之一。

苯乙烯聚合可以采用本体聚合、乳液聚合、悬浮聚合和溶液聚合等方法实现。本体聚合是指仅在单体中加入少量或不加引发剂，但不引入其他反应介质时，单体自身发生的聚合反应。本体聚合法是最简单的聚合方法，其生产工艺简单，流程短，所需设备少；反应器有效反应容积大，生产能力强，易于连续化生产；由于反应过程中没有其他反应物介入，产物纯净，适合制造透明性好的板材和型材；工艺后处理过程简单，无须进行复杂的分离回收操作。但是，本体聚合存在放热量大、反应热排除困难、反应温度不易维持以及生成的聚合物黏稠度过大等缺陷。

乳液聚合是指在乳化剂作用下，单体和水形成乳状混合液并进行聚合反应的一种聚合物生产方法。反应体系主要由单体、水、乳化剂、引发剂和其他助剂所组成。常见的乳化剂有阴离子型、阳离子型、非离子型、两性离子型等，单体主要为乙烯基或二烯烃单体烯烃类及其衍生物。乳液聚合具有一些显著的优点：以水作分散介质，价廉安全，比热容较高，乳液黏度低，有利于搅拌传热和管道输送，便于连续操作；聚合速率快，产物分子量高，可在较低的温度下聚合；不使用有机溶剂，干燥过程中不易发生火灾，无毒且对环境友好。但是，该聚合方法中有时需经破乳、洗涤、脱水、干燥等工序，造成生产成本较高；产品中有残留乳化剂，难以完全除尽；有损电性能、透明度和耐水性能等明显缺陷。

悬浮聚合是在强烈机械搅拌及分散剂的作用下将单体分散并悬浮于水相当中，同时经引发剂引发后发生聚合反应的方法。在悬浮聚合体系中，一般以单体作为分散相，水作为为连续相，同时为防止黏结，水相中必须添加分散剂。悬浮聚合的优点有：以水为分散介质，价廉，不需要回收，安全易分离；悬浮聚合体系黏度低，温度易控制，产品质量稳定；由于没有向溶剂的链转移反应，其产物相对分子质量一般比溶液聚合物高；与乳液聚合相比，悬浮聚合物上吸附的分散剂量少，有些还容易脱除，产物杂质比较少；颗粒形态较大，可以制成不同粒径的颗粒粒子。然而，悬浮聚合法受限于自身性质，目前在工业上仍采用间歇法生产，尚未开发出连续化工艺；而且该方法在生产过程中产生的反应热不易排出，易引起生产事故。这在一定程度上限制了悬浮聚合法的实际应用。

溶液聚合是将单体和引发剂同时溶于适当溶剂(水或有机溶剂)中，并发生聚合反应的方法。溶液聚合法也具有一些显著的优点和自身缺陷。以溶液聚合法来生产聚合物时，溶剂可作为传热介质导出反应体系的热能，反应温度容易控制；反应体系黏度较低，凝胶效应被有效减少，避免局部过热现象的产生；更令人欣喜的是，聚合产物的相对分子质量及分布易控易调。但是，该方法中单体浓度较低，聚合速率较慢，设备生产能力和利用率比较弱；由于单体浓度低和向溶剂链转移的结果，导致聚合物分子量较低；反应过程中有机溶剂的加入不但增加生产成本，还对环境造成污染，并增大了去除聚合物中残留溶剂的难度。

随着聚苯乙烯发展的日渐成熟，目前有关苯乙烯聚合机理的研究报道有很多，其中比较成熟的聚合方式有阳离子聚合、阴离子聚合、自由基聚合以及配位聚合。研究发现，后过渡金属配合物与偶氮二异丁腈(AIBN)、甲基铝氧烷(MAO)等助催化剂组成的催化体系，催化苯乙烯聚合可以得到相对分子质量不同、立体结构[如：无规立构聚苯乙烯(aPS)、间规立构聚苯乙烯(sPS)、等规立构聚苯乙烯(iPS)]及立构规整度各异的聚苯乙烯材料，从而宏观表现出不同的物理特性。国内科研人员对苯乙烯聚合的研究热情也日渐高涨，研究更高效且具有选择性的后过渡金属催化剂也成了目前催化聚合研究的热点。

基于后过渡金属的催化剂催化苯乙烯一般得到的是无规聚苯乙烯，但可以富含不同量的间规或等规结构，以改善其应用性能。第一种富含等规(等规度达90%)的苯乙烯的低聚物是通过阳离子反应机理，用阳离子 η^{3-}苄基 Ni^{2+} 催化聚合得到的。苯氨基亚胺镍配合物/ MAO 体系可得到无规立构聚苯乙烯，并提出了配位插入机理。这些富含不同量的间规或等规结构的无规聚苯乙烯可以从催化剂的设计、催化体系的选择以及聚合条件等的控制方面得以实现。

不对称 Salen 型 Ni(Ⅱ)、Cu(Ⅱ)系催化剂作为一类结构比较新颖的后过渡金属催化剂，目前已被广泛应用于医药催化研究、催化氧化机理研究、催化聚合研究等诸多方面。本章利用设计合成的20种不对称Salen型Ni(Ⅱ)、Cu(Ⅱ)系催化剂，与传统的自由基引发剂偶氮二异丁腈(AIBN)或甲基铝氧烷(MAO)组成催化体系，利用溶液聚合的方法，研究了作为催化非极性单体苯乙烯聚合的催化剂的性能。研究的基本内容为：首先，利用前述设计、合成的两类共20种结构新颖的不对称Salen型Ni(Ⅱ)、Cu(Ⅱ)系催化剂，与引发剂偶氮二异丁腈(AIBN)组成催化体系，引发非极性单体苯乙烯的聚合反应。在相同聚合工艺条件下，筛选出活性最高的催化剂；其次，考察聚合工艺条件对催化活性、聚合物相对分子质量及其分布等的影响规律，并优化聚合工艺条件；最后，探讨催化剂结构对聚苯乙烯分子微观结构的影响。其中，由于一个催化体系的催化性能取决于多种因素，如中心金属原子周围的电子云密度、中心金属原子周围的空间位阻、与中心金属配位的前驱体几何构型的刚柔性、聚合工艺条件等，本章主要考察了以下影响因素：①催化剂的结构；②单体与催化剂的比例；③聚合反应温度；④聚合反应时间；⑤助催化剂与催化剂的比例等。通过这些影响因素对催化剂的活性、聚合物相对分子质量及其分布、聚合物立构规整度等的影响规律，力图寻找催化剂的结构与其催化性能间的关系，实现对聚合物分子结构的“剪裁”，以获得具有不同应用性能的聚苯乙烯。优化的聚苯乙烯工艺条件，为催化剂的进一步应用奠定基础。

3.2 主要原材料及仪器

苯乙烯聚合所需主要原材料及仪器，见表3-1。

表3-1 主要原材料及仪器

名称	含量	规格
苯乙烯	≥98.0%	AR
二甲苯	≥99.5%	AR
甲苯	≥99.5%	AR
偶氮二异丁腈(AIBN)	≥99.5%	AR
甲基铝氧烷(MAO)	≥99.5	
工业酒精	≥95%	工业级
DF-101S型油浴锅	—	—
YHG-9245A恒温干燥箱	—	—
TZK-6050A型控温真空干燥箱	—	—
SHB-ⅢA型循环水式多用真空泵	—	—
傅立叶变换红外光谱仪	—	—
核磁共振仪	—	—
凝胶渗透色谱(GPC)	—	—

3.2.1 试剂及单体的精制

(1) 溶剂的精制

将300 mL左右的溶剂(如甲苯、二甲苯)加入容量为500 mL的圆底烧瓶中，再加入钠丝、沸石和适量氢化钙，加热回流24 h，进行常压蒸馏。已精制的溶剂避光、密封保存。

(2)偶氮二异丁腈(AIBN)的精制

将一定量的引发剂偶氮二异丁腈(AIBN)加入沸腾的无水乙醇溶液中，待其充分溶解后趁热过滤，并将滤液在室温下冷却，随后进行抽滤，得到白色晶体。自然干燥24 h后再置于真空干燥箱中干燥。精制后的偶氮二异丁腈(AIBN)密封，放在棕色瓶中低温保存备用。

(3)苯乙烯(St)单体的精制

将需要精制的苯乙烯单体加入装有磁子、沸石以及少量CaH_2的圆底烧瓶中，常温常压下搅拌24 h。随后进行减压蒸馏，除去单体中的阻聚剂，馏出物中加入5A分子筛，在高纯氮的保护下密封后放入冰箱中保存，以免自聚。

3.2.2 聚合方法

对于非极性单体苯乙烯，一般可以采用本体法、溶液法、乳液法、悬浮法等进行聚合。本章采用混合和传热容易、温度易控制、可避免局部过热的溶液聚合法对苯乙烯进行均聚，且聚合反应是在无水、无氧的条件下进行的，具体实施步骤如下：

50 mL的两口聚合瓶，经加热真空烘烤，加入适量的油溶性自由基引发剂(AIBN)、催化剂，在Schlenk装置上用高纯氮气置换空气三次，加入已精制的单体(St)和溶剂(如甲苯、二甲苯)。然后，将密封好的聚合瓶放入已设定温度的油浴中进行聚合反应，达到要求的反应时间后，将聚合瓶移出油浴，加入5%的盐酸-乙醇溶液将反应终止，并倒入一定量的工业酒精中沉淀，24 h后过滤得到粗产品，所得聚合物用无水乙醇多次洗涤后，于真空干燥器中40 ℃干燥至恒重，称重并计算产率和催化剂活性。其中，催化剂的活性(简称催化活性)常用时-空产率，即在一定的反应条件下，单位体积或单位质量的催化剂在单位时间生成产物的量来表示，即：催化活性=产物总质量(g) / [主催化剂中金属的物质的量(mol) × 反应时间(h)]。苯乙烯均聚反应示意图如图3-1所示。

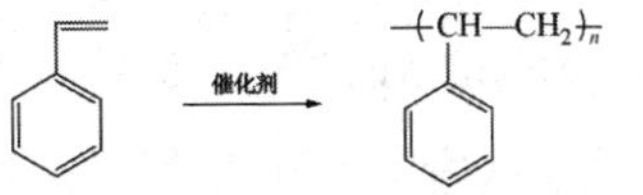

图3-1　苯乙烯均聚反应

3.2.3 聚合物的结构表征

(1)聚合物的红外光谱(FT-IR)

聚合物的红外光谱采用 Thermo Electron Corporation 生产的傅立叶变换红外光谱仪(NICOLET 5700 型)对聚合物的特征官能团进行分析。所有样品均采用“KBr 压片法”，波数范围：400~4000 cm^{-1}。

(2)聚合物的核磁共振氢谱(^1H NMR)

聚合物的^1H NMR 采用美国 Varian 公司 INVOA-400 MHZ 核磁共振仪测定，对该化合物的分子结构进行表征，TMS 作内标，$CDCl_3$作为溶剂。

(3)聚合物的热分析(TGA)

利用美国 TA 公司生产的差示扫描量热测定仪(SDTQ600)，针对目标产物的热性能进行系统测试，其扫描条件为：在氮气气氛下，20 ℃/min 的升温速率。

(4)聚合物的相对分子质量(M_n、M_w)及相对分子质量分布指数(Polydispersity index，*PDI*)

配置样品浓度为 1.5 mg/mL，利用 Waters 公司 1515 型凝胶渗透色谱仪(Gel Permeation Chromatography，GPC)测定聚合物的相对分子质量(M_n、M_w)及其分布(*PDI*)，利用聚苯乙烯溶液进行仪器矫正，设定温度为 40 ℃，THF 为溶剂，控制流速为 1.00 mL/min。

3.3 Salen 型 Ni(Ⅱ)、Cu(Ⅱ)催化剂/AIBN 催化苯乙烯(St)聚合方案

3.3.1 Salen(L^1)型 Ni(Ⅱ)系催化剂/AIBN 对苯乙烯(St)聚合反应的影响

Salen(L^1)型 Ni(Ⅱ)系催化剂包括：Salen-NiL^1-水杨醛(Salen-NiL^1-1)、Salen- NiL^1-5-溴-水杨醛(Salen-NiL^1-2)、Salen- NiL^1-3，5 二溴-水杨醛(Salen-NiL^1-3)、Salen- NiL^1-邻香草醛(Salen-NiL^1-4)或 Salen NiL^1-5-溴-邻香草醛(Salen-NiL^1-5)。其结构如图 3-2 所示。

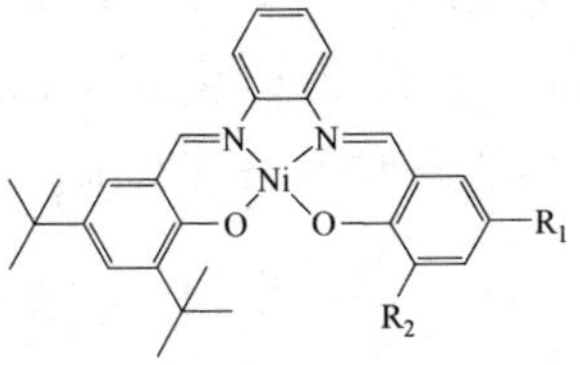

R_1=H，R_2=H 时，为 Salen-NiL[1]-水杨醛，简为 Salen-NiL[1]-1；

R_1=Br，R_2=H 时，为 Salen- NiL[1]-5-溴-水杨醛，简为 Salen-NiL[1]-2；

R_1=Br，R_2=Br 时，为 Salen- NiL[1]-3，5 二溴-水杨醛，简为 Salen- NiL[1]-3；

R_1=H，R_2=OCH_3 时，为 Salen- NiL[1]-邻香草醛，简为 Salen- NiL[1]-4；

R_1=Br，R_2=OCH_3 时，为 Salen- NiL[1]-5-溴-邻香草醛，简为 Salen- NiL[1]-5

图 3-2　Salen(L[1])型 Ni(II)系催化剂结构示意图

由图 3-2 可知，吸电子基团-Br 或推电子基团-OCH_3的存在，使得催化剂具有不同的空间效应和电子效应，其金属活性中心周围的电子云密度会减小或增大，从而影响该催化剂的活性、聚合物的相对分子质量及其分布、聚合物的立构规整性等。

本章以结构不同的 Salen-NiL[1]-水杨醛(Salen-NiL[1]-1)、Salen- NiL[1]-5-溴-水杨醛(Salen- NiL[1]-2)、Salen- NiL[1]-3，5 二溴-水杨醛(Salen- NiL[1]-3)、Salen- NiL[1]-邻香草醛(Salen- NiL[1]-4)或 Salen NiL[1]-5-溴-邻香草醛(Salen-NiL[1]-5)为主催化剂，偶氮二异丁腈(AIBN)为助催化剂组成催化体系，在其他工艺条件一定的情况下，考察不同结构的催化剂对活性、聚合物的数均相对分子质量(M_n)、重均相对分子质量(M_w)以及相对分子质量分布指数(PDI)的影响。实验方案见表 3-2。

表 3-2　Salen(L[1])型 Ni(Ⅱ)系催化剂催化苯乙烯聚合方案

催化剂	助催化剂	t/h	T/℃	n(Co.)：n(Cat.)[a]	n(M)：n(C)[b]
Salen-NiL[1]-1	AIBN	6	110	1：3	2000：1
Salen-NiL[1]-2	AIBN	6	110	1：3	2000：1
Salen-NiL[1]-3	AIBN	6	110	1：3	2000：1
Salen-NiL[1]-4	AIBN	6	110	1：3	2000：1
Salen-NiL[1]-5	AIBN	6	110	1：3	2000：1

注：[a] n(Co.)：n(Cat.)助催化剂与催化剂的摩尔比；[b] n(M)：n(C)单体与催化剂的摩尔比。

3.3.2　Salen(L[1])型 Cu(Ⅱ)系催化剂/AIBN 对苯乙烯(St)聚合反应的影响

Salen(L[1])型 Cu(Ⅱ)系催化剂包括：Salen-CuL[1]-水杨醛(Salen-CuL[1]-1)、

Salen- CuL^1-5-溴-水杨醛(Salen- CuL^1-2)、Salen- CuL^1-3，5 二溴-水杨醛(Salen- CuL^1-3)、Salen- CuL^1-邻香草醛(Salen- CuL^1-4)或 Salen CuL^1-5-溴-邻香草醛(Salen- CuL^1-5)。其结构如图 3-3 所示。

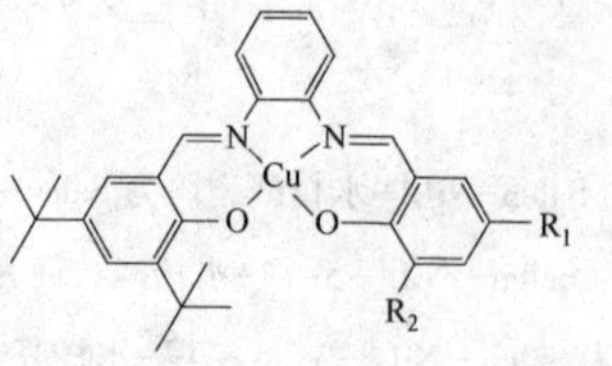

R_1=H，R_2=H 时，为 Salen-CuL^1-水杨醛，简为 Salen-CuL^1-1；

R_1=Br，R_2=H 时，为 Salen- CuL^1-5-溴-水杨醛，简为 Salen-CuL^1-2；

R_1=Br，R_2=Br 时，为 Salen- CuL^1-3，5 二溴-水杨醛，简为 Salen- CuL^1-3；

R_1=H，R_2=OCH_3 时，为 Salen-CuL^1-邻香草醛，简为 Salen- CuL^1-4；

R_1=Br，R_2=OCH_3 时，为 Salen-CuL^1-5-溴-邻香草醛，简为 Salen-CuL^1-5

图 3-3　Salen(L^1)型 Cu (Ⅱ)系催化剂结构示意图

由图 3-3 可知，吸电子基团-Br 或推电子基团-OCH_3的存在，使得催化剂具有不同的空间效应和电子效应，其金属活性中心周围的电子云密度会减小或增大，从而影响该催化剂的活性、聚合物的相对分子质量及其分布、聚合物的立构规整性等。

本章以结构不同的 Salen-CuL^1-水杨醛(Salen-CuL^1-1)、Salen-CuL^1-5-溴-水杨醛(Salen-CuL^1-2)、Salen-CuL^1-3，5 二溴-水杨醛(Salen-CuL^1-3)、Salen-CuL^1-邻香草醛(Salen-CuL^1-4)或 Salen-CuL^1-5-溴-邻香草醛(Salen-CuL^1-5)为主催化剂，偶氮二异丁腈(AIBN)为助催化剂组成催化体系，在其他工艺条件一定的情况下，考察不同结构的催化剂对活性、聚合物的数均相对分子质量(M_n)、重均相对分子质量(M_w)以及相对分子质量分布指数(PDI)的影响。具体实验方案见表 3-3。

表 3-3　Salen(L^1)型 Cu(Ⅱ)系催化剂催化苯乙烯聚合方案

催化剂	助催化剂	t/h	T/℃	n(Co.)：n(Cat.)[a]	n(M)：n(C)[b]
Salen-CuL^1-1	AIBN	6	110	1：3	2000：1
Salen-CuL^1-2	AIBN	6	110	1：3	2000：1
Salen-CuL^1-3	AIBN	6	110	1：3	2000：1
Salen-CuL^1-4	AIBN	6	110	1：3	2000：1
Salen-CuL^1-5	AIBN	6	110	1：3	2000：1

注：[a] n(Co.)：n(Cat.) 助催化剂与催化剂的摩尔比；[b] n(M)：n(C) 单体与催化剂的摩尔比。

3.3.3 Salen(L^2)型 Ni(Ⅱ)系催化剂/AIBN 对苯乙烯(St)聚合反应的影响

Salen(L^2)型 Ni(Ⅱ)系催化剂包括：Salen-NiL^2-水杨醛(Salen-NiL^2-1)、Salen-NiL^2-5-溴-水杨醛(Salen-NiL^2-2)、Salen-NiL^2-3，5 二溴-水杨醛(Salen-NiL^2-3)、Salen-CuL^2-邻香草醛(Salen-NiL^2-4)或 Salen-NiL^2-5-溴-邻香草醛(Salen-NiL^2-5)。其结构如图 3-4 所示。

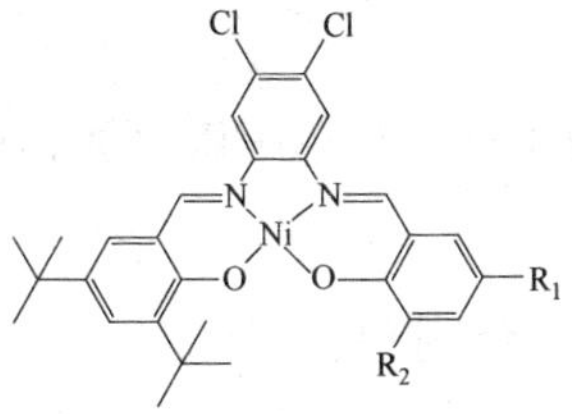

R_1=H，R_2=H 时，为 Salen-NiL^2-水杨醛，简为 Salen-NiL^2-1；

R_1=Br，R_2=H 时，为 Salen- NiL^2-5-溴-水杨醛，简为 Salen-NiL^2-2；

R_1=Br，R_2=Br 时，为 Salen- NiL^2-3，5 二溴-水杨醛，简为 Salen- NiL^2-3；

R_1=H，R_2=OCH_3 时，为 Salen- NiL^2-邻香草醛，简为 Salen- NiL^2-4；

R_1=Br，R_2=OCH_3 时，为 Salen- NiL^2-5-溴-邻香草醛，简为 Salen- NiL^2-5

图 3-4　Salen(L^2)型 Ni(Ⅱ)系催化剂结构示意图

由图 3-4 可知，与前驱体 HL^1相比较，前驱体 HL^2的二胺上多了两个吸电子基团-Cl，再考虑到结构式中 R_1、R_2吸电子基团或推电子基团的存在，使得 Salen(L^2)型 Ni(Ⅱ)系催化剂具有不同的空间效应和电子效应，其金属活性中心周围的电子云密度会减小或增大，从而影响该催化剂的活性、聚合物的相对分子质量及其分布、聚合物的立构规整性等。

本章以结构不同的 Salen-NiL^2-水杨醛(Salen-NiL^2-1)、Salen-NiL^2-5-溴-水杨醛(Salen-NiL^2-2)、Salen-NiL^2-3，5 二溴-水杨醛(Salen-NiL^2-3)、Salen-CuL^2-邻香草醛(Salen-NiL^2-4)或 Salen-NiL^2-5-溴-邻香草醛(Salen-NiL^2-5)为主催化剂，与偶氮二异丁腈(AIBN)助催化剂组成催化体系，在其他工艺条件一定的情况下，考察不同结构的催化剂其活性、聚合物的数均相对分子质量(M_n)、重均相对分子质量(M_w)以及相对分子质量分布指数(PDI)的影响。具体实验方案见表 3-4。

表 3-4　Salen(L^2)型 Ni(Ⅱ)系催化剂催化苯乙烯聚合方案

催化剂	助催化剂	*t* (h)	*T* (℃)	*n* (Co.) : *n* (Cat.) [a]	*n* (M) : *n* (C) [b]
Salen-NiL^2-1	AIBN	6	110	1 : 3	2000 : 1
Salen-NiL^2-2	AIBN	6	110	1 : 3	2000 : 1
Salen-NiL^2-3	AIBN	6	110	1 : 3	2000 : 1
Salen-NiL^2-4	AIBN	6	110	1 : 3	2000 : 1
Salen-NiL^2-5	AIBN	6	110	1 : 3	2000 : 1

注：[a] *n* (Co.) : *n* (Cat.) 助催化剂与催化剂的摩尔比；[b] *n* (M) : *n* (C) 单体与催化剂的摩尔比。

3.3.4　Salen(L^2)型 Cu(Ⅱ)系催化剂/AIBN 对苯乙烯(St)聚合反应的影响

Salen(L^2)型 Cu(Ⅱ)系催化剂包括：Salen-CuL^2-水杨醛(Salen-CuL^2-1)、Salen-CuL^2-5-溴-水杨醛(Salen-CuL^2-2)、Salen-CuL^2-3，5 二溴-水杨醛(Salen-CuL^2-3)、Salen-CuL^2-邻香草醛(Salen-CuL^2-4)或 Salen-CuL^2-5-溴-邻香草醛(Salen-CuL^2-5)。其结构如图 3-5 所示。

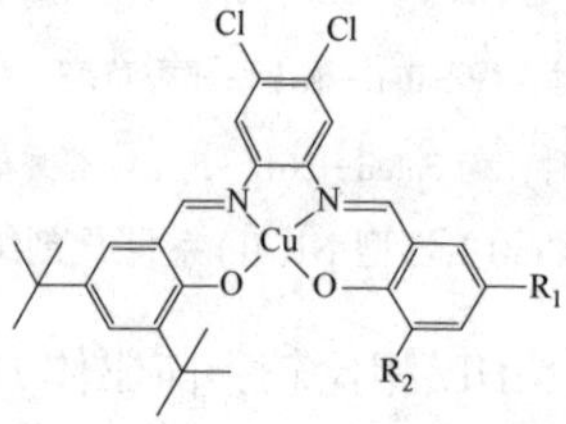

R_1=H，R_2=H 时，为 Salen-CuL^2-水杨醛，简为 Salen-CuL^2-1；

R_1=Br，R_2= H 时，为 Salen- CuL^2-5-溴-水杨醛，简为 Salen-CuL^2-2；

R_1=Br，R_2=Br 时，为 Salen- CuL^2-3，5 二溴-水杨醛，简为 Salen- CuL^2-3；

R_1=H，R_2=OCH_3 时，为 Salen-CuL^2-邻香草醛，简为 Salen- CuL^2-4；

R_1=Br，R_2=OCH_3 时，为 Salen-CuL^2-5-溴-邻香草醛，简为 Salen-CuL^2-5

图 3-5　Salen(L^2)型 Cu (Ⅱ)系催化剂结构示意图

由图 3-5 可知，与前驱体 HL^1 相比较，前驱体 HL^2 的二胺上多了两个吸电子基团-Cl，再考虑到结构式中 R_1、R_2 吸电子基团或推电子基团的存在，使得 Salen(L^2)型 Cu(Ⅱ)系催化剂具有不同的空间效应和电子效应，其金属活性中心周围的电子云密度会减小或增大，从而影响该催化剂的活性、聚合物的相对分子质量及其分布、聚合物的立构规整性等。

以结构不同的 Salen-CuL^2-水杨醛(Salen-CuL^2-1)、Salen-CuL^2-5-溴-水杨醛(Salen-CuL^2-2)、Salen-CuL^2-3，5 二溴-水杨醛(Salen-CuL^2-3)、Salen-

CuL^2-邻香草醛(Salen-CuL^2-4)或 Salen-CuL^2-5-溴-邻香草醛(Salen-CuL^2-5)为主催化剂，与偶氮二异丁腈(AIBN)助催化剂组成催化体系，在其他工艺条件一定的情况下，考察不同结构的催化剂对活性、聚合物的数均相对分子质量(M_n)、重均相对分子质量(M_w)以及相对分子质量分布指数(*PDI*)的影响。实验方案见表 3-5。

表 3-5　Salen(L^2)型 Cu(Ⅱ)系催化剂催化苯乙烯聚合方案

催化剂	助催化剂	t/h	T/℃	n(Co.)：n(Cat.)[a]	n(M)：n(C)[b]
Salen-CuL^2-1	AIBN	6	110	1：3	2000：1
Salen-CuL^2-2	AIBN	6	110	1：3	2000：1
Salen-CuL^2-3	AIBN	6	110	1：3	2000：1
Salen-CuL^2-4	AIBN	6	110	1：3	2000：1
Salen-CuL^2-5	AIBN	6	110	1：3	2000：1

注：[a] n(Co.)：n(Cat.)助催化剂与催化剂的摩尔比；[b] n(M)：n(C)单体与催化剂的摩尔比。

3.3.5　单体与催化剂比例对苯乙烯(St)聚合反应的影响

催化剂的活性、聚合物的相对分子质量(M_n、M_w)及其分布(*PDI*)不仅取决于催化剂本身的结构，而且与单体与催化剂的比例、聚合反应温度、聚合反应时间、助催化剂与催化剂的比例等工艺条件密切相关。因此，对每一种催化剂，都应考察以上因素对其催化性能的影响，以便对其更好地利用。鉴于实验成本及时间，我们筛选出同一实验条件下活性较高的催化剂(如 Salen-NiL^2-5)进行工艺条件的优化。在其他条件不变的情况下，改变单体与催化剂的比例，即 n(M)：n(C)分别为 1200：1、1600：1、2000：1、2400：1 以及 2800：1，考察单体与催化剂比例对 St 聚合反应的影响。实验方案见表 3-6。

表 3-6　单体与催化剂的比例对苯乙烯聚合的影响

催化剂	助催化剂	t/h	T/℃	n(Co.)：n(Cat.)[a]	n(M)：n(C)[b]
Salen-NiL^2-5	AIBN	6	110	1：3	1200：1
Salen-NiL^2-5	AIBN	6	110	1：3	1600：1
Salen-NiL^2-5	AIBN	6	110	1：3	2000：1
Salen-NiL^2-5	AIBN	6	110	1：3	2400：1
Salen-NiL^2-5	AIBN	6	110	1：3	2800：1

注：[a] n(Co.)：n(Cat.)助催化剂与催化剂的摩尔比；[b] n(M)：n(C)单体与催化剂的摩尔比。

3.3.6 反应温度对苯乙烯(St)聚合反应的影响

对于选定的催化剂 Salen-NiL^2-5，在其他条件不变的情况下，改变反应温度，即 90 ℃、100 ℃、110 ℃、120 ℃以及 130 ℃，考察反应温度对 St 聚合反应的影响。实验方案见表 3-7。

表 3-7 反应温度对苯乙烯聚合的影响

催化剂	助催化剂	t/h	T/℃	n（Co.）：n（Cat.）[a]	n（M）：n（C）[b]
Salen-NiL^2-5	AIBN	6	90	1：3	2000：1
Salen-NiL^2-5	AIBN	6	100	1：3	2000：1
Salen-NiL^2-5	AIBN	6	110	1：3	2000：1
Salen-NiL^2-5	AIBN	6	120	1：3	2000：1
Salen-NiL^2-5	AIBN	6	130	1：3	2000：1

注：[a] n（Co.）：n（Cat.）助催化剂与催化剂的摩尔比；[b] n（M）：n（C）单体与催化剂的摩尔比。

3.3.7 反应时间对苯乙烯(St)聚合反应的影响

对于选定的催化剂 Salen-NiL^2-5，在其他条件不变的情况下，改变反应时间，即 2 h、4 h、6 h、8 h、10 h，考察反应时间对 St 聚合反应的影响。实验方案见表 3-8。

表 3-8 反应时间对苯乙烯聚合的影响

催化剂	助催化剂	t/h	T/℃	n（Co.）：n（Cat.）[a]	n（M）：n（C）[b]
Salen-NiL^2-5	AIBN	2	100	1：3	2000：1
Salen-NiL^2-5	AIBN	4	100	1：3	2000：1
Salen-NiL^2-5	AIBN	6	100	1：3	2000：1
Salen-NiL^2-5	AIBN	8	100	1：3	2000：1
Salen-NiL^2-5	AIBN	10	100	1：3	2000：1

注：[a] n（Co.）：n（Cat.）助催化剂与催化剂的摩尔比；[b] n（M）：n（C）单体与催化剂的摩尔比。

3.3.8 助催化剂与催化剂的比例对苯乙烯(St)聚合反应的影响

对于催化剂 Salen-NiL^2-5，在其他条件不变的情况下，改变助催化剂与催化剂的比例，即 n（Co.）：n（Cat.）分别为 1：4、1：3、1：2、1：1，考察助催化剂与催化剂的比例对 St 聚合反应的影响。具体方案见表 3-9。

表 3-9　助催化剂与催化剂的比例对苯乙烯聚合的影响

催化剂	助催化剂	t/h	T/℃	n (Co.) : n (Cat.)[a]	n (M) : n (C)[b]
Salen-NiL²-5	AIBN	6	100	1 : 4	2000 : 1
Salen-NiL²-5	AIBN	6	100	1 : 3	2000 : 1
Salen-NiL²-5	AIBN	6	100	1 : 2	2000 : 1
Salen-NiL²-5	AIBN	6	100	1 : 1	2000 : 1

注：[a] n (Co.) : n (Cat.) 助催化剂与催化剂的摩尔比；[b] n (M) : n (C) 单体与催化剂的摩尔比。

3.4　Salen 型 Ni(Ⅱ)、Cu(Ⅱ)催化剂/AIBN 催化苯乙烯(St)聚合结果与讨论

3.4.1　Salen(L^1)型 Ni(Ⅱ)系催化剂对苯乙烯(St)聚合反应的影响

设计合成的 5 种 Salen(L^1)型 Ni(Ⅱ)系催化剂是由前驱体 HL^1在 $Ni(OAc)_2 \cdot 4H_2O$ 的存在下，分别与水杨醛、5-溴-水杨醛、3，5 二溴-水杨醛、邻香草醛或 5-溴-邻香草醛反应得到的，即 Salen-NiL^1-水杨醛(Salen-NiL^1-1)、Salen-NiL^1-5-溴-水杨醛(Salen-NiL^1-2)、Salen-NiL^1-3，5 二溴-水杨醛(Salen-NiL^1-3)、Salen-NiL^1-邻香草醛(Salen-NiL^1-4)或 Salen NiL^1-5-溴-邻香草醛(Salen-NiL^1-5)。由于这 5 种 Salen(L^1)型 Ni(Ⅱ)系催化剂的空间扭曲变形程度不同，且结构中含有的吸电子或推电子基团也不同，必然会影响活性中心 Ni^{2+}周围的电子云密度，从而影响该催化剂的使用性能。因此，将这 5 种 Salen(L^1)型 Ni(II)催化剂与传统的自由基引发剂偶氮二异丁腈(AIBN)组成催化体系，在二甲苯溶剂中，固定其他工艺条件，研究了空间效应、电子效应不同的催化剂对活性、聚苯乙烯的相对分子质量及其分布的影响。结果见表 3-10。

表 3-10　Salen(L^1)型 Ni(Ⅱ)系催化剂催化苯乙烯聚合

催化剂	t/h	T/℃	n (Co.) : n (Cat.)[a]	n (M) : n (C)[b]	活性/[10^3g/(mol·h)]	M_n[c]/10^3	PDI[d]
Salen-NiL¹-1	6	110	1 : 3	2000 : 1	4.975	8.318	2.53
Salen-NiL¹-2	6	110	1 : 3	2000 : 1	5.789	18.351	3.73
Salen-NiL¹-3	6	110	1 : 3	2000 : 1	7.747	72.324	2.91
Salen-NiL¹-4	6	110	1 : 3	2000 : 1	3.172	20.119	3.90
Salen-NiL¹-5	6	110	1 : 3	2000 : 1	9.897	33.631	5.01

注：[a] n (Co.) : n (Cat.) 助催化剂与催化剂的摩尔比；[b] n (M) : n (C) 单体与催化剂的摩尔比；[c] M_n—聚合物的数均相对分子质量；[d] $PDI=(M_w/M_n)$ 相对分子质量分布指数。

由表3-10知，对于Salen(L^1)型Ni(Ⅱ)系催化剂Salen-NiL^1-1~ Salen-NiL^1-5，与AIBN组成催化体系，在二甲苯溶剂中，单体与催化剂的比例为2000∶1、聚合反应温度为110 ℃、聚合反应时间为6 h、助催化剂与催化剂的比例为1∶3的条件下，均能催化苯乙烯的聚合反应。分析如下：

(1) 催化剂Salen-NiL^1-1~ Salen-NiL^1-5的催化活性在$3.172 \times 10^3 \sim 9.897 \times 10^3$ g/(mol·h)之间，其催化活性的顺序为：Salen-NiL^1-5 > Salen-NiL^1-3 > Salen-NiL^1-2 > Salen-NiL^1-1 > Salen-NiL^1-4；所得聚苯乙烯的数均相对分子质量M_n在$8.318 \times 10^3 \sim 72.324 \times 10^3$之间；所得聚苯乙烯的相对分子质量分布指数*PDI*在2.53~5.01之间。说明设计合成的Salen(L^1)型Ni(Ⅱ)系催化剂Salen-NiL^1-1~ Salen-NiL^1-5与AIBN组成催化体系，在催化苯乙烯聚合时具有中等活性，所得聚苯乙烯的数均相对分子质量M_n在$10^3 \sim 10^4$数量级之间，相对分子质量分布指数*PDI*在3左右，反应有一定的可控性。

(2)催化剂Salen-NiL^1-1、Salen-NiL^1-2、Salen-NiL^1-3的活性依次增大[由4.975×10^3 g/(mol·h)增大到7.747×10^3 g/(mol·h)]，所得聚苯乙烯的相对分子质量M_n也依次增大(由8.318×10^3增大到72.324×10^3)，相对分子质量分布指数*PDI*在3左右，这可能是由于三者的空间效应和电子效应不同所致。从空间效应看，催化剂Salen-NiL^1-1、Salen-NiL^1-2结构中的N_2O_2平面变形性尽管并未增大[N(2)-Ni(1)-O(1)之间的夹角与N(1)-Cu(1)-O(2)之间的夹角分别相差0.73°和0.14°]，但是，从诱导效应看，按照催化剂Salen-NiL^1-水杨醛(Salen-NiL^1-1)、Salen- NiL^1-5-溴-水杨醛(Salen- NiL^1-2)、Salen- NiL^1-3，5二溴-水杨醛(Salen- NiL^1-3)的顺序，其结构上依次增加了一个-Br取代基(详见图3-2)。作为较强的吸电子基团，-Br取代基会使催化剂的活性中心Ni^{2+}周围的电子云密度降低，有利于活性中心与单体进行作用，所以使相应催化剂的活性增加；另一方面，-Br取代基有一定的位阻效应，有利于阻止链转移，从而增加了聚苯乙烯的相对分子质量。

(3) 催化剂Salen- NiL^1-5的活性[9.897×10^3 g/(mol·h)]高于催化剂Salen- NiL^1-4[3.172×10^3 g/(mol·h)]的活性，所得聚苯乙烯的相对分子质量M_n也在增加(由20.119×10^3增加到33.631×10^3)。这可能是因为催化剂Salen-NiL^1-5在结构上比催化剂Salen- NiL^1-4多了一个-Br取代基(详见图3-2)，吸电子基团-Br使催化剂的活性中心Ni^{2+}周围的电子云密度降低，有利于活性中心与单体进行作用，所以使催化剂的活性增加；另一方面，-Br取代基有一定的位阻效应，有利于阻止链转移，从而增加了聚苯乙烯的相对分子质量。

(4)比较催化剂 Salen- NiL^1-4 和催化剂 Salen- NiL^1-1 的聚合反应，结果表明，催化剂 Salen- NiL^1-4 的催化活性[3.172 ×10^3 g/(mol · h)]低于催化剂 Salen- NiL^1-1[4.975 ×10^3 g/(mol · h)]的活性，所得聚苯乙烯的相对分子质量(20.119 ×10^3g/mol)高于后者所得聚苯乙烯的相对分子质量(8.318 ×10^3 g/mol)。这可能是因为催化剂 Salen- NiL^1-4 比催化剂 Salen- NiL^1-1 在结构上多了一个 -OCH_3取代基(图 3-2)，-OCH_3取代基具有推电子诱导效应，使金属活性中心周围的电子云密度增加；另一方面，-OCH_3是一个位阻基团，对催化剂与苯乙烯单体的作用有一定程度的阻碍性，从而降低了催化活性，但这种空间位阻却有利于阻止链转移，从而增加了聚苯乙烯的相对分子质量。

3.4.2 Salen(L^1)型 Cu(Ⅱ)系催化剂对苯乙烯(St)聚合反应的影响

设计合成的 5 种 Salen(L^1)型 Cu(Ⅱ)系催化剂是前驱体 HL^1在 $Cu(OAc)_2 \cdot H_2O$ 的存在下，分别与水杨醛、5-溴-水杨醛、3，5 二溴-水杨醛、邻香草醛或 5-溴-邻香草醛反应得到的，即 Salen-CuL^1-水杨醛(Salen-CuL^1-1)、Salen-CuL^1-5-溴-水杨醛(Salen- CuL^1-2)、Salen- CuL^1-3，5 二溴-水杨醛(Salen-CuL^1-3)、Salen- CuL^1-邻香草醛(Salen-CuL^1-4)或 Salen- CuL^1-5-溴-邻香草醛(Salen-CuL^1-5)。由于这 5 种 OL 型-铜系催化剂的空间扭曲变形程度不同，且结构中含有的吸电子或推电子基团也不同，必然会影响活性中心 Cu^{2+}周围的电子云密度，从而影响该催化剂的使用性能。因此，将这 5 种 Salen(L^1)型 Cu(Ⅱ)系催化剂与传统的自由基引发剂偶氮二异丁腈(AIBN)组成催化体系，在二甲苯溶剂中，固定其他工艺条件，研究了空间效应、电子效应不同的催化剂对活性、聚苯乙烯的相对分子质量及其分布的影响。结果见表 3-11。

表 3-11　Salen(L^1)型 Cu(Ⅱ)系催化剂催化苯乙烯聚合

催化剂	t/h	T/℃	n(Co.)：n(Cat.)[a]	n(M)：n(C)[b]	活性/[10^3g/(mol · h)]	M_n[c]/10^3	PDI[d]
Salen-CuL^1-1	6	110	1：3	2000：1	1.166	6.843	2.68
Salen-CuL^1-2	6	110	1：3	2000：1	1.322	12.187	3.28
Salen-CuL^1-3	6	110	1：3	2000：1	1.533	9.874	3.33
Salen-CuL^1-4	6	110	1：3	2000：1	1.087	14.368	3.41
Salen-CuL^1-5	6	110	1：3	2000：1	1.682	7.627	3.56

注：[a] n(Co.)：n(Cat.)助催化剂与催化剂的摩尔比；[b] n(M)：n(C)单体与催化剂的摩尔比；[c] M_n—聚合物的数均相对分子质量；[d] $PDI=(M_w/M_n)$ 相对分子质量分布指数。

由表 3-11 可知，对于 Salen(L^1)型 Cu(Ⅱ)系催化剂 Salen-CuL^1-1～Salen-CuL^1-5，与 AIBN 组成催化体系，在二甲苯溶剂中，单体与催化剂的比例为 2000∶1、聚合反应温度为 110 ℃、聚合反应时间为 6 h、助催化剂与催化剂的比例为 1∶3 的条件下，均能进行苯乙烯的聚合。分析结果如下：

(1) 催化剂 Salen-CuL^1-1～Salen-CuL^1-5 的催化活性在 1.087×10^3～1.682×10^3g/(mol·h)之间，其催化活性的顺序为：Salen-CuL^1-5 > Salen-CuL^1-3 > Salen-CuL^1-2 > Salen-CuL^1-1 > Salen-CuL^1-4；所得聚苯乙烯的数均相对分子质量 M_n 在 6.843×10^3 到 14.368×10^{31} 之间；所得聚苯乙烯的相对分子质量分布指数 *PDI* 在 2.68～3.56 之间。说明设计合成的 Salen(L^1)型 Cu(Ⅱ)系催化剂 Salen-CuL^1-1～Salen-CuL^1-5 与 AIBN 组成催化体系，在催化苯乙烯聚合时具有中等活性，所得聚苯乙烯的数均相对分子质量 M_n 在 10^3～10^4 数量级之间，相对分子质量分布指数 *PDI* 在 3 左右，反应有一定的可控性。

(2) 催化剂 Salen-CuL^1-1、Salen-CuL^1-2、Salen-CuL^1-3 的活性依次增大[由 1.166×10^3g/(mol·h)增大到 1.533×10^3g/(mol·h)]，所得聚苯乙烯的数均相对分子质量 M_n 在 10^3～10^4 数量级之间，相对分子质量分布指数 *PDI* 在 3 左右。这可能是由于三者的电子效应和空间效应不同所致。从诱导效应看，按照催化剂 Salen-CuL^1-水杨醛(Salen-CuL^1-1)、Salen- CuL^1-5-溴-水杨醛(Salen-CuL^1-2)、Salen- CuL^1-3，5 二溴-水杨醛(Salen- CuL^1-3)的顺序，其结构上依次增加了一个-Br 取代基(图 3-3)。作为较强的吸电子基团，-Br 取代基会使催化剂的活性中心 Cu^{2+} 周围的电子云密度降低，有利于活性中心与单体进行作用，所以使相应催化剂的活性增加；从空间效应看，催化剂 Salen-CuL^1-1、Salen-CuL^1-2、Salen-CuL^1-3 结构中的 N_2O_2 平面变形性依次增大[N(2)-Cu(1)-O(1)之间的夹角与 N(1)- Cu(1)-O(2) 之间的夹角分别相差 0.53°、0.67°和 1.10°]，变形性越大，金属活性中心外露的较多，催化活性增加。

(3) 催化剂 Salen-CuL^1-5 的活性[1.682×10^3 g/(mol·h)]高于催化剂 Salen-CuL^1-4[1.087×10^3g/(mol·h)]的活性，所得聚苯乙烯的相对分子质量却在减小(由 $14.368\times10^{3\,1}$减小到 7.627×10^3)。这可能是因为催化剂 Salen-CuL^1-5 在结构上比催化剂 Salen-CuL^1-4 多了一个-Br 取代基(图 3-3)，吸电子基团-Br 使催化剂的活性中心 Cu^{2+} 周围的电子云密度降低，有利于活性中心与单体进行作用，所以使催化剂的活性增加，但同时也会增加反应过程中的链转移，导致聚苯乙烯的相对分子质量减小。

(4) 比较催化剂 Salen-CuL^1-4 和催化剂 Salen-CuL^1-1 的聚合反应，结果表明，催化剂 Salen-CuL^1-4 的催化活性[1.087×10^3 g/(mol·h)]低于催化剂 Salen-CuL^1-1[1.166×10^3g/(mol·h)]的活性，所得聚苯乙烯的数均相对分子质量 M_n(14.368×10^3)高于后者所得聚苯乙烯的数均相对分子质量 M_n(6.843 ×

10^3)。这可能是因为催化剂 Salen-CuL^1-4 比催化剂 Salen-CuL^1-1 在结构上多了一个-OCH_3取代基(图 3-3),-OCH_3取代基具有推电子诱导效应,使金属活性中心周围的电子云密度增加;另一方面,-OCH_3是一个位阻基团,对催化剂与苯乙烯单体的作用有一定的阻碍性,从而降低了催化活性,但这种空间位阻却有利于阻止链转移,从而增加了聚苯乙烯的相对分子质量。

(5)对比 Salen(L^1)型 Ni(Ⅱ)系催化剂和 Salen(L^1)型 Cu(Ⅱ)系催化剂的聚合反应结果,对于只有金属活性中心不同(分别为 Cu^{2+}和 Ni^{2+}),其他结构相同的催化剂,如催化剂 Salen-CuL^1-1 和 Salen-NiL^1-1,其活性分别为 1.166×10^3 g/(mol·h)和 4.975×10^3g/(mol·h),也就是说,活性中心为 Ni^{2+}的催化剂比活性中心为 Cu^{2+}的催化剂的活性高,对于其他相应催化剂(催化剂 Salen-CuL^1-2 和 Salen-NiL^1-2、催化剂 Salen-CuL^1-3 和 Salen-NiL^1-3、催化剂 Salen-CuL^1-1 和 Salen-NiL^1-4、催化剂 Salen-CuL^1-5 和 Salen-NiL^1-5)也有此规律。

3.4.3 Salen(L^2)型 Ni(Ⅱ)系催化剂对苯乙烯(St)聚合反应的影响

设计合成的 5 种 Salen(L^2)型 Ni(Ⅱ)系催化剂是由前驱体 HL^2在 $Ni(OAc)_2\cdot4H_2O$ 的存在下,分别与水杨醛、5-溴-水杨醛、3,5 二溴-水杨醛、邻香草醛或5-溴-邻香草醛反应得到的,即催化剂 Salen-NiL^2-水杨醛(Salen-NiL^2-1)、Salen-NiL^2-5-溴-水杨醛(Salen-NiL^2-2)、Salen-NiL^2-3,5 二溴-水杨醛(Salen-NiL^2-3)、Salen-CuL^2-邻香草醛(Salen-NiL^2-4)或 Salen-NiL^2-5-溴-邻香草醛(Salen-NiL^2-5)。由于这 5 种 Salen(L^2)型 Ni(Ⅱ)系催化剂的空间扭曲变形程度不同,且结构中含有的吸电子或推电子基团也不同,必然会影响活性中心 Ni^{2+}周围的电子云密度,影响该催化剂的使用性能。因此,将这 5 种 Salen(L^2)型 Ni(Ⅱ)系催化剂与传统的自由基引发剂偶氮二异丁腈(AIBN)组成催化体系,在二甲苯溶剂中,固定其他工艺条件,研究了空间效应、电子效应不同的催化剂对活性、聚苯乙烯的相对分子质量及其分布的影响。结果见表 3-12。

表 3-12 Salen(L^2)型 Ni(Ⅱ)系催化剂催化苯乙烯聚合

催化剂	t/h	T/℃	n(Co.):n(Cat.)^a	n(M):n(C)^b	活性/[10^3g/(mol·h)]	$M_n^c/10^3$	PDI^d
Salen-NiL^2-1	6	110	1:3	2000:1	5.871	13.086	3.97
Salen-NiL^2-2	6	110	1:3	2000:1	6.331	13.022	4.17
Salen-NiL^2-3	6	110	1:3	2000:1	8.030	16.727	3.81
Salen-NiL^2-4	6	110	1:3	2000:1	5.257	11.662	4.87
Salen-NiL^2-5	6	110	1:3	2000:1	11.119	14.686	5.35

注:^{a} n(Co.):n(Cat.)助催化剂与催化剂的摩尔比;^{b} n(M):n(C)单体与催化剂的摩尔比;^{c} M_n—聚合物的数均相对分子质量;^{d} $PDI=(M_w/M_n)$ 相对分子质量分布指数。

由表3-12可知，对于Salen(L^2)型Ni(Ⅱ)系催化剂Salen-NiL^2-1~Salen-NiL^2-5，与AIBN组成催化体系，在二甲苯溶剂中，单体与催化剂的比例为2000：1、聚合反应温度为110 ℃、聚合反应时间为6 h、助催化剂与催化剂的比例为1：3的条件下，均能催化苯乙烯的聚合。分析结果如下：

(1) 催化剂Salen-NiL^2-1~Salen-NiL^2-5的催化活性在5.257×10^3~11.119×10^3g/(mol·h)之间，其催化活性的顺序为：Salen-NiL^2-5 > Salen-NiL^2-3 > Salen-NiL^2-2 > Salen-NiL^2-1 > Salen-NiL^2-4；所得聚苯乙烯的数均相对分子质量M_n在11.662×10^3~16.727×10^3之间；所得聚苯乙烯的相对分子质量分布指数*PDI*在3.81~5.35之间。说明设计合成的Salen(L^2)型Ni(Ⅱ)系催化剂Salen-NiL^2-1~Salen-NiL^2-5与AIBN组成催化体系，在催化苯乙烯聚合时具有中等活性，所得聚苯乙烯的数均相对分子质量M_n在10^4数量级，相对分子质量分布指数*PDI*较宽。

(2)催化剂Salen-NiL^2-1、Salen-NiL^2-2、Salen-NiL^2-3的活性依次增大[由5.871×10^3g/(mol·h)增大到8.030×10^3g/(mol·h)]，所得聚苯乙烯的数均相对分子质量M_n在10^4数量级，相对分子质量分布指数*PDI*在4左右。这可能是由于三者的空间效应和电子效应不同所致。按照催化剂Salen-NiL^2-水杨醛(Salen-NiL^2-1)、Salen-NiL^2-5-溴-水杨醛(Salen-NiL^2-2)、Salen-NiL^2-3，5二溴-水杨醛(Salen-NiL^2-3)的顺序，其结构上依次增加了一个-Br取代基(图3-4)。作为较强的吸电子基团，-Br取代基会使催化剂的活性中心Ni^{2+}周围的电子云密度降低，有利于活性中心与单体进行作用，所以使相应催化剂的活性增加，聚合物的数均相对分子质量M_n在10^4数量级。

(3) 催化剂Salen-NiL^2-5的活性[11.119×10^3 g/(mol·h)]高于催化剂Salen-NiL^2-4(5.257×10^3g/(mol·h)]的活性，所得聚苯乙烯的数均相对分子质量M_n也在增加(由11.662×10^3增加到14.686×10^3)。这可能是因为催化剂Salen-NiL^2-5在结构上比催化剂Salen-NiL^2-4多了一个-Br取代基(详见图3-4)，吸电子基团-Br使催化剂的活性中心Ni^{2+}周围的电子云密度降低，有利于活性中心与单体进行作用，所以使催化剂的活性增加；另一方面，-Br取代基有一定的位阻效应，有利于阻止链转移，从而增加了聚苯乙烯的相对分子质量。

(4)比较催化剂Salen-NiL^2-4和催化剂Salen-NiL^2-1的聚合反应，结果表明，催化剂Salen-NiL^2-4的催化活性[5.257×10^3g/(mol·h)]低于催化剂Salen-NiL^2-1[5.871×10^3g/(mol·h)]的活性，所得聚苯乙烯的数均相对分子质量M_n(11.662×10^3g/mol)也低于后者所得聚苯乙烯的数均相对分子质量M_n(13.086×10^3g/mol)。这可能是因为催化剂Salen-NiL^2-4比催化剂Salen-NiL^2-1在结构上多了一个-OCH_3取代基(详见图3-4)，-OCH_3取代基具有推电子诱导效应，使金属活性中心周围的电子云密度增加；另一方面，-OCH_3是一个位阻基团，对催化剂与苯乙烯单体的作用有一定程度的阻碍性，从而降低了催化活性。

(5) 对比 Salen(L^2)型 Ni(Ⅱ)系和 Salen(L^1)型 Ni(Ⅱ)系催化剂可知，在其他工艺条件相同的条件下，Salen(L^2)型 Ni (Ⅱ)系催化剂的活性比相应的 Salen(L^1)型 Ni(Ⅱ)系的活性高，如催化剂 Salen-NiL^2-1 的活性[5.871 ×10^3g/(mol · h)]高于催化剂 Salen-NiL^1-1 的活性[4.975 ×10^3g/(mol · h)]，这可能是因为 Salen(L^2)型 Ni (Ⅱ)系催化剂在结构上比 Salen(L^1)型 Ni (Ⅱ)系催化剂多了两个强吸电子基团-Cl，使得 Salen(L^2)型 Ni (Ⅱ)系催化剂比 Salen(L^1)型 Ni (Ⅱ)系催化剂中金属活性中心周围的电子云密度更低，导致催化剂的活性相应较大。对于其他相应催化剂(催化剂 Salen- NiL^2-2 和 Salen-NiL^1-2、催化剂 Salen-NiL^2-3 和 Salen-NiL^1-3、催化剂 Salen-NiL^2-4 和 Salen-NiL^1-4、催化剂 Salen-NiL^2-5 和 Salen-NiL^1-5)也有此规律，这进一步说明了催化剂的结构决定了其使用性能，具有不同空间效应、电子效应的催化剂，其催化活性也不同，所得聚合物的相对分子质量同样也有差异。

3.4.4 Salen(L^2)型 Cu(Ⅱ)系催化剂对苯乙烯(St)聚合反应的影响

设计合成的 5 种 Salen(L^2)型 Cu(Ⅱ)系催化剂是由前驱体 HL^2 在 $Cu(OAc)_2 \cdot H_2O$ 的存在下，分别与水杨醛、5-溴-水杨醛、3，5 二溴-水杨醛、邻香草醛或 5-溴-邻香草醛反应得到的，即 Salen-CuL^2-水杨醛(Salen-CuL^2-1)、Salen-CuL^2-5-溴-水杨醛(Salen-CuL^2-2)、Salen-CuL^2-3，5 二溴-水杨醛(Salen-CuL^2-3)、Salen-CuL^2-邻香草醛(Salen-CuL^2-4)或 Salen-CuL^2-5-溴-邻香草醛(Salen-CuL^2-5)。由于这 5 种 Salen(L^2)型 Cu(Ⅱ)系催化剂的空间扭曲变形程度不同，且结构中含有的吸电子或推电子基团也不同，必然会影响活性中心 Cu^{2+}周围的电子云密度，从而影响该催化剂的使用性能。因此，将这 5 种 Salen(L^2)型 Cu(Ⅱ)系催化剂与传统的自由基引发剂偶氮二异丁腈(AIBN)组成催化体系，在二甲苯溶剂中，固定其他工艺条件，研究了空间效应、电子效应不同的催化剂对活性、聚苯乙烯的相对分子质量及其分布的影响。结果见表 3-13。

表 3-13 Salen(L^2)型 Ni(Ⅱ)系催化剂催化苯乙烯聚合

催化剂	t/h	T/℃	n(Co.)：n(Cat.)[a]	n(M)：n(C)[b]	活性/[10^3g/(mol · h)]	M_n[c]/10^3	PDI[d]
Salen-CuL^2-1	6	110	1 : 3	2000 : 1	1.319	6.822	2.99
Salen-CuL^2-2	6	110	1 : 3	2000 : 1	1.497	5.863	2.12
Salen-CuL^2-3	6	110	1 : 3	2000 : 1	1.680	6.587	2.90
Salen-CuL^2-4	6	110	1 : 3	2000 : 1	1.273	6.003	2.00
Salen-CuL^2-5	6	110	1 : 3	2000 : 1	1.881	7.207	2.80

注：[a] n(Co.)：n(Cat.) 助催化剂与催化剂的摩尔比；[b] n(M)：n(C) 单体与催化剂的摩尔比；[c] M_n—聚合物的数均相对分子质量；[d] $PDI=(M_w/M_n)$ 相对分子质量分布指数。

由表3-13知，对于Salen(L^2)型Cu(Ⅱ)系催化剂Salen-CuL^2-1～Salen-CuL^2-5，与AIBN组成催化体系，在二甲苯溶剂中，单体与催化剂的比例为2000∶1、聚合反应温度为110 ℃、聚合反应时间为6 h、助催化剂与催化剂的比例为1：3的条件下，均能催化苯乙烯的聚合。分析如下：

(1) 催化剂Salen-CuL^2-1～Salen-CuL^2-5的催化活性在1.273×10^3～1.881×10^3g/(mol·h)之间，其催化活性的顺序为：Salen-CuL^2-5 > Salen-CuL^2-3 > Salen-CuL^2-2 > Salen-CuL^2-1 > Salen-CuL^2-4；所得聚苯乙烯的数均相对分子质量M_n在5.863×10^3到7.207×10^3之间；所得聚苯乙烯的相对分子质量分布指数*PDI*不大于3。说明设计合成的Salen(L^2)型Cu(Ⅱ)系催化剂Salen-CuL^2-1～Salen-CuL^2-5与AIBN组成催化体系，在催化苯乙烯聚合时具有中等活性，所得聚苯乙烯的数均相对分子质量M_n在10^3数量级，相对分子质量分布指数*PDI*小于3，反应有一定的可控性。

(2)催化剂Salen-CuL^2-1、Salen-CuL^2-2、Salen-CuL^2-3的活性依次增大[由1.319×10^3g/(mol·h)增大到1.680×10^3g/(mol·h)]，所得聚苯乙烯的数均相对分子质量M_n在10^3数量级，相对分子质量分布指数*PDI*小于3。这可能是由于三者的电子效应和空间效应不同所致，按照催化剂Salen-CuL^2-水杨醛(Salen-CuL^2-1)、Salen-CuL^2-5-溴-水杨醛(Salen-CuL^2-2)、Salen-CuL^2-3，5二溴-水杨醛(Salen-CuL^2-3)的顺序，其结构上依次增加了一个-Br取代基(图3-5)。作为较强的吸电子基团，-Br取代基会使催化剂的活性中心Cu^{2+}周围的电子云密度降低，有利于活性中心与单体进行作用，所以使相应催化剂的活性增加，聚合物的数均相对分子质量M_n在10^3数量级。

(3) 催化剂Salen-CuL^2-5的活性[1.881×10^3 g/(mol·h)]高于催化剂Salen-CuL^2-4 [1.273×10^3g/(mol·h)]的活性，所得聚苯乙烯的相对分子质量稍有增加(由6.007×10^3增加到7.207×10^3)。这可能是因为催化剂Salen-CuL^2-5在结构上比催化剂Salen-CuL^2-4多了一个-Br取代基(图3-5)，吸电子基团-Br使催化剂的活性中心Cu^{2+}周围的电子云密度降低，且催化剂Salen-CuL^2-5的两个稳定的六元金属螯合环(CuOCCCN)的二面角6.4(2)°，比催化剂Salen-CuL^2-4的两个稳定的六元金属螯合环(CuOCCCN)的二面角11.0(2)°小，说明催化剂Salen-CuL^2-5的金属活性中心外露的较多，有利于活性中心Cu^{2+}与单体进行作用，从而增加了催化剂的活性；另一方面，-Br取代基有一定的位阻效应，有利于阻止链转移，从而稍增加了聚苯乙烯的相对分子质量。

(4)比较催化剂Salen-CuL^2-4和催化剂Salen-CuL^2-1的聚合反应，结果表明，催化剂Salen-CuL^2-4的催化活性[1.273×10^3 g/(mol·h)]低于催化剂Salen-CuL^2-1 [1.319×10^3g/(mol·h)]的活性，所得聚苯乙烯的数均相对分子

质量均在6000左右。这可能是因为催化剂Salen-CuL^2-4比催化剂Salen-CuL^2-1在结构上多了一个-OCH_3取代基(图3-5)，-OCH_3取代基具有推电子诱导效应，使金属活性中心周围的电子云密度增加；另一方面，-OCH_3是一个位阻基团，对催化剂与苯乙烯单体的作用有一定程度的阻碍性，从而降低了催化活性。

(5) 对比Salen(L^2)型Cu(Ⅱ)系和Salen(L^1)型Cu(Ⅱ)系催化剂，可知，在其他工艺条件相同的条件下，Salen(L^2)型Cu(Ⅱ)系催化剂的活性比相应的Salen(L^1)型Cu(Ⅱ)系的活性高，如催化剂Salen-CuL^2-1的活性[1.319×10^3g/(mol·h)]高于催化剂Salen-CuL^1-1的活性[1.166×10^3g/(mol·h)]，这可能是因为Salen(L^2)型Cu(Ⅱ)系催化剂在结构上比Salen(L^1)型Cu(Ⅱ)系催化剂多了两个强吸电子基团-Cl，使得Salen(L^2)型Cu(Ⅱ)系催化剂比Salen(L^1)型Cu(Ⅱ)系催化剂中金属活性中心周围的电子云密度更低，导致催化剂的活性相应较大。对于其他相应催化剂(催化剂Salen-CuL^2-2和Salen-CuL^1-2、催化剂Salen-CuL^2-3和Salen-CuL^1-3、催化剂Salen-CuL^2-4和Salen-CuL^1-4、催化剂Salen-CuL^2-5和Salen-CuL^1-5)也有此规律，这进一步说明了催化剂的结构决定了其使用性能，具有不同空间效应、电子效应的催化剂，其催化活性也不同，所得聚合物的相对分子质量同样也有差异。

(6)对比Salen(L^2)型Ni(Ⅱ)系催化剂和Salen(L^2)型Cu(Ⅱ)系催化剂的聚合反应结果，对于只有金属活性中心不同(分别为Cu^{2+}和Ni^{2+})，其他结构相同的催化剂，如催化剂Salen-CuL^2-1和Salen- NiL^2-1，其活性分别为1.319×10^3 g/(mol·h)和5.871×10^3g/(mol·h)，也就是说，活性中心为Ni^{2+}的催化剂比活性中心为Cu^{2+}的催化剂的活性要高，对于其他相应催化剂(催化剂Salen-CuL^2-2和Salen-NiL^2-2、催化剂Salen-CuL^2-3和Salen-NiL^2-3、催化剂Salen-CuL^2-4和Salen-NiL^2-4、催化剂Salen-CuL^2-5和Salen-NiL^2-5)也有此规律。

总之，上述不同结构的Salen(L^1)型、Salen(L^2)型Ni(Ⅱ)、Cu(Ⅱ)系催化剂与AIBN组成催化体系，在二甲苯溶剂中，聚合反应温度110 ℃，聚合反应时间6 h，单体与催化剂的比例n(M)∶n(C)为2000∶1，助催化剂与催化剂的比例n(Co.)∶n(Cat.)为1∶3的条件下，所得聚合产物聚苯乙烯(PS)的凝胶色谱图均呈单峰分布，说明催化剂只有一个活性中心，聚苯乙烯的相对分子质量M_n在5.863×10^3~72.324×10^3，PDI在3~5之间。

3.4.5 单体与催化剂比例对苯乙烯(St)聚合反应的影响

由前述可知，Salen(L^1)型Ni(Ⅱ)系催化剂、Salen(L^1)型Cu(Ⅱ)系催化剂、Salen(L^2)型Ni(Ⅱ)系催化剂及Salen(L^2)型Cu(Ⅱ)系催化剂共20个催化剂在同样的条件下催化聚合苯乙烯时，活性各异，以Salen-NiL^2-5(即Salen-NiL^2-5-

溴-邻香草醛)的活性最大[11.119×10^3 g/(mol·h)]，因此，筛选出催化剂 Salen-NiL^2-5(即 Salen-NiL^2-5-溴-邻香草醛)，与 AIBN 组成催化体系，在二甲苯溶剂中，考察单体与催化剂的比例、聚合反应温度、聚合反应时间及助催化剂与催化剂的比例对苯乙烯聚合的影响。

对于催化剂 Salen-NiL^2-5，固定其他条件，考察单体与催化剂的比例对苯乙烯聚合的影响，结果见表 3-14。

表 3-14　单体与催化剂的比例对苯乙烯聚合的影响

催化剂	t/h	T/℃	n (Co.)：n (Cat.)[a]	n (M)：n (C)[b]	活性/[10^3g/(mol·h)]	M_n[c]/10^3	PDI[d] (M_w/M_n)
Salen-NiL^2-5	6	110	1：3	1200：1	3.889	11.620	4.08
Salen-NiL^2-5	6	110	1：3	1600：1	4.058	12.711	4.25
Salen-NiL^2-5	6	110	1：3	2000：1	11.119	33.631	5.01
Salen-NiL^2-5	6	110	1：3	2400：1	9.910	23.524	4.95
Salen-NiL^2-5	6	110	1：3	2800：1	8.276	12.252	4.45

注：[a] n (Co.)：n (Cat.) 助催化剂与催化剂的摩尔比；[b] n (M)：n (C) 单体与催化剂的摩尔比；[c] M_n—聚合物的数均相对分子质量；[d] $PDI=(M_w/M_n)$ 相对分子质量分布指数。

由表 3-14 可知，随着单体与催化剂的摩尔比由 1200：1 增大到 2800：1，催化剂 Salen-NiL^2-5 的催化活性和相对分子质量均呈现出先增加后减小的趋势，在单体与催化剂的摩尔比为 2000：1 时，催化活性最高[11.119×10^3 g/(mol·h)]，所得聚苯乙烯 PS 的数均相对分子质量最大($M_n=33.631\times10^3$)。

这可能是因为当 n(M) / n(C)值较小时(1200：1)，催化剂的浓度相对较大，活性中心数增多，聚合物相对分子质量较小($M_n=11.620\times10^3$)，在乙醇中的可溶部分增加，导致催化剂活性降低[3.889×10^3 g/(mol·h)]。随着 n (M) / n (C)值的逐渐增大(1200：1 增大到 2000：1)，单体浓度也在增大，均聚反应速率加快，因此催化活性随之增加[3.889×10^3 g/(mol·h)增大到 11.119×10^3 g/(mol·h)]；但当 n (M) /n (C) 值太大时(2800：1)，一方面催化剂的浓度相对减少，引起催化剂活性中心数目减少，转化率减少，催化剂活性也较低[8.276×10^3 g/(mol·h)]；另一方面，可能因为 n (M) /n (C) 值太大时，单体的浓度较大，导致聚合体系的黏度增加，影响了单体向活性中心的扩散，导致催化活性下降，聚合物的相对分子质量降低。

因此，选定单体与催化剂的摩尔比 n(M) / n(C)为 2000：1 进行其他工艺条件的进一步优化。

3.4.6 反应温度对苯乙烯(St)聚合反应的影响

对于催化剂 Salen-NiL^2-5，与 AIBN 组成催化体系，在二甲苯溶剂中，单体与催化剂的比例为 2000：1、聚合反应时间为 6 h、助催化剂与催化剂的比例为 1∶3的条件下，考察聚合反应温度(90 ℃、100 ℃、110 ℃、120 ℃和 130 ℃)对苯乙烯聚合的影响，见表 3-15。

表 3-15 反应温度对苯乙烯聚合的影响

催化剂	t/h	T/℃	n(Co.)：n(Cat.)[a]	n(M)：n(C)[b]	活性/[10^3g/(mol·h)]	M_n[c]/10^3	PDI[d](M_w/M_n)
Salen-NiL^2-5	6	90	1∶3	2000∶1	4.969	13.947	4.12
Salen-NiL^2-5	6	100	1∶3	2000∶1	17.136	17.755	3.89
Salen-NiL^2-5	6	110	1∶3	2000∶1	11.119	33.631	5.01
Salen-NiL^2-5	6	120	1∶3	2000∶1	10.723	16.499	4.61
Salen-NiL^2-5	6	130	1∶3	2000∶1	9.909	15.987	4.19

注：[a] n(Co.)：n(Cat.) 助催化剂与催化剂的摩尔比；[b] n(M)：n(C) 单体与催化剂的摩尔比；[c] M_n—聚合物的数均相对分子质量；[d] PDI=(M_w/ M_n) 相对分子质量分布指数。

由表 3-15 可知，聚合反应温度对催化活性影响很大，随着聚合反应温度由 90 ℃逐渐提高到 130 ℃，催化剂 Salen-NiL^2-5 的催化活性呈现出先增加后减小的趋势，在聚合反应温度 100 ℃时，催化活性最高[17.136 ×10^3g/(mol Ni · h)]。这可能是因为，温度低于 100 ℃时，由于反应温度升高引起链增长速率增大，聚合体系黏度减小，导致 90~100 ℃范围内随着聚合反应温度的升高，单体易于扩散和传质，催化活性升高；当聚合温度大于 100 ℃时，链增长速率增大的同时，链转移和链终止的速率也增大，且比链增长的速率大，导致活性下降。另外，高温也使活性中心失活的速率变大，即催化活性中心在高温下不稳定而失活造成催化活性的降低。

聚合物的相对分子质量也明显受到聚合温度的影响，随着温度由 90 ℃逐渐提高到 130 ℃，聚合物的相对分子质量也呈现出先增加后减小的趋势，在聚合反应温度 110℃时，聚合物的数均相对分子质量 M_n最高(33.631 ×10^3)。这可能是因为，温度低于 110 ℃时，链转移速率较小，当聚合温度大于 110 ℃时，链转移和链终止的速率增大，且比链增长的速率大，导致聚合物的数均相对分子质量 M_n减小。

因此，选定单体与催化剂的摩尔比为 2000：1、聚合反应温度为 100 ℃进行其他工艺条件的进一步优化。

3.4.7 反应时间对苯乙烯(St)聚合反应的影响

对于催化剂 Salen-NiL²-5，与 AIBN 组成催化体系，在二甲苯溶剂中，单体与催化剂的比例为 2000：1、聚合反应温度为 100 ℃、助催化剂与催化剂的比例为 1：3 的条件下，考察聚合反应时间(2 h、4 h、6 h、8 h 和 10 h)对苯乙烯聚合的影响，见表 3-16。

表 3-16 反应时间对苯乙烯聚合的影响

催化剂	t/h	T/℃	n (Co.)：n (Cat.)[a]	n (M)：n (C)[b]	活性/[10^3g/(mol·h)]	M_n[c]/10^3	PDI[d] (M_w/M_n)
Salen-NiL²-5	2	100	1：3	2000：1	11.878	10.126	4.07
Salen-NiL²-5	4	100	1：3	2000：1	13.191	13.156	5.23
Salen-NiL²-5	6	100	1：3	2000：1	17.136	17.755	3.89
Salen-NiL²-5	8	100	1：3	2000：1	6.937	11.019	4.26
Salen-NiL²-5	10	100	1：3	2000：1	6.567	10.855	4.79

注：[a] n (Co.)：n (Cat.) 助催化剂与催化剂的摩尔比；[b] n (M)：n (C) 单体与催化剂的摩尔比；[c] M_n—聚合物的数均相对分子质量；[d] $PDI=(M_w/M_n)$ 相对分子质量分布指数。

由表 3-16 可知，随着聚合反应时间由 2 h 逐渐增加到 10 h，催化剂 Salen-NiL²-5 的催化活性呈现出先增大后减小的趋势，当反应时间为 6 h 时，催化活性达到最高 17.136 $\times 10^3$ g/(mol·h)，聚苯乙烯的数均相对分子质量 M_n 达到最大 17.755 $\times 10^3$ g/mol，$PDI=3.89$。

这可能是因为在同样条件下，随着反应时间的延长(2 h 逐渐增加到 6 h)，单体和催化剂活性中心的作用更充分，使得聚合物转化率增加，催化剂催化活性增大[11.878 $\times 10^3$ g/(mol·h)逐渐增加到 17.136 $\times 10^3$ g/(mol·h)]，聚合物的相对分子质量增加(M_n 由 10.126$\times 10^3$ 逐渐增加到 17.755$\times 10^3$)，但较高温度(100 ℃)、较长聚合反应时间下(10 h)，活性中心很容易失活，链终止和链转移增加，导致聚合物转化率减小，催化剂催化活性降低[6.567$\times 10^3$ g/(mol·h)]，聚合物的相对分子质量减小(10.855$\times 10^3$)。

因此，选定单体与催化剂的摩尔比为 2000：1、聚合反应温度为 100 ℃、聚合反应时间为 6 h，进行其他工艺条件的进一步优化。

3.4.8 助催化剂与催化剂的比例对苯乙烯(St)聚合反应的影响

对于催化剂 Salen-NiL²-5，与 AIBN 组成催化体系，在二甲苯溶剂中，单体与催化剂的比例为 2000：1、聚合反应温度为 100 ℃、聚合反应时间为 6 h 的条件下，考察助催化剂与催化剂的比例（1：4、1：3、1：2 和 1：1）对苯乙烯聚合的影响，见表 3-17。

表 3-17　助催化剂与催化剂的比例对苯乙烯聚合的影响

催化剂	t/h	T/℃	n（Co.）：n（Cat.）[a]	n（M）：n（C）[b]	活性/[10^3g/(mol·h)]	M_n[c]/10^3	PDI[d]（M_w/M_n）
Salen-NiL^2-5	6	100	1：4	2000：1	12.245	6.639	3.28
Salen-NiL^2-5	6	100	1：3	2000：1	17.136	17.755	3.89
Salen-NiL^2-5	6	100	1：2	2000：1	17.352	41.417	1.43
Salen-NiL^2-5	6	100	1：1	2000：1	17.720	18.961	4.13

注：[a] n（Co.）：n（Cat.）助催化剂与催化剂的摩尔比；[b] n（M）：n（C）单体与催化剂的摩尔比；[c] M_n—聚合物的数均相对分子质量；[d] PDI=（M_w/ M_n）相对分子质量分布指数。

由表 3-17 可知，随着助催化剂与催化剂的比例由 1：4 逐渐增加到 1：1，催化剂 CL-Ni-5 的催化活性呈现出逐渐增大的趋势[12.245 ×10^3g/(mol·h)增大到 17.720 ×10^3g/(mol·h)]，聚合物的相对分子质量则出现了先增大后减小的趋势(M_n由 6.639 ×10^3g/mol 增大到 41.417 ×10^3g/mol，随后减小到 18.961 ×10^3 g/mol)，但助催化剂与催化剂的比例由 1：2 增大到 1：1 时，活性增加变缓[17.352 ×10^3g/(mol·h)增大到 17.720 ×10^3g/(mol·h)]，且助催化剂用量增加了一倍，故选取了助催化剂与催化剂的比例为 1：2 作为较适宜的比例，此时聚苯乙烯的数均相对分子质量 M_n最大(41.417 ×10^3)，PDI 最小(1.43)，反应的可控性好，说明助催化剂与催化剂的比例对催化剂 CL-Ni-5 的聚合苯乙烯的反应影响很大，适宜的助催化剂与催化剂的比例对该聚合反应的可控性起着至关重要的作用。

可见，对于催化剂 Salen-NiL^2-5，当单体与催化剂的摩尔比为 2000：1，聚合反应温度为 100 ℃，聚合反应时间 6 h，助催化剂与催化剂的比例为 1：2 时，催化活性较高[17.352 ×10^3g/(mol·h)]，所得聚苯乙烯的数均相对分子质量 M_n 较大(41.417 ×10^3)，相对分子质量分布指数 PDI 较窄(1.43)。

3.4.9　聚苯乙烯(PS)的分析及表征

(1)聚苯乙烯(PS)的 FT-IR 研究

为了研究聚苯乙烯的结构特征，利用傅立叶变换红外光谱 FT-IR 对聚合物进行了表征。

图 3-6 是催化剂 Salen-NiL^2-5 在单体与催化剂的摩尔比为 2000：1，反应温度为 100 ℃，反应时间为 6 h，助催化剂与催化剂的比例为 1：2 的条件下所得到

的聚苯乙烯(PS)的红外光谱图。

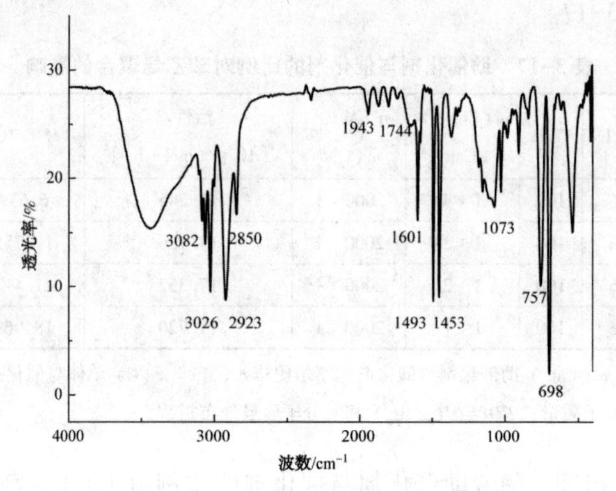

图 3-6　聚苯乙烯(PS)的红外光谱图

由图 3-6 可见：3082~3026 cm^{-1}区域是苯环上 C-H 的伸缩振动，2923~2850 cm^{-1}谱带是亚甲基 C-H 上的伸缩振动吸收峰，1601 cm^{-1}、1493 cm^{-1}和 1453 cm^{-1}是苯环骨架振动特征吸收峰，757 cm^{-1}、698 cm^{-1}是单取代苯环上 C-H 面外弯曲振动吸收峰，其倍频和组合频出现在 1744~1943 cm^{-1}区域内，即谱图中出现了典型的聚苯乙烯的吸收峰。进一步分析谱图发现，在 1217 cm^{-1}和 1220 cm^{-1}处没有出现间规聚苯乙烯的特征吸收峰，而在 1073 cm^{-1}处出现了明显的无规聚苯乙烯的特征吸收峰，表明聚合得到的产物为无规聚苯乙烯。

(2) 聚苯乙烯(PS)的核磁共振分析

除了 FT-IR 表征外，还采用了核磁共振来表征聚苯乙烯的结构特征。

图 3-7 示出了催化剂 Salen-NiL^2-5 在单体与催化剂的摩尔比为 2000：1，反应温度为 100 ℃，反应时间为 6 h，助催化剂与催化剂的比例为 1：2 的条件下所得聚苯乙烯(PS)的^{1}H NMR 谱。在聚苯乙烯的^{1}H NMR 谱图中存在着苯环上的三种氢核以及连接在苯环上的次甲基氢 H-b 和亚甲基氢 H-c，这五种氢核处于不同的化学环境，且次甲基氢 H-b(即 α-H) 的共振峰对空间排列很敏感，常用作特征峰，以判断聚合物的微观结构。由图可见，聚苯乙烯的 α- H 呈现三个峰，化学位移分别为$(1.70\sim1.96)\times10^{-6}$，$(1.96\sim2.06)\times10^{-6}$和$(2.06\sim2.25)\times10^{-6}$，分别对应于三元组中的间规(*rr*)、无规(*mr*)和等规(*mm*)。通过峰面积的计算可知，间规苯乙烯的百分含量为 81.7%，等规苯乙烯的百分含量为 7.2%，无规苯乙烯的百分含量为 11.1%。说明该催化剂体系催化苯乙烯聚合所得到的聚苯乙烯为富含间规的无规聚苯乙烯(aPS)。

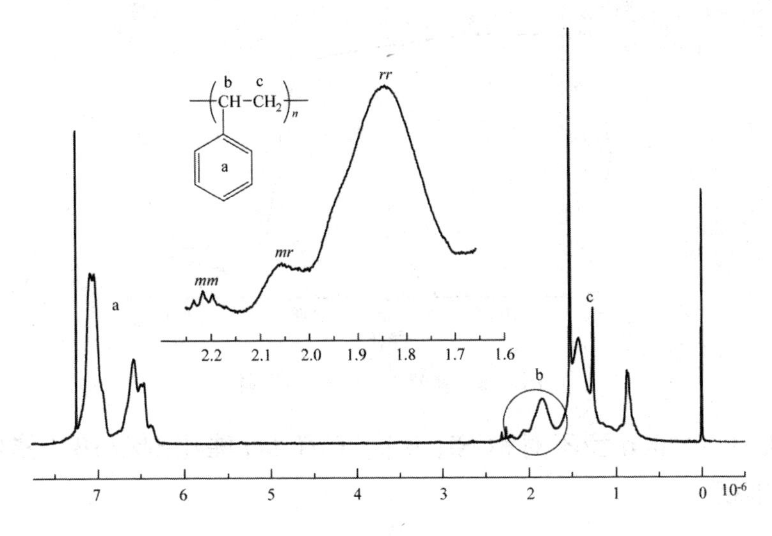

图 3-7　Salen-NiL[2]-5/ AIBN 得到的 PS 的[1]H NMR 谱图

几种结构各异的催化剂在同一工艺条件下(单体与催化剂的摩尔比为2000∶1,聚合反应温度为 110 ℃，聚合反应时间为 6 h，助催化剂与催化剂的比例为 1∶3 的条件)得到的 PS 的规整度数据列于表 3-18 中。

表 3-18　Salen（L[1]）型 Cu(Ⅱ)系催化剂结构对聚苯乙烯规整度的影响

催化剂	t/h	T/℃	n（Co.）∶ n（Cat.）	n（M）∶ n（C）	规整度/%		
					mm	mr	rr
Salen-CuL[1]-1	6	110	1∶3	2000∶1	8.6	13.0	78.4
Salen-CuL[1]-2	6	110	1∶3	2000∶1	5.3	12.7	82.0
Salen-CuL[1]-3	6	110	1∶3	2000∶1	12.0	12.0	76.0
Salen-CuL[1]-4	6	110	1∶3	2000∶1	5.6	11.4	82.9
Salen-CuL[1]-5	6	110	1∶3	2000∶1	5.8	13.2	81.0

由表 3-18 可知，Salen（L[1]）型 Cu(Ⅱ)系催化剂在一定的工艺条件下催化苯乙烯均能得到富含间规的无规聚苯乙烯(aPS)，且聚合物的规整度受催化剂空间效应和电子效应的影响。

(3)聚苯乙烯(PS)的 TGA 研究

对催化剂 Salen-NiL[2]-5，在单体与催化剂的摩尔比为 2000∶1，聚合反应温度为 100 ℃，聚合反应时间为 6 h，助催化剂与催化剂的比例为 1∶2 的条件下所得到的聚苯乙烯(PS)在 25～600 ℃进行热重分析，如图 3-8 所示。结果表明，370 ℃时聚合物开始分解，470 ℃后失重曲线趋于相对平稳，说明聚合物具有较好的热稳定性。

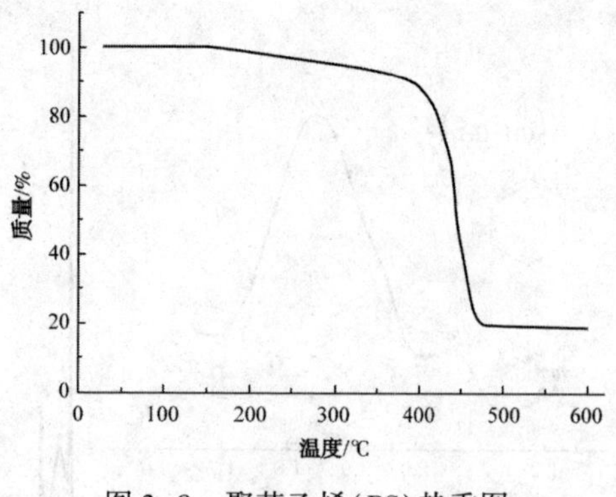

图 3-8　聚苯乙烯(PS)热重图

3.4.10　Salen 型不对称 Ni(Ⅱ)、Cu(Ⅱ)催化剂/AIBN 催化苯乙烯聚合小结

(1)对于 Salen(L^1)型 Cu(Ⅱ)系催化剂 Salen-CuL^1-1～Salen-CuL^1-5，与 AIBN 组成催化体系，在二甲苯溶剂中，单体与催化剂的比例为 2000∶1、聚合反应温度为 110 ℃、聚合反应时间为 6 h、助催化剂与催化剂的比例为 1∶3 的条件下进行苯乙烯的聚合时，其催化活性在 1.087×10^3～1.682×10^3g/(mol·h)之间，催化活性的顺序为：Salen-CuL^1-5 > Salen-CuL^1-3 > Salen-CuL^1-2 > Salen-CuL^1-1 > Salen-CuL^1-4；所得聚苯乙烯的数均相对分子质量 M_n 在 6.336×10^3～14.368×10^3之间；所得聚苯乙烯的相对分子质量分布指数 *PDI* 在 2.68～3.41 之间。说明设计合成的 Salen(L^1)型 Cu(Ⅱ)系催化剂与 AIBN 组成催化体系，在催化苯乙烯聚合时具有中等活性，所得聚苯乙烯的数均相对分子质量 M_n 在 10^3～10^4 数量级之间，*PDI* 在 3 左右，反应有一定的可控性。

(2)对于 Salen(L^1)型 Ni(Ⅱ)系催化剂 Salen-NiL^1-1～Salen-NiL^1-5，与 AIBN 组成催化体系，在二甲苯溶剂中，单体与催化剂的比例为 2000∶1、聚合反应温度为 110 ℃、聚合反应时间为 6 h、助催化剂与催化剂的比例为 1∶3 的条件下进行苯乙烯的聚合时其催化活性在 3.172×10^3～9.897×10^3g/(mol·h)之间，催化活性的顺序为：Salen-NiL^1-5 > Salen-NiL^1-3 > Salen-NiL^1-2 > Salen-NiL^1-1 > Salen-NiL^1-4；所得聚苯乙烯的数均相对分子质量 M_n 在 8.318×10^3～72.324×10^3之间；所得聚苯乙烯的相对分子质量分布指数 *PDI* 在 2.53～5.01 之间。说明设计合成的 Salen(L^1)型 Ni(Ⅱ)系催化剂与 AIBN 组成催化体系，在催化苯乙烯聚合时具有中等活性，所得聚苯乙烯的数均相对分子质量 M_n 在 10^3～10^4 数量级之间，相对分子质量分布指数 *PDI* 在 3 左右，反应有一定的可控性。

(3)对于 Salen(L^2)型 Cu(Ⅱ)系催化剂 Salen-CuL^2-1～ Salen-CuL^2-5，与 AIBN 组成催化体系，在二甲苯溶剂中，单体与催化剂的比例为 2000∶1、反应温度为 110 ℃、反应时间为 6 h、助催化剂与催化剂的比例为 1∶3 的条件下进行苯乙烯聚合时，其催化活性在 1.273×10^3～1.881×10^3g/(mol·h)之间，催化活性的顺序为：Salen-CuL^2-5 > Salen-CuL^2-3 > Salen-CuL^2-2 > Salen-CuL^2-1 > Salen-CuL^2-4；所得聚苯乙烯的数均相对分子质量 M_n在 5.863×10^3～7.207×10^3之间，相对分子质量分布指数 *PDI* 不大于 3。说明 Salen(L^2)型 Cu(Ⅱ)系催化剂与 AIBN 组成催化体系，在催化苯乙烯聚合时具有中等活性，可得数均相对分子质量 M_n在 10^3数量级、相对分子质量分布指数 *PDI* 小于 3 的聚苯乙烯，反应有一定的可控性。

(4) 对于 Salen(L^2)型 Ni(Ⅱ)系催化剂 Salen-NiL^2-1～ Salen-NiL^2-5，与 AIBN 组成催化体系，在二甲苯溶剂中，单体与催化剂的比例为 2000∶1、聚合反应温度为 110 ℃、聚合反应时间为 6 h、助催化剂与催化剂的比例为 1∶3 的条件下进行苯乙烯的聚合时，其催化活性在 5.257×10^3～11.119×10^3g/(mol·h)之间，催化活性的顺序为：Salen-NiL^2-5 > Salen-NiL^2-3 > Salen-NiL^2-2 > Salen-NiL^2-1 > Salen-NiL^2-4；所得聚苯乙烯的数均相对分子质量 M_n在 11.662×10^3～16.727×10^3g/mol 之间；所得聚苯乙烯的相对分子质量分布指数 *PDI* 在 3.81～5.35 之间。说明设计合成的 Salen(L^2)型 Ni(Ⅱ)系催化剂与 AIBN 组成催化体系，在催化苯乙烯聚合时具有中等活性，所得聚苯乙烯的数均相对分子质量 M_n在 10^4数量级，相对分子质量分布指数 *PDI* 较宽。

(5)对比 Salen(L^1)型/Salen(L^2)型 Ni(Ⅱ)催化剂和 Salen(L^1)型/Salen(L^2)型 Cu(Ⅱ)系催化剂的聚合反应结果，对于只有金属活性中心不同(分别为 Cu^{2+}和 Ni^{2+})，其他结构相同的催化剂，如催化剂 Salen-CuL^1-1 和 Salen-NiL^1-1，其活性分别为 1.166×10^3g/(mol·h)和 4.975×10^3g/(mol·h)；催化剂 Salen-CuL^2-1 和 Salen-NiL^2-1，其活性分别为 1.319×10^3g/(mol·h)和 5.871×10^3g/(mol·h)，也就是说，金属镍作为活性中心的催化剂比金属铜作为活性中心的催化剂的活性要高。

(6)对比 Salen(L^2)型和 Salen(L^1)型 Ni(Ⅱ)/ Cu(Ⅱ)系催化剂可知，在其他工艺条件相同的条件下，Salen(L^2)型 Ni(Ⅱ)/ Cu(Ⅱ)系催化剂的活性比相应的 Salen(L^1)型 Ni(Ⅱ)/ Cu(Ⅱ)系催化剂的活性高，如催化剂 Salen-CuL^2-1 的活性[1.319×10^3g/(mol·h)]高于催化剂 Salen-CuL^1-1 的活性[1.166×10^3g/(mol·h)]；催化剂 Salen-NiL^2-1 的活性[5.871×10^3g/(mol·h)]高于催化剂 Salen-NiL^1-1 的活性[4.975×10^3g/(mol·h)]，这可能是因为 Salen(L^2)型催化剂在结构上比 Salen(L^1)型催化剂多了两个强吸电子基团-Cl，使得 Salen(L^2)型比 Salen(L^1)型催化

剂中金属活性中心周围的电子云密度更低，导致催化剂的活性相应较大。

(7)通过比较同一催化剂(Salen-NiL^2-5)在不同工艺条件下的苯乙烯聚合实验，可以看出：催化活性和聚合物的相对分子质量随着单体与催化剂的摩尔比由1200∶1增大到2800∶1，均呈现出先增加后减小的趋势；催化活性和聚合物的相对分子质量随着聚合反应温度由90 ℃逐渐提高到130 ℃，也呈现出先增加后减小的趋势；催化活性和聚合物的相对分子质量随着聚合反应时间由2 h逐渐增加到10 h，同样呈现出先增加后减小的趋势；随着助催化剂与催化剂的比例由1∶4逐渐增加到1∶1，催化活性也逐渐增大，而聚合物的相对分子质量则出现了先增加后减小的趋势，这可能是由于不同工艺条件下链增长、链终止及链转移的相互竞争所致。

(8)对于催化剂Salen-NiL^2-5，当单体与催化剂的摩尔比为2000∶1，聚合反应温度为100 ℃，聚合反应时间6 h，助催化剂与催化剂的比例为1∶2时，催化活性较高[17.352×10^3g/(mol·h)]，所得聚苯乙烯的数均相对分子质量M_n较大(41.417×10^3 g/mol)，相对分子质量分布指数*PDI*较窄(1.43)。并且，工艺条件的改变，尤其是助催化剂和催化剂比例的变化对催化活性和聚苯乙烯的相对分子质量及分布影响很大，催化活性由最初的11.119×10^3g/(mol·h)增大到17.352×10^3g/(mol·h)，聚苯乙烯的数均相对分子质量M_n由14.686×10^3增大到41.417×10^3，相对分子质量分布指数*PDI*由5.35减小到1.43，反应可控性得到明显的提高。

(9)通过单体与催化剂的摩尔比、聚合温度、聚合时间以及助催化剂与催化剂的比例等工艺条件对苯乙烯聚合的影响分析可知，聚合过程中存在链引发、链增长、链转移、链终止等反应，聚苯乙烯相对分子质量分布指数经过优化后较窄，即体系能较好地控制聚合反应，故推测该聚合反应可能自由基和反向原子转移自由基的共混机理。

(10)采用Salen-NiL^2-5/AIBN催化体系，优化工艺条件后得到的聚苯乙烯(PS)的红外光谱FT-IR和核磁^{1}H NMR表征表明，聚合物是富含间规的无规聚苯乙烯，其间规度在82%左右；聚苯乙烯(PS)的热重分析表明，该聚合物具有良好的热稳定性，分解温度为328.26 ℃。

3.5 Salen(L^1)型Ni(Ⅱ)、Cu(Ⅱ)催化剂/MAO催化苯乙烯(St)聚合方案

由前文知，非极性单体苯乙烯除了可以在偶氮二异丁腈(AIBN)的引发下进行自由基聚合外，还可以在甲基铝氧烷(MAO)的引发下，进行配位聚合。前文

中所提及的烯烃聚合机理中，在配位插入机理的链增长阶段，由于具有两种插入方式，可以分别得到等规立构聚苯乙烯和间规立构聚苯乙烯，此配位机理的聚合反应发展迅猛且成为聚合反应的研究热点。

甲基铝氧烷(MAO)是由三甲基铝(Trimethylaluminum，TMA)部分水解得到的结构复杂的低聚物的混合物，线型结构简式为：

$$(H_3C)_2Al-\!\left[O-\underset{}{\overset{CH_3}{\overset{|}{Al}}}\right]_n\!-CH_3$$

非线型(环状、网状、簇状)结构简式为：

$$-\!\left[\overset{CH_3}{\overset{|}{Al}}-O\right]_n\!-$$

常温常压下，甲基铝氧烷(MAO)是白色、无定形粉末，可溶于苯、甲苯等芳香烃，在戊烷、己烷等脂肪烃中的溶解度很小，对水分和空气有很强的敏感性。

由文献可知，甲基铝氧烷(MAO)作为助催化剂，不仅可以引发催化剂形成Mt-C活性中心实现配位聚合，还可大幅提高催化剂体系的催化活性。因此，本章在考察偶氮二异丁腈(AIBN)引发的苯乙烯聚合的基础上，继续探索甲基铝氧烷(MAO)引发的苯乙烯聚合，比较助催化剂的差异、反应机理的不同、聚合工艺条件的变化等对催化活性、聚合物相对分子质量及其分布和微观结构等的影响，从而进一步探讨催化剂结构与其使用性能之间的构-效关系，从而有目的的调控聚苯乙烯分子结构以获得具有不同应用性能的聚苯乙烯树脂。

同样采用溶液聚合法进行Salen(L^1)型不对称Ni(Ⅱ)/Cu(Ⅱ)系催化剂/MAO催化苯乙烯的聚合，具体操作步骤如下：因聚合反应均在无水无氧环境下发生，故本实验所有的玻璃仪器及磁子均先在烘箱中进行干燥以达到除水的目的。首先向洁净、干燥的50 mL聚合管中加入一定量的催化剂、磁子后密封聚合管，在无水无氧装置条件下，对聚合瓶内空气进行抽真空-充氮气操作，往复多次。在氮气条件下，用注射器依次注入一定量已精制的单体(St)和溶剂(如甲苯)以及助催化剂[甲基铝氧烷(MAO)]，密封后置于一定温度的油浴中进行一段时间后，移出聚合管，加入5 %的盐酸乙醇溶液后淬灭反应，并倒入200 mL工业酒精沉降剂中。48 h后过滤，并用无水乙醇反复洗涤后，干燥、称重、计算产率和催化剂活性。

3.5.1 Salen(L^1)型Ni(Ⅱ)、Cu(Ⅱ)系催化剂/MAO对苯乙烯(St)聚合反应的影响

Salen(L^1)型Ni(Ⅱ)、Cu(Ⅱ)系催化剂共计10种，即：Salen-NiL^1-水杨醛

(Salen-NiL^1-1)、Salen-NiL^1-5-溴-水杨醛(Salen-NiL^1-2)、Salen-NiL^1-3，5二溴-水杨醛(Salen-NiL^1-3)、Salen-NiL^1-邻香草醛(Salen-NiL^1-4)、Salen-NiL^2-5-溴-邻香草醛(Salen-NiL^1-5)；Salen-CuL^1-水杨醛(Salen-CuL^1-1)、Salen-CuL^1-5-溴-水杨醛(Salen-CuL^1-2)、Salen-CuL^1-3，5二溴-水杨醛(Salen-CuL^1-3)、Salen-NiL^1-邻香草醛(Salen-CuL^1-4)、Salen-CuL^2-5-溴-邻香草醛(Salen-CuL^1-5)，其结构见图3-2和图3-3。同一系列催化剂的结构差异在于金属活性中心周围的取代基结构及电子云密度是不同的。这些差异在影响该催化剂活性的同时也会对聚合物分子的化学参数及聚合过程产生影响。

本部分首先以Salen-NiL^1-水杨醛(Salen-NiL^1-1)、Salen-NiL^1-5-溴-水杨醛(Salen-NiL^1-2)、Salen-NiL^1-3，5二溴-水杨醛(Salen-NiL^1-3)、Salen-CuL^1-水杨醛(Salen-CuL^1-1)、Salen-CuL^1-5-溴-水杨醛(Salen-CuL^1-2)、Salen-CuL^1-3，5二溴-水杨醛(Salen-CuL^1-3)共6种不同结构的配合物为催化剂，在甲苯溶剂中以甲基铝氧烷(MAO)为助催化剂引发苯乙烯聚合。通过控制单因素变量的研究思路考察6种催化剂的催化活性，催化剂结构对聚苯乙烯相对分子质量及其分布的影响。计算催化活性，筛选出活性较高的催化剂，考察聚合工艺条件对苯乙烯聚合的影响。具体聚合方案见表3-19。

表3-19 Salen(L^1)型Ni(Ⅱ)、Cu(Ⅱ)系催化剂催化苯乙烯聚合方案

催化剂	助催化剂	t/h	T/℃	Al/M[a]
Salen-NiL^1-1	MAO	1	70	1600
Salen-NiL^1-2	MAO	1	70	1600
Salen-NiL^1-3	MAO	1	70	1600
Salen-CuL^1-1	MAO	1	70	1600
Salen-CuL^1-2	MAO	1	70	1600
Salen-CuL^1-3	MAO	1	70	1600

注：[a] Al/M=$n_{(MAO)}$：$n_{(cat)}$，即助催化剂与催化剂的摩尔比。

3.5.2 Al/Ni对苯乙烯(St)聚合反应的影响

筛选出活性较高的催化剂(如Salen-NiL^1-3)与甲基铝氧烷(MAO)组成催化体系，催化苯乙烯聚合。通过控制单因素变量的研究思路，仅改变助催化剂与催化剂的摩尔比Al/Ni，考察助催化剂与催化剂的摩尔比Al/Ni对苯乙烯聚合反应的影响。实验方案见表3-20。

表 3-20 助催化剂与催化剂的比例(Al/Ni)对苯乙烯聚合的影响

催化剂	助催化剂	t/h	T/℃	Al/Ni[a]
Salen-NiL[1]-3	MAO	1	70	800
Salen-NiL[1]-3	MAO	1	70	1200
Salen-NiL[1]-3	MAO	1	70	1600
Salen-NiL[1]-3	MAO	1	70	2000
Salen-NiL[1]-3	MAO	1	70	2400

注：[a] Al/Ni = $n_{(MAO)} : n_{(cat.)}$，即助催化剂与催化剂的摩尔比。

3.5.3 反应温度对苯乙烯(St)聚合反应的影响

以 Salen-NiL[1]-3/MAO 组成催化体系，通过控制单因素变量的研究思路，仅改变反应温度，考察反应温度对苯乙烯聚合反应的影响。实验方案见表 3-21。

表 3-21 反应温度对苯乙烯(St)聚合反应的影响

催化剂	助催化剂	t/h	T/℃	Al/Ni[a]
Salen-NiL[1]-3	MAO	1	30	2400
Salen-NiL[1]-3	MAO	1	50	2400
Salen-NiL[1]-3	MAO	1	70	2400
Salen-NiL[1]-3	MAO	1	90	2400
Salen-NiL[1]-3	MAO	1	110	2400

注：[a] Al/Ni = $n_{(MAO)} : n_{(cat.)}$，即助催化剂与催化剂的摩尔比。

3.5.4 反应时间对苯乙烯(St)聚合反应的影响

以 Salen-NiL[1]-3/MAO 组成催化体系，通过控制单因素变量的研究思路，仅改变反应温度，考察反应温度对苯乙烯聚合反应的影响。实验方案见表 3-22。

表 3-22 反应时间对苯乙烯(St)聚合反应的影响

催化剂	助催化剂	t/h	T/℃	Al/Ni[a]
Salen-NiL[1]-3	MAO	0.25	70	2400
Salen-NiL[1]-3	MAO	0.5	70	2400
Salen-NiL[1]-3	MAO	1	70	2400
Salen-NiL[1]-3	MAO	1.5	70	2400
Salen-NiL[1]-3	MAO	2.5	70	2400

注：Al/Ni = $n_{(MAO)} : n_{(cat.)}$，即助催化剂与催化剂的摩尔比。

3.6 Salen(L^1)型 Ni(Ⅱ)、Cu(Ⅱ)催化剂/MAO 催化苯乙烯(St)聚合结果与讨论

3.6.1 Salen(L^1)型 Ni(Ⅱ)、Cu(Ⅱ)系催化剂对苯乙烯(St)聚合反应的影响

Salen-NiL^1-水杨醛(Salen-NiL^1-1)、Salen-NiL^1-5-溴-水杨醛(Salen-NiL^1-2)、Salen-NiL^1-3, 5 二溴-水杨醛(Salen-NiL^1-3)三种 Salen(L^1)型 Ni(Ⅱ)系催化剂的结构差异在于与中心原子所连配体的苯环上依次增加一个吸电子基团-Br。而 Salen(L^1)型 Cu(Ⅱ)系催化剂 Salen-CuL^1-水杨醛(Salen-CuL^1-1)、Salen-CuL^1-5-溴-水杨醛(Salen-CuL^1-2)和 Salen-CuL^1-3, 5 二溴-水杨醛(Salen-CuL^1-3)的结构差异也在于与中心原子所连配体的苯环上依次增加一个吸电子基团-Br。不同的金属活性中心及活性中心周围不同的取代基，会产生不同的电子效应和空间效应，将会影响其催化活性。因此，本节以这 6 种 Salen(L^1)型 Ni(Ⅱ)、Cu(Ⅱ)系催化剂为主催化剂，在甲苯溶剂中，利用甲基铝氧烷(MAO)为助催化剂，在一定工艺条件下催化苯乙烯聚合。并根据聚苯乙烯的质量计算催化活性、探讨催化剂配体环境对催化活性及聚合过程的影响。结果见表 3-23。

表 3-23 Salen (L^1)型 Ni(Ⅱ)、Cu(Ⅱ)系催化剂对苯乙烯聚合的影响

催化剂	助催化剂	t/h	T/℃	Al/M[a]	活性/[10^5g/(mol·h)]	M_n[b]/10^4	PDI[c]
Salen-NiL^1-1	MAO	1	70	1600	1.060	1.790	1.75
Salen-NiL^1-2	MAO	1	70	1600	1.596	1.964	2.04
Salen-NiL^1-3	MAO	1	70	1600	2.024	1.974	1.93
Salen-CuL^1-1	MAO	1	70	1600	0.815	2.009	1.96
Salen-CuL^1-2	MAO	1	70	1600	0.882	2.001	1.94
Salen-CuL^1-3	MAO	1	70	1600	0.985	1.872	1.95

注：[a] Al/M = $n_{(MAO)}:n_{(cat.)}$，即助催化剂与催化剂的摩尔比；[b] M_n—聚合物的数均相对分子质量；[c] PDI = (M_w/ M_n) 相对分子质量分布指数；V_{total} = 12.5 mL。

由表 3-23 可知，以 6 种 Salen(L^1)型 Ni(Ⅱ)、Cu(Ⅱ)系催化剂为主催化剂，甲基铝氧烷(MAO)为助催化剂，助催化剂与催化剂的摩尔比为 1600∶1，70℃下催化苯乙烯聚合反应 1 h，对于 Salen(L^1)型 Ni(Ⅱ)系催化剂，其催化活性按照 Salen-NiL^1-水杨醛(Salen-NiL^1-1)、Salen-NiL^1-5-溴-水杨醛(Salen-

NiL^1-2)、Salen-NiL^1-3，5二溴-水杨醛(Salen-NiL^1-3)的顺序依次增大，分别是1.060×10^5g/(mol·h)、1.596×10^5g/(mol·h)、2.024×10^5g/(mol·h)；对于Salen(L^1)型Cu(Ⅱ)系催化剂，其催化活性按照Salen-CuL^1-水杨醛(Salen-CuL^1-1)、Salen-CuL^1-5-溴-水杨醛(Salen-CuL^1-2)和Salen-CuL^1-3，5二溴-水杨醛(Salen-CuL^1-3)的顺序依次增大，分别是0.815×10^5g/(mol·h)、0.882×10^5g/(mol·h)、0.985×10^5g/(mol·h)。说明随着催化剂配体苯环上-Br基团的增加，催化剂的活性也逐渐增大。这可能是由于吸电子基团可以有效地降低催化剂金属活性中心周围的电子云密度，从而使催化剂活性增加。对比结构相似、金属活性中心各异的催化剂，如Salen-NiL^1-1的催化活性为1.060×10^5g/(mol·h)，Salen-CuL^1-1的催化活性为0.815×10^5g/(mol·h)，可以看出，Salen(L^1)型Ni(Ⅱ)系催化剂的活性明显高于Salen(L^1)型Cu(Ⅱ)系催化剂。相比之下，同样的聚合工艺条件下，催化剂Salen-NiL^1-3的活性较高，故利用此催化剂考察助催化剂与催化剂的比例、反应温度和反应时间等工艺条件对苯乙烯聚合反应的影响。

3.6.2 Al/Ni对苯乙烯(St)聚合反应的影响

将活性较高的催化剂Salen-NiL^1-3与MAO组成催化体系，在甲苯溶剂中、70 ℃温度下聚合反应1 h，改变助催化剂与催化剂的比例Al/Ni，即800：1、1200：1、1600：1、2000：1、2400：1、2800：1，考察Al/Ni对苯乙烯聚合反应的影响。结果见表3-24。

表3-24 Al/Ni对苯乙烯聚合反应的影响

催化剂	助催化剂	t/h	T/℃	Al/Ni[a]	活性/[10^5g/(mol·h)]	M_n[b]/10^4	PDI[c]
Salen-NiL^1-3	MAO	1	70	800	1.212	2.069	1.92
Salen-NiL^1-3	MAO	1	70	1200	1.399	2.013	1.94
Salen-NiL^1-3	MAO	1	70	1600	1.502	1.882	1.85
Salen-NiL^1-3	MAO	1	70	2000	1.720	1.665	1.83
Salen-NiL^1-3	MAO	1	70	2400	2.259	1.140	1.76
Salen-NiL^1-3	MAO	1	70	2800	1.608	1.544	1.70

注：[a] Al/Ni=$n_{(MAO)}$：$n_{(cat)}$，即助催化剂与催化剂的摩尔比；[b] M_n—聚合物的数均相对分子质量；[c] $PDI=(M_w/M_n)$相对分子质量分布指数；$V_{total}=12.5$ mL。

从表3-24可知，在其他聚合条件相同时，在Salen-NiL^1-3催化剂与MAO组成催化体系聚合苯乙烯的过程中，随着Al/Ni从800：1增大至2800：1，催化剂的活性从 1.212×10^5g/(mol·h)依次增大至 2.259×10^5g/(mol·h)，继续增大 Al/Ni 至 2800：1，催化剂活性下降至 1.608×10^5g/(mol·h)。这可能是因为较低的 Al/Ni 无法引发催化剂形成活性种，故催化活性不高。随着 Al/Ni 的增大至某一极值时，表现出最高的催化活性，即 2.259×10^5g/(mol·h)。若继续增大 Al/Ni，催化剂可能会被浓度较大的甲基铝氧烷(MAO)分子所包裹，从而无法使单体苯乙烯插入配位，故催化剂的活性呈下降趋势。所以，最佳助催化剂与催化剂的比例 Al/Ni 为 2400：1，对应的聚合物分子量为 1.140×10^4。随着 Al/Ni 的增加，聚苯乙烯的相对分子质量分布指数变化不明显，约在 1.8 左右。

3.6.3 反应温度对苯乙烯(St)聚合反应的影响

将活性较高的催化剂 Salen-NiL[1]-3 与 MAO 组成催化体系，在甲苯溶剂中，Al/Ni 为 2400：1，聚合反应 1 h。改变聚合温度即 30 ℃、50 ℃、70 ℃、90 ℃、110 ℃，考察反应温度对苯乙烯聚合反应的影响。结果见表 3-25。

表 3-25 反应温度对苯乙烯聚合反应的影响

催化剂	助催化剂	t/h	T/℃	Al/Ni[a]	活性/[10^5g/(mol·h)]	M_n[b]/10^4	PDI[c]
Salen-NiL[1]-3	MAO	1	30	2400	1.219	1.651	1.63
Salen-NiL[1]-3	MAO	1	50	2400	1.578	1.634	1.81
Salen-NiL[1]-3	MAO	1	70	2400	2.259	1.210	1.70
Salen-NiL[1]-3	MAO	1	90	2400	2.371	1.103	1.59
Salen-NiL[1]-3	MAO	1	110	2400	1.805	1.005	1.64

注：[a] Al/Ni=$n_{(MAO)}$：$n_{(cat)}$，即助催化剂与催化剂的摩尔比；[b] M_n—聚合物的数均相对分子质量；[c] PDI=(M_w/M_n) 相对分子质量分布指数；V_{total}=12.5 mL。

从表 3-25 可知，在其他聚合条件相同时，在 Salen-NiL[1]-3 催化剂与 MAO 组成催化体系聚合苯乙烯的过程中，随着反应温度的提高，催化活性先增大后减小，即从 1.219×10^5g/(mol·h)增大至 2.371×10^5g/(mol·h)，再减小至 1.805×10^5g/(mol·h)。可能的原因是温度的升高有助于向反应提供能量，反应速率加快，因此活性增加；但随着温度进一步升高，催化剂可能逐渐失去活性。不仅如此，温度的升高有助于聚合物分子链向甲基铝氧烷(MAO)转移的速度加快，故聚合物数均相对分子质量 M_n 也呈减小趋势。聚合物的分子量分布 PDI 在 1.7 左右。所以，最佳反应温度为 90 ℃。

3.6.4 反应时间对苯乙烯(St)聚合反应的影响

将活性较高的催化剂 Salen-NiL[1]-3 与 MAO 组成催化体系，在甲苯溶剂中、

Al/Ni 为 2400∶1，反应温度为 90 ℃。改变反应时间即 0.25 h、0.5 h、1 h、1.5 h、2.5 h，考察反应时间对苯乙烯聚合反应的影响。结果见表 3-26。

表 3-26　反应温度对苯乙烯聚合反应的影响

催化剂	助催化剂	t/h	T/℃	Al/Ni[a]	活性/[10^5g/(mol·h)]	M_n[b]/10^4	PDI[c]
Salen-NiL[1]-3	MAO	0.25	90	2400	0.895	1.787	1.61
Salen-NiL[1]-3	MAO	0.5	90	2400	1.798	1.449	1.57
Salen-NiL[1]-3	MAO	1	90	2400	2.371	1.113	1.67
Salen-NiL[1]-3	MAO	1.5	90	2400	1.989	1.006	1.74
Salen-NiL[1]-3	MAO	2.5	90	2400	1.692	1.011	2.36

注：[a] Al/Ni = $n_{(MAO)}$ ∶ $n_{(cat)}$，即助催化剂与催化剂的摩尔比；[b] M_n—聚合物的数均相对分子质量；[c] PDI = (M_w/ M_n) 相对分子质量分布指数；V_{total} = 12.5 mL。

从表 3-26 可知，在其他聚合条件相同时，在 Salen-NiL[1]-3 催化剂与 MAO 组成催化体系聚合苯乙烯的过程中，随着反应时间的增加，催化活性先增大后减小，即从 0.895×10^5 g/(mol·h)增大至 2.371×10^5g/(mol·h)，再减小至 1.692×10^5g/(mol·h)。可能的原因是在聚合反应初期，催化剂形成活性种与 MAO 和其自身结构息息相关。一旦引发活性种，苯乙烯单体的配位插入反应立即发生，活性增加；但随着时间的延长，单体不断被消耗且链转移向 Al(MAO)方向进行，因此，聚合反应速率下降、所得聚合物的相对分子质量 M_n减小，PDI 增大，反应可控性减小。

可见，对于催化剂 Salen-NiL[1]-3，当助催化剂与催化剂的比例为 2400∶1，聚合反应温度为 90 ℃，聚合反应时间 1 h 时，催化活性较高[2.371 ×10^5 g/(mol·h)],所得聚苯乙烯的数均相对分子质量 M_n较大(1.006 ×10^4)，相对分子质量分布指数 PDI 较窄(1.67)。

由上述讨论可知，Salen-NiL[2]-5/AIBN 催化体系催化苯乙烯聚合可知，对于催化剂 Salen-NiL[2]-5，优化后的工艺条件为：单体与催化剂的摩尔比为 2000∶1，聚合反应温度为 100 ℃，聚合反应时间 6 h，助催化剂与催化剂的比例为 1∶2，此时，催化活性较高[17.352 ×10^3g/(mol·h)]，所得聚苯乙烯的数均相对分子质量 M_n较大(41.417×10^3)，相对分子质量分布指数 PDI 较窄(1.43)。显然，以 Salen(L^2)型 Ni 系催化剂为主催化剂，以甲基铝氧烷(MAO)为引发剂时的催化活性远远高于以偶氮二异丁腈(AIBN)为引发剂时的催化活性，所得聚苯乙烯的相对分子质量差别不大。

3.6.5 聚苯乙烯(PS)的分析及表征

(1) 聚苯乙烯(PS)的 FT-IR 分析

以 Salen-NiL[1]-3/ MAO 为催化体系，甲苯为溶剂，助催化剂与催化剂的比例为 2400∶1，聚合反应温度为 90 ℃，聚合反应时间 1 h，催化苯乙烯聚合。将聚合产物借助 FT-IR 进行表征，表征结果如图 3-9 所示。

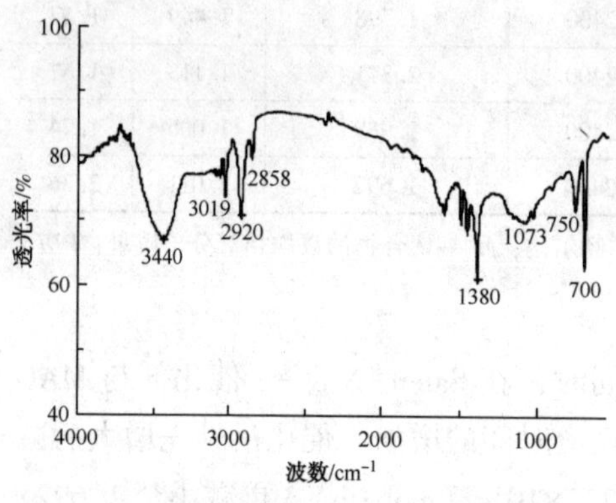

图 3-9 聚苯乙烯(PS)的红外光谱图

由图 3-9 可知，3019 cm^{-1}出现苯环 C-H 的伸缩振动吸收峰，1601 cm^{-1}、1448 cm^{-1}出现的吸收峰为苯环骨架的振动特征峰，2920 cm^{-1}、2858 cm^{-1}处出现了$-CH_2-$的不对称伸缩振动峰，750 cm^{-1}、700 cm^{-1}出现的吸收峰是单取代苯环上 C-H 面外弯曲振动。由红外光谱的分析结果表明：该聚合物中含有苯环、$-CH_2$等特征基团，与理论上的结构相符。在 1073 cm^{-1}处出现了无规聚苯乙烯的特征吸收峰，表明所合成的聚合物是无规聚苯乙烯。

(2) 聚苯乙烯(PS)的 ^{1}H NMR 分析

以 Salen-NiL[1]-3/ MAO 为催化体系，甲苯为溶剂，助催化剂与催化剂的比例为 2400∶1，聚合反应温度为 90 ℃，聚合反应时间 1 h，催化苯乙烯聚合。将聚合产物经 ^{1}H NMR 进行结构表征，表征结果如图 3-10 所示。

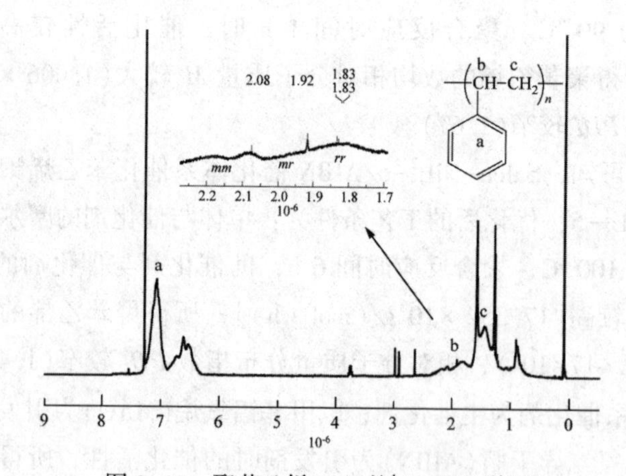

图 3-10 聚苯乙烯(PS)的 ^{1}H NMR 谱图

由聚合物的^{1}H NMR 谱图可知：化学位移分别为 $1.70\sim1.96\times10^{-6}$，$1.96\sim2.06\times10^{-6}$和 $2.06\sim2.25\times10^{-6}$，为聚苯乙烯微观结构的特征峰，分别对应于三元组中的间规(*rr*)、无规(*mr*)和等规(*mm*)，通过峰面积的计算可知，间规苯乙烯的百分含量为 51.5%，等规苯乙烯的百分含量为 25.4%，无规苯乙烯的百分含量为 23.1%。说明该催化剂体系催化苯乙烯聚合所得到的聚苯乙烯为富含间规的无规聚苯乙烯(aPS)。

对比以 Salen 型 Ni 系催化剂为主催化剂，以甲基铝氧烷(MAO)为引发剂和以偶氮二异丁腈(AIBN)为引发剂时的聚合物微观结构，可知，以甲基铝氧烷(MAO)为引发剂时所得聚苯乙烯的间规度(51.5%)要低于甲基铝氧烷(MAO)为引发剂时所得聚苯乙烯的间规度(81.7%)，这可能是因为以 Salen 型 Ni 系催化剂为主催化剂，以甲基铝氧烷(MAO)为引发剂一般遵循配位聚合机理，而以 Salen 型 Ni 系催化剂为主催化剂，以偶氮二异丁腈(AIBN)为引发剂一般遵循自由基聚合机理，引发剂不同所遵从的聚合机理不同所导致的。

(3)聚苯乙烯(PS)的热重(TGA)分析

以 Salen-NiL^{1}-3 为主催化剂，甲苯为溶剂，助催化剂与催化剂的比例为 2400∶1，聚合反应温度为 90 ℃，聚合反应时间 1 h，催化苯乙烯聚合。将所得聚合产物经热重(TGA)分析，设定升温范围：25~600 ℃，失重曲线如图 3-11 所示。结果表明：当温度达到 371 ℃时，聚合物开始分解；当温度大于 450 ℃后，失重曲线趋于平稳。由此可知该聚合物具有良好的热稳定性。

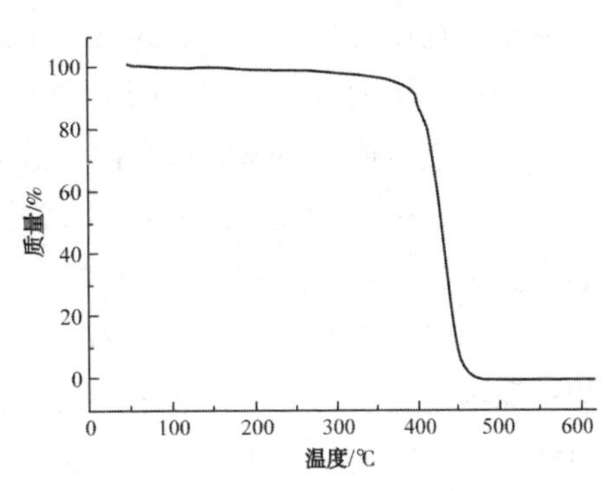

图 3-11　Salen-NiL^{1}-3/MAO 所得聚苯乙烯的 TGA 图

3.6.6　Salen(L^{1})型不对称 Ni(Ⅱ)、Cu(Ⅱ)催化剂/MAO 催化苯乙烯聚合小结

(1) 以 Salen-NiL^{1}-水杨醛(Salen-NiL^{1}-1)、Salen-NiL^{1}-5-溴-水杨醛(Salen-NiL^{1}-2)、Salen-NiL^{1}-3，5 二溴-水杨醛(Salen-NiL^{1}-3)、Salen-CuL^{1}-水杨醛(Salen-CuL^{1}-1)、Salen-CuL^{1}-5-溴-水杨醛(Salen-CuL^{1}-2)、Salen-CuL^{1}-3，5 二溴-水杨醛(Salen-CuL^{1}-3)共 6 种不同结构的配合物为主催化剂，甲基铝氧烷(MAO)为助催化剂组成催化体系，在甲苯溶剂中，助催化剂与催化剂的比例 Al/Ni 为 1600∶1，聚合反应温度为 70 ℃，聚合反应时间 1 h 的条件

下，催化苯乙烯聚合。其中，催化剂的反应活性在 $0.815\times10^5\sim2.024\times10^5$ g/(mol·h)之间，活性大小依次为：Salen-NiL¹-3> Salen-NiL¹-2 > Salen-NiL¹-3 >Salen-CuL¹-3 > Salen-CuL¹-2 > Salen-CuL¹-1。数均相对分子质量 M_n 在 $1.872\times10^4\sim2.009\times10^4$ g/mol，相对分子质量分布指数 *PDI* 在 2.0 左右。说明所合成的 6 种催化剂与甲基铝氧烷(MAO)组成催化体系催化苯乙烯聚合时，表现出了较高的催化活性，所得聚合物分子量分布在 2 左右，说明反应可控。

(2)采取"单因素法"优化聚合反应条件，实验结果表明：以甲苯为溶剂，在助催化剂与催化剂的比例 Al/Ni 为 2400∶1，聚合反应温度为 90 ℃，聚合反应时间 1 h 的条件下，催化活性较高的为 Salen-NiL¹-3/MAO 催化体系，催化活性较高[2.371×10^5 g/(mol·h)]，所得聚苯乙烯的数均相对分子质量 M_n 较大(1.006×10^4)，相对分子质量分布指数 *PDI* 较窄(1.67)。

(3)以 Salen-NiL¹-3/MAO 组成催化体系，采取"单因素法"只改变 Al/Ni。结果表明：随着 Al/Ni 从 800∶1 增大至 2800∶1 的过程中，催化剂的活性先增加后减小。这可能是因为较低的 Al/Ni 无法引发催化剂形成活性种，故催化活性不高；若继续增大 Al/Ni，催化剂可能会被浓度较大的烷基铝(MAO)分子所包裹，从而无法使单体苯乙烯插入配位，故催化剂的活性呈下降趋势。

(4)以 Salen-NiL¹-3/MAO 组成催化体系，采取"单因素法"只改变聚合反应温度。结果表明：随着温度的增加，催化活性先增大后减小，即从 1.219×10^5 g/(mol·h)增大至 2.371×10^5 g/(mol·h)，再减小至 1.805×10^5 g/(mol·h)。可能的原因是温度的升高有助于向反应提供能量，反应速率加快，因此活性增加；但随着温度的进一步升高，催化剂可能逐渐失去活性。不仅如此，温度的升高有助于聚合物分子链向甲基铝氧烷(MAO)转移的速度加快，故聚合物数均相对分子质量 M_n 也呈减小趋势。

(5)以 Salen-NiL¹-3/MAO 为催化体系，采取"单因素法"只改变聚合反应时间，结果表明：随着时间的增长，催化活性先增大后减小，即从 0.895×10^5 g/(mol·h)增大至 2.371×10^5 g/(mol·h)再减小至 1.692×10^5 g/(mol·h)。可能是因为在聚合反应初期，催化剂形成活性种与甲基铝氧烷(MAO)和其自身结构息息相关。一旦引发活性种，苯乙烯单体的配位插入反应立即发生，活性增加；但随着时间的延长，单体不断被消耗且链转移向 Al(MAO)方向进行，因此，聚合反应速率下降、所得聚合物的 M_n 减小，*PDI* 增大，反应逐渐失控。

(6)借助红外与氢核磁共振手段对聚合产物进行了结构表征，其结果表明：所合成的聚合物为富含间规的无规聚苯乙烯，该聚合物中 51.5 %为间规聚苯乙烯、25.4 %为等规聚苯乙烯、23.1 %为无规聚苯乙烯。对聚苯乙烯的热重分析可知，所合成的聚苯乙烯具有良好的热稳定性，分解温度为371℃。

3.7 本章小结

(1)Salen(L^1)型Ni(Ⅱ)系、Cu(Ⅱ)系催化剂和Salen(L^2)型Ni(Ⅱ)系、Cu(Ⅱ)系催化剂共20种催化剂，与偶氮二异丁腈(AIBN)组成催化体系，均能有效催化非极性单体苯乙烯的聚合。

(2)当金属活性中心相同时，Salen(L^2)型催化剂的活性比Salen(L^1)型催化剂的活性高。

(3)对于同一系列催化剂[如Salen(L^1)型]，Ni(Ⅱ)系催化剂的活性比Cu(Ⅱ)系催化剂的高。

(4)对于同一系列催化剂[如Salen(L^1)型]，金属活性中心相同时，催化剂的活性与其结构密切相关，空间效应、电子效应等影响其催化活性，吸电子基团的存在使得催化活性增加。

(5)Salen型Ni(Ⅱ)系、Cu(Ⅱ)系催化剂与偶氮二异丁腈(AIBN)组成的催化体系，催化得到的聚苯乙烯为富含间规(如81.7%)的无规聚苯乙烯。

(6)Salen(L^1)型Ni(Ⅱ)系、Cu(Ⅱ)系催化剂与甲基铝氧烷(MAO)组成催化体系，也能有效催化非极性单体苯乙烯的聚合。

(7)对于结构相似的Salen(L^1)型催化剂，Ni(Ⅱ)系催化剂的活性比Cu(Ⅱ)系催化剂的高。

(8)对于Salen(L^1)型催化剂，金属活性中心相同时，催化剂的活性与结构密切相关，空间效应、电子效应等影响催化活性，吸电子基团的存在使得催化活性增加。

(9)Salen(L^1)型Ni(Ⅱ)系、Cu(Ⅱ)系催化剂与甲基铝氧烷(MAO)组成催化体系，催化得到的聚苯乙烯为富含间规(如51.5%)的无规聚苯乙烯。

(10)对比不同助催化剂引发的聚合反应，甲基铝氧烷(MAO)引发的苯乙烯聚合反应的催化活性要高于偶氮二异丁腈(AIBN)引发的苯乙烯聚合反应的催化活性。

(11)对比不同助催化剂引发的聚合反应，甲基铝氧烷(MAO)引发得到的聚苯乙烯的间规度比偶氮二异丁腈(AIBN)引发得到的聚苯乙烯的间规度低。

综上所述，催化剂的金属活性中心、空间效应、电子效应等均影响催化活性、聚合物的相对分子质量及聚合物的微观结构，这为设计结构合理的催化剂奠定了理论基础。

参 考 文 献

[1] Gu K., Liu T. I., Li C. Q. Simulation and analysis of bulk polystyrene reaction process [J]. Computers and AppLied Chemistry, 2007, 24(6), 789-793.

[2] 王海霞. 国内外合成树脂行业发展现状及趋势分析[J]. 化工管理, 2018(26): 1-4.

[3] Bao F., Ma R., Lü X. Q., et al. Structures and styrene polymerization activities of a series of nickel complexes bearing ligands of pyrazolone derivatives. [J] Applied Organometallic Chemistry, 2006, 20: 32-38.

[4] 孙争光, 祝方明, 林尚安. 双膦胺镍-甲基铝氧烷体系催化苯乙烯聚合[J]. 石油化工, 2006, 35(6): 516-519.

[5] Xie L. Z., Sun, H. M., Hu D. M., et al. Synthesis and structure of indenylnickel (II) chlorides bearing free N-heterocyclic carbene ligands and their catalysis for styrene polymerization [J]. Polyhedron, 2009, 28(13): 2585-2590.

[6] Li L. D., Gomes C S. B., Lopes P. S., et al. Polymerization of styrene with tetradentate chelated α-diimine nickel(II) complexes/MAO catalyst systems: Catalytic behavior and microstructure of polystyrene [J]. European Polymer Journal, 2011, 47(8): 1636-1645.

[7] Gao H. Y., Pei L. X., Song K. M., et al. Styrene polymerization with novel anilido-imino nickel complexes/MAO catalytic system: Catalytic behavior microstructure of polystyrene and polymerization mechanism [J]. European Polymer Journal, 2007, 43: 908-914.

[8] Ascenso J. R., Dias A. R., Gomes P. T., et al. Cationic benzyl nickel complexes as homogeneous catalysts for styrene oligomerization [J]. Polyhedron, 1989, 8: 2449-2457.

[9] 刘永明. 后过渡金属络合物双-(β-酮胺)镍(II)催化烯烃聚合研究[D]. 南昌: 南昌大学, 2007.

[10] 冯娟. 后过渡金属配合物的合成及其用于反向原子转移自由基聚合的研究[D]. 武汉: 华中师范大学, 2008.

[11] Bienemann O., Haase R., Jesser A., et al. Synthesis and application of new guanidine copper complexes in atom transfer radical polymerization [J]. European Journal of Inorganic Chemistry, 2011, 15: 2367-2379.

[12] Eckenhoff W T., Pintauer T. Atom transfer radical addition (ATRA) catalyzed by copper complexes withtris[2-(dimethylamino)ethyl]amine (Me_6TREN) ligand in the presence of free-radical diazo initiator AIBN [J]. Dalton Transactions, 2011, 40(18): 4909-4917.

[13] Ferreira J. L. C., Costa M. A. S., Guimaraes P. I. C., et al. Comparative study of homogeneous and heterogeneous styrene polymerizations with Ni(acac)$_2$/MAO catalytic system [J]. Polymer, 2002, 43: 3857-3862.

[14] Tomotsu N., Ishihara N., Newman T. H., et al. Syndiospecific polymerization of styrene [J]. Journal of Molecular Catalysis A: Chemical, 1998, 128(1-3): 167-190.

[15] Ishihara N., Seimiya T., Kuramoto M., et al. Crystalline syndiotactic polystyrene [J]. Macromolecules, 1986, 19(9): 2464-2465.

[16] Doorslaer S. V. , Caretti I. , Fallis I. A. , et al. The power of electron paramagnetic resonance to study asymmetric homogeneous catalysts based on transition-metal complexes [J]. Coordination Chemistry Reviews, 2009, 253(15-16): 2116-2130.

[17] Ghosh S. Influence of cocatalyst on the stereoselectivity and productivity of styrene polymerization reactions [J]. Journal of Polymer Research, 2009, 16: 117-124.

[18] Jiang Q. , Xia D. , Liu C. , et al. Does bimolecular termination dominate in benzoyl peroxide initiated styrene free-radical polymerization? [J]. Polymer, 2020: 122184.

[19] Glasing J. , Jessop P. G. , Champagne P, et al. Microsuspension polymerization of styrene using cellulose nanocrystals as pickering emulsifiers: on the evolution of latex particles[J]. Langmuir, 2020, 36, 3, 796-809.

[20] Lin F. , Liu Z. , Wang M. , et al. Chain transfer to toluene in styrene coordination polymerization [J]. Angewandte Chemie, 2020, 59(11): 4324-4328.

[21] Zhang Z. , Cai Z. Y. , Pan Y. P. , et al. Substituent effects of pyridyl-methylene cyclopentadienyl rare-earth metal complexes on styrene polymerization [J]. Chinese Journal of Polymer Science, 2019, 37(6): 570-577.

[22] Yu H. Y. , Wang . J, Shao J. W. , et al. Controlled radical polymerization of styrene mediated by xanthene-9-thione and its derivatives [J]. Chinese Journal of Polymer Science, 2018, 36 (12): 1303-1311.

4 不对称Salen型Ni(Ⅱ)、Cu(Ⅱ)系催化剂催化丙烯酸酯类聚合

4.1 引言

由第3章内容可知，设计合成的不对称Salen型Ni(Ⅱ)、Cu(Ⅱ)系催化剂，与偶氮二异丁腈(AIBN)或甲基铝氧烷(MAO)组成催化体系，在催化聚合非极性单体苯乙烯时具有中等活性，可得到相对分子质量在10^3~10^4数量级之间的聚苯乙烯。这种后过渡金属催化剂不仅能应用于苯乙烯等非极性单体的聚合，而且由于亲氧性小，对极性基团的容忍性好，还可以应用于极性单体丙烯酸酯类(如甲基丙烯酸甲酯、甲基丙烯酸高级酯)的聚合，本章将设计合成的系列催化剂用于极性单体丙烯酸酯类的聚合。

聚甲基丙烯酸甲酯(PMMA)，是应用最广泛的丙烯酸类树脂，俗称有机玻璃。与聚苯乙烯(PS)、聚氯乙烯(PVC)等树脂材料相比，PMMA具有优异的透明性、良好的拉伸强度、优异的表观光泽性和抗电弧性等，是合成透明材料中性能优异价格适宜的品种，主要应用于储血容器等医药行业、液晶显示器等电子产品及文具等日用消费品方面。作为一种极性单体，甲基丙烯酸甲酯(MMA)的均聚和共聚反应均属于链式聚合(即连锁聚合)反应，大多是通过自由基聚合或阴离子聚合得到的。聚合反应中使用的催化剂各异，但由于后过渡金属催化剂的兴起，利用后过渡金属催化剂催化甲基丙烯酸甲酯(MMA)的自由基聚合成为热门的研究课题。聚合得到的PMMA有三种立构规整性：无规立构聚甲基丙烯酸甲酯(aPMMA)、间规立构聚甲基丙烯酸甲酯(sPMMA)、等规立构聚甲基丙烯酸甲酯(iPMMA)。富含间规PMMA的无规PMMA在热性能等方面可得到很好的改进，所以希望利用后过渡金属催化剂与传统的自由基引发剂偶氮二异丁腈(AIBN)组成催化体系，得到富含间规结构的无规PMMA。

本章首先利用所设计合成的20种不对称Salen型Ni(Ⅱ)、Cu(Ⅱ)系催化剂，与传统的自由基引发剂偶氮二异丁腈(AIBN)组成催化体系，研究了对甲基丙烯

酸甲酯的溶液聚合。主要考察了以下影响因素：①催化剂的结构；②单体与催化剂的比例；③聚合反应温度；④聚合反应时间；⑤助催化剂与催化剂的比例等。通过这些影响因素对催化剂的活性、聚合物相对分子质量及其分布、聚合物立构规整度等的影响规律，力图寻找催化剂的结构与催化性能间的关系，为催化剂寻找了一个较佳的工艺条件，为其进一步应用奠定基础。

聚甲基丙烯酸高级酯是国内外润滑油和添加剂生产商公认的高品质降凝剂，尽管不同的油品对降凝剂具有较强的选择性，但聚甲基丙烯酸高级酯本身有很强的适应能力，可以将烷基侧链长度不同的甲基丙烯酸酯类单体均聚或者按照不同的配比共聚，生产出不同规格的降凝剂，用于润滑油等油品中起到降凝的作用。一般来说，作为降凝剂其烷基侧链的平均碳数要在 12 以上才显示降凝效果。一般采用自由基聚合，通过改变引发剂用量、反应温度、反应时间等得到相对分子质量各异、相对分子质量分布指数较宽的聚甲基丙烯酸高级酯。而后过渡金属配合物在催化烯烃和极性单体(如丙烯酸短链酯类)方面性能优越，利用传统自由基聚合和反向原子转移自由基聚合机理，结合配合物自身的空间效应和电子效应等调控催化活性、聚合物立构规整度、聚合物相对分子质量及其分布等，实现可控聚合。但利用后过渡金属配合物作为催化剂进行聚甲基丙烯酸高级酯的合成鲜有报道。本章将设计合成的 Salen 型 Ni(Ⅱ)系配合物与传统的自由基引发剂偶氮二异丁腈(AIBN)组成催化体系，研究了对甲基丙烯酸十二酯和甲基丙烯酸十八酯的溶液聚合。主要考察了催化剂的存在与否、助催化剂 AIBN 与催化剂的摩尔比、聚合温度、聚合时间、单体与催化剂的比例对催化剂活性、聚合物相对分子质量等的影响，并优化工艺条件；将得到的聚合物作为原油、柴油和润滑油的降凝剂，考察其降凝效果，这对于 Salen 型 Ni(Ⅱ)系配合物的应用和分子设计有一定指导意义和学术价值，为高级丙烯酸酯类降凝剂的合成方法提供一定的理论基础和科学依据。

4.2 主要原材料及仪器

甲基丙烯酸十二酯均聚及甲基丙烯酸十八酯均聚所需的主要原材料及仪器，见表 4-1。

表 4-1 主要原材料及仪器

名称	含量	规格
甲基丙烯酸十二酯(LMA)	96%	AR
甲基丙烯酸十八酯(SMA)	96%	AR
甲苯	≥99.5%	AR
偶氮二异丁腈(AIBN)	≥99.5%	AR

续表

名称	含量	规格
甲醇	—	AR
DF-101S 型油浴锅	—	—
YHG-9245A 恒温干燥箱	—	—
TZK-6050A 型控温真空干燥箱	—	—
SHB-ⅢA 型循环水式多用真空泵	—	—
傅立叶变换红外光谱仪	—	—
核磁共振仪	—	—
热重分析仪	—	—
凝胶渗透色谱(GPC)	—	—
石油产品凝点测试仪	—	—
光学显微镜	—	—

4.2.1 试剂及单体的精制

(1) 溶剂的精制

溶剂的精制在第 3 章已介绍，这里不再赘述，详见 3.2.1。

(2)偶氮二异丁腈(AIBN)的精制

偶氮二异丁腈(AIBN)的精制在第 3 章已介绍，这里不再赘述，详见 3.2.1。

(3)甲基丙烯酸甲酯(MMA)的精制

将需要精制的甲基丙烯酸甲酯加入装有磁子、沸石以及少量 CaH_2 的圆底烧瓶中，常温常压下搅拌 24 h。随后进行减压蒸馏，除去单体中的阻聚剂，馏出物中加入 5A 分子筛，在高纯氮的保护下密封后放入冰箱中保存，以免自聚。

(4)甲基丙烯酸十二酯(LMA)的精制

将适量的甲基丙烯酸甲酯加入容量为500 mL 的圆底烧瓶中，再加入约 3 g 的 CaH_2、磁子和沸石，常温搅拌 24 h，之后进行减压蒸馏，除去单体中的阻聚剂。精制后的单体在高纯氮的保护下密封后放入冰箱中保存，以免自聚。

4.2.2 聚合方法

(1)对于极性单体甲基丙烯酸甲酯，一般可以采用本体法、溶液法、乳液法、悬浮法等进行聚合。采用混合和传热容易、温度易控制、可避免局部过热的溶液聚合法对基丙烯酸甲酯进行均聚。聚合反应是在无水、无氧的条件下进行的，具体实施步骤如下：

50 mL 的两口聚合瓶，经加热真空烘烤，加入适量的油溶性自由基引发剂(AIBN)、催化剂，在 Schlenk 装置上用高纯氮气置换空气 3 次，加入已精制的单体(MMA)和溶剂(二甲苯)。将密封好的聚合瓶放入已设定温度的油浴中进行聚合反应，达到要求的反应时间后，将聚合瓶移出油浴，加入5%的盐酸-乙醇溶液将反应终止，并倒入一定量的工业酒精中沉淀，24 h 后过滤，所得聚合物用无水乙醇多次洗涤后，于真空干燥器中 40 ℃干燥至恒重，称重并计算产率和催化剂活性。甲基丙烯酸甲酯的聚合反应示例如图 4-1 所示。

(2)对于极性单体甲基丙烯酸高级酯(如甲基丙烯酸十二酯、甲基丙烯酸十八酯)，仍然采用了溶液聚合的方法，在无水无氧条件下进行催化聚合。具体步骤如下：称取一定比例的催化剂和引发剂，然后将称量好的催化剂、引发剂、磁子放入带支管的聚合管中，而后用涂有凡士林的磨口玻璃塞塞于聚合管管口，再用密封扣将其严格密封起来，支管上装上橡胶管。将橡胶管连接于 Schlenk 装置上，抽真空充氮气 3~4 次。最后一次时用注射器加入计量的甲基丙烯酸高级酯和溶剂甲苯，然后移入恒温油浴锅中，反应一段时间后，加入 5~6mL 体积分数为5%的盐酸-乙醇溶液使反应终止；再将终止后的反应液倾入甲醇中沉淀，待澄清后用滤纸过滤收集聚合物，将其干燥后称重并计算催化剂活性。甲基丙烯酸高级酯的聚合反应示例如图 4-2 所示。

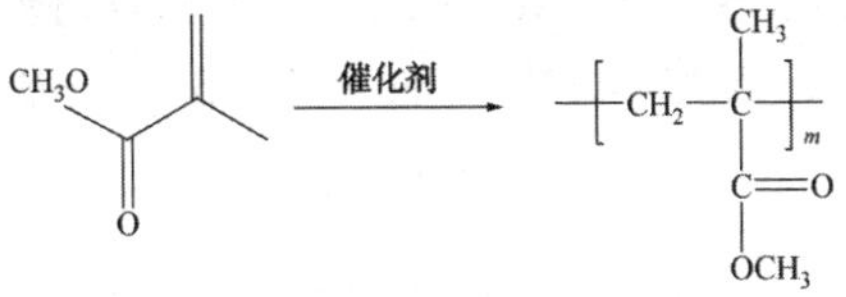

CH_3O — 催化剂 → $-[CH_2-C(CH_3)(C{=}O)(OCH_3)]_m-$

图 4-1　甲基丙烯酸甲酯均聚反应

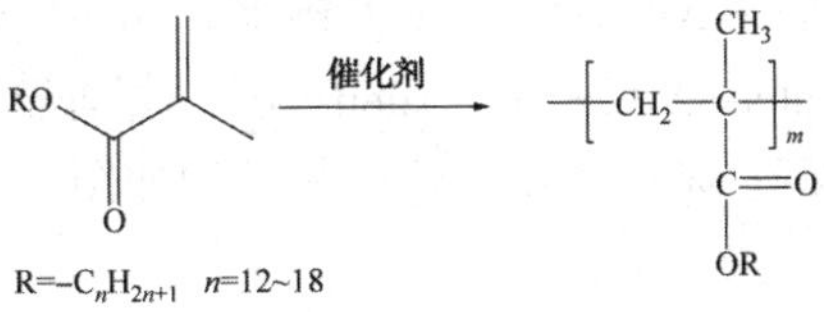

RO — 催化剂 → $-[CH_2-C(CH_3)(C{=}O)(OR)]_m-$

$R{=}-C_nH_{2n+1}$　$n{=}12\sim18$

图 4-2　甲基丙烯酸高级酯均聚反应

催化剂的活性(简称催化活性)常用时-空产率即在一定的反应条件下，单位体积或单位质量的催化剂在单位时间生成产物的量来表示，即：

催化活性=产物总质量(g)／[主催化剂中金属的物质的量(mol)×反应时间(h)]

4.2.3　聚合物的结构表征

(1)聚合物的红外光谱(FT-IR)

聚合物的红外光谱采用 Thermo Electron Corporation 生产的傅立叶变换红外光谱仪(Nicolet 5700 型)对聚合物的特征官能团进行分析。所有样品均采用“KBr 压片法”，波数范围：400~4000 cm^{-1}。

(2)聚合物的核磁共振氢谱(^1H NMR)

聚合物的^1H NMR 采用美国 Varian 公司 Invoa-400 MHZ 核磁共振仪测定，对该化合物的分子结构进行表征，TMS 作内标，$CDCl_3$作为溶剂。

(3)聚合物的热分析(TGA)

利用美国 TA 公司生产的差示扫描量热测定仪(SDTQ600)，针对目标产物的热性能进行系统测试，其扫描条件为：在氮气气氛下，20 ℃/min 的升温速率。

(4) 聚合物的相对分子质量(M_n、M_w)及相对分子质量分布指数(Polydispersity index, *PDI*)

配置样品浓度为 1.5 mg/mL，利用美国 Agilent PL-GPC50 型凝胶渗透色谱仪(Gel Permeation Chromatography, GPC)测定聚合物的相对分子质量(M_n、M_w)及其分布(*PDI*)，利用聚苯乙烯溶液进行仪器矫正，设定温度为 40 ℃，THF 为溶剂，控制流速为 1.00 mL/min。

4.3 Salen 型 Ni(Ⅱ)、Cu(Ⅱ)催化剂/AIBN 催化甲基丙烯酸甲酯(MMA)聚合方案

4.3.1 Salen(L^1)型 Ni(Ⅱ)系催化剂/AIBN 对甲基丙烯酸甲酯(MMA)聚合反应的影响

Salen(L^1)型 Ni(Ⅱ)系催化剂包括：Salen-NiL^1-水杨醛(Salen-NiL^1-1)、Salen- NiL^1-5-溴-水杨醛(Salen-NiL^1-2)、Salen- NiL^1-3，5 二溴-水杨醛(Salen-NiL^1-3)、Salen-NiL^1-邻香草醛(Salen-NiL^1-4)或 Salen NiL^1-5-溴-邻香草醛(Salen-NiL^1-5)。其结构如图 4-3 所示。

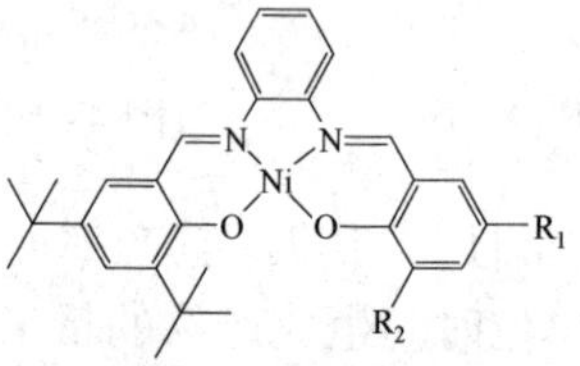

R_1=H，R_2=H 时，为 Salen-NiL^1-水杨醛，简为 Salen-NiL^1-1；

R_1=Br，R_2=H 时，为 Salen- NiL^1-5-溴-水杨醛，简为 Salen-NiL^1-2；

R_1=Br，R_2=Br 时，为 Salen- NiL^1-3，5 二溴-水杨醛，简为 Salen-NiL^1-3；

R_1=H，R_2=OCH_3 时，为 Salen- NiL^1-邻香草醛，简为 Salen-NiL^1-4；

R_1=Br，R_2=OCH_3 时，为 Salen- NiL^1-5-溴-邻香草醛，简为 Salen-NiL^1-5

图 4-3 Salen(L^1)型 Ni(Ⅱ)系催化剂结构示意图

由图 4-3 可知，吸电子基团-Br 或推电子基团-OCH_3的存在，使得催化剂具有不同的空间效应和电子效应，其金属活性中心周围的电子云密度会减小或增大，从而影响该催化剂的活性、聚合物的相对分子质量及其分布、聚合物的立构规整性等。

以结构不同的 Salen-NiL^1-水杨醛(Salen-NiL^1-1)、Salen- NiL^1-5-溴-水杨

醛(Salen-NiL^1-2)、Salen-NiL^1-3，5二溴-水杨醛(Salen-NiL^1-3)、Salen-NiL^1-邻香草醛(Salen-NiL^1-4)或Salen NiL^1-5-溴-邻香草醛(Salen-NiL^1-5)为主催化剂，偶氮二异丁腈(AIBN)为助催化剂组成催化体系，在其他工艺条件一定的情况下，考察不同结构的催化剂对活性、聚合物的数均相对分子质量(M_n)、重均相对分子质量(M_w)以及相对分子质量分布指数(PDI)的影响。实验方案见表4-2。

表4-2　Salen(L^1)型Ni(Ⅱ)系催化剂催化MMA聚合方案

催化剂	t/h	T/℃	n(Co.)∶n(Cat.)^a	n(M)∶n(C)^b
Salen-NiL^1-1	16	80	1∶2	800∶1
Salen-NiL^1-2	16	80	1∶2	800∶1
Salen-NiL^1-3	16	80	1∶2	800∶1
Salen-NiL^1-4	16	80	1∶2	800∶1
Salen-NiL^1-5	16	80	1∶2	800∶1

注：^{a} n(Co.)∶n(Cat.)助催化剂与催化剂的摩尔比；^{b} n(M)∶n(C)单体与催化剂的摩尔比。

4.3.2　Salen(L^1)型Cu(Ⅱ)系催化剂/AIBN对甲基丙烯酸甲酯(MMA)聚合反应的影响

Salen(L^1)型Cu(Ⅱ)系催化剂包括：Salen-CuL^1-水杨醛(Salen-CuL^1-1)、Salen-CuL^1-5-溴-水杨醛(Salen-CuL^1-2)、Salen-CuL^1-3，5二溴-水杨醛(Salen-CuL^1-3)、Salen-CuL^1-邻香草醛(Salen-CuL^1-4)或Salen CuL^1-5-溴-邻香草醛(Salen-CuL^1-5)。其结构如图4-4所示。

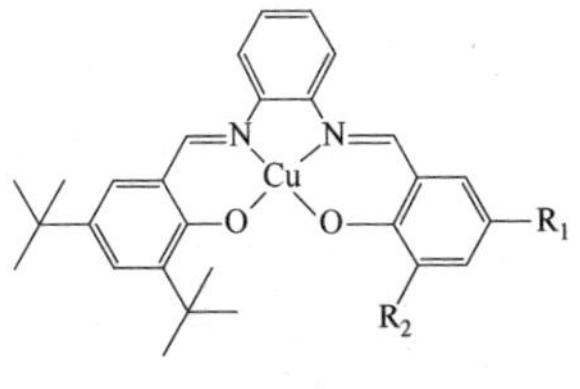

R_1=H，R_2=H时，为Salen-CuL^1-水杨醛，简为Salen-CuL^1-1；

R_1=Br，R_2=H时，为Salen-CuL^1-5-溴-水杨醛，简为Salen-CuL^1-2；

R_1=Br，R_2=Br时，为Salen-CuL^1-3，5二溴-水杨醛，简为Salen-CuL^1-3；

R_1=H，R_2=OCH_3时，为Salen-CuL^1-邻香草醛，简为Salen-CuL^1-4；

R_1=Br，R_2=OCH_3时，为Salen-CuL^1-5-溴-邻香草醛，简为Salen-CuL^1-5

图4-4　Salen(L^1)型Cu(Ⅱ)系催化剂结构示意图

由图4-4可知，吸电子基团-Br或推电子基团-OCH_3的存在，使得催化剂具有不同的空间效应和电子效应，其金属活性中心周围的电子云密度会减小或增大，从而影响该催化剂的活性、聚合物的相对分子质量及分布、聚合物的立构规整性等。

以结构不同的 Salen-CuL^1-水杨醛(Salen-CuL^1-1)、Salen-CuL^1-5-溴-水杨醛(Salen-CuL^1-2)、Salen-CuL^1-3，5 二溴-水杨醛(Salen-CuL^1-3)、Salen-CuL^1-邻香草醛(Salen-CuL^1-4)或 Salen-CuL^1-5-溴-邻香草醛(Salen-CuL^1-5)为主催化剂，偶氮二异丁腈(AIBN)为助催化剂组成催化体系，在其他工艺条件一定的情况下，考察不同结构的催化剂对活性、聚合物的数均相对分子质量(M_n)、重均相对分子质量(M_w)以及相对分子质量分布指数(PDI)的影响。具体实验方案见表 4-3 所示。

表 4-3　Salen(L^1)型 Cu(Ⅱ)系催化剂催化 MMA 聚合方案

催化剂	t/h	T/℃	n(Co.)：n(Cat.)^a	n(M)：n(C)^b
Salen-CuL^1-1	16	80	1：2	800：1
Salen-CuL^1-2	16	80	1：2	800：1
Salen-CuL^1-3	16	80	1：2	800：1
Salen-CuL^1-4	16	80	1：2	800：1
Salen-CuL^1-5	16	80	1：2	800：1

注：^{a} n(Co.)：n(Cat.) 助催化剂与催化剂的摩尔比；^{b} n(M)：n(C) 单体与催化剂的摩尔比。

4.3.3　Salen(L^2)型 Ni(Ⅱ)系催化剂/AIBN 对甲基丙烯酸甲酯(MMA)聚合反应的影响

Salen(L^2)型 Ni(Ⅱ)系催化剂包括：Salen-NiL^2-水杨醛(Salen-NiL^2-1)、Salen-NiL^2-5-溴-水杨醛(Salen-NiL^2-2)、Salen-NiL^2-3，5 二溴-水杨醛(Salen-NiL^2-3)、Salen-CuL^2-邻香草醛(Salen-NiL^2-4)或 Salen-NiL^2-5-溴-邻香草醛(Salen-NiL^2-5)。其结构如图 4-5 所示。

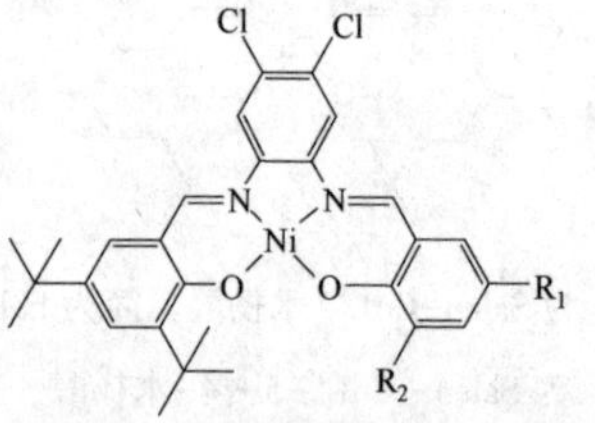

R_1=H，R_2=H 时，为 Salen-NiL^2-水杨醛，简为 Salen-NiL^2-1；
R_1=Br，R_2=H 时，为 Salen- NiL^2-5-溴-水杨醛，简为 Salen-NiL^2-2；
R_1=Br，R_2=Br 时，为 Salen- NiL^2-3，5 二溴-水杨醛，简为 Salen- NiL^2-3；
R_1=H，R_2=OCH_3 时，为 Salen- NiL^2-邻香草醛，简为 Salen-NiL^2-4；
R_1=Br，R_2=OCH_3 时，为 Salen- NiL^2-5-溴-邻香草醛，简为 Salen-NiL^2-5

图 4-5　Salen(L^2)型 Ni(Ⅱ)系催化剂结构示意图

由图 4-5 可知，与前驱体 HL^{1}相比较，前驱体 HL^{2}的二胺上多了两个吸电子基团-Cl，再考虑到结构式中 R_1、R_2吸电子基团或推电子基团的存在，使得 Salen(L^2)型 Ni(Ⅱ)系催化剂具有不同的空间效应和电子效应，其金属活性中心周围的电子云密度会减小或增大，从而影响该催化剂的活性、聚合物的相对分子质量及分布、聚合物的立构规整性等。

以结构不同的 Salen-NiL^2-水杨醛(Salen-NiL^2-1)、Salen-NiL^2-5-溴-水杨醛(Salen-NiL^2-2)、Salen-NiL^2-3，5 二溴-水杨醛(Salen-NiL^2-3)、Salen-CuL^2-邻香草醛(Salen-NiL^2-4)或 Salen-NiL^2-5-溴-邻香草醛(Salen-NiL^2-5)为主催化剂，与偶氮二异丁腈(AIBN)助催化剂组成催化体系，在其他工艺条件一定的情况下，考察不同结构的催化剂对活性、聚合物的数均相对分子质量(M_n)、重均相对分子质量(M_w)以及相对分子质量分布指数(*PDI*)的影响。具体实验方案见表 4-4。

表 4-4 Salen(L^2)型 Ni(Ⅱ)系催化剂催化 MMA 聚合方案

催化剂	t/h	T/℃	n(Co.)：n(Cat.)[a]	n(M)：n(C)[b]
Salen-NiL^2-1	16	80	1：2	800：1
Salen-NiL^2-2	16	80	1：2	800：1
Salen-NiL^2-3	16	80	1：2	800：1
Salen-NiL^2-4	16	80	1：2	800：1
Salen-NiL^2-5	16	80	1：2	800：1

注：[a] n(Co.)：n(Cat.)助催化剂与催化剂的摩尔比；[b] n(M)：n(C)单体与催化剂的摩尔比。

4.3.4 Salen(L^2)型 Cu(Ⅱ)系催化剂/AIBN 对甲基丙烯酸甲酯(MMA)聚合反应的影响

Salen(L^2)型 Cu(Ⅱ)系催化剂包括：Salen-CuL^2-水杨醛(Salen-CuL^2-1)、Salen-CuL^2-5-溴-水杨醛(Salen-CuL^2-2)、Salen-CuL^2-3，5 二溴-水杨醛(Salen-CuL^2-3)、Salen-CuL^2-邻香草醛(Salen-CuL^2-4)或 Salen-CuL^2-5-溴-邻香草醛(Salen-CuL^2-5)。其结构如图 4-6 所示。

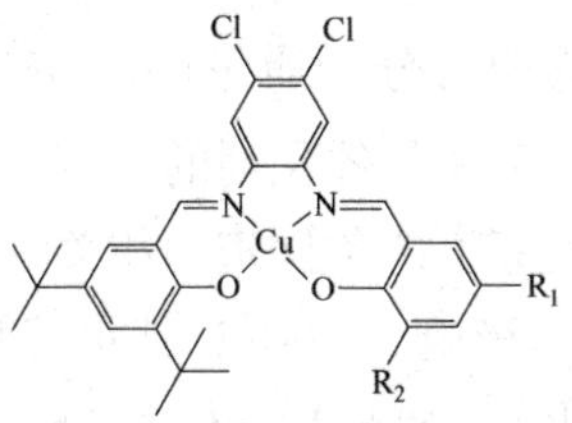

Cl Cl N Cu N O O R_1 R_2

R_1=H，R_2= H 时，为 Salen-CuL^2-水杨醛，简为 Salen-CuL^2-1；

R_1=Br，R_2= H 时，为 Salen- CuL^2-5-溴-水杨醛，简为 Salen-CuL^2-2；

R_1=Br，R_2=Br 时，为 Salen- CuL^2-3，5 二溴-水杨醛，简为 Salen- CuL^2-3；

R_1=H，R_2=OCH_3 时，为 Salen-CuL^2-邻香草醛，简为 Salen- CuL^2-4；

R_1=Br，R_2=OCH_3 时，为 Salen-CuL^2-5-溴-邻香草醛，简为 Salen-CuL^2-5

图 4-6 Salen(L^2)型 Cu(Ⅱ)系催化剂结构示意图

由图 4-6 可知，与前驱体 HL^1 相比较，前驱体 HL^2 的二胺上多了两个吸电子基团-Cl，再考虑到结构式中 R_1、R_2 吸电子基团或推电子基团的存在，使得 Salen（L^2）型 Cu（Ⅱ）系催化剂具有不同的空间效应和电子效应，其金属活性中心周围的电子云密度会减小或增大，从而影响该催化剂的活性、聚合物的相对分子质量及分布、聚合物的立构规整性等。

以结构不同的 Salen-CuL^2-水杨醛（Salen-CuL^2-1）、Salen-CuL^2-5-溴-水杨醛（Salen-CuL^2-2）、Salen-CuL^2-3，5 二溴-水杨醛（Salen-CuL^2-3）、Salen-CuL^2-邻香草醛（Salen-CuL^2-4）或 Salen-CuL^2-5-溴-邻香草醛（Salen-CuL^2-5）为主催化剂，与偶氮二异丁腈（AIBN）助催化剂组成催化体系，在其他工艺条件一定的情况下，考察不同结构的催化剂对活性、聚合物的数均相对分子质量（M_n）、重均相对分子质量（M_w）以及相对分子质量分布指数（*PDI*）的影响。实验方案见表 4-5。

表 4-5　Salen（L^2）型 Cu（Ⅱ）系催化剂催化 MMA 聚合方案

催化剂	*t*/h	*T*/℃	*n*（Co.）：*n*（Cat.）[a]	*n*（M）：*n*（C）[b]
Salen-CuL^2-1	16	80	1：2	800：1
Salen-CuL^2-2	16	80	1：2	800：1
Salen-CuL^2-3	16	80	1：2	800：1
Salen-CuL^2-4	16	80	1：2	800：1
Salen-CuL^2-5	16	80	1：2	800：1

注：[a] *n*（Co.）：*n*（Cat.）助催化剂与催化剂的摩尔比；[b] *n*（M）：*n*（C）单体与催化剂的摩尔比。

4.3.5　单体与催化剂比例对甲基丙烯酸甲酯（MMA）聚合反应的影响

催化剂的活性、聚合物的相对分子质量（M_n、M_w）及其分布（*PDI*）不仅取决于催化剂本身的结构，而且与单体与催化剂的比例、聚合反应温度、聚合反应时间、助催化剂与催化剂的比例等工艺条件密切相关。因此，对每一种催化剂，都应考察以上因素对催化性能的影响，以便对其更好地利用。鉴于实验成本及时间，我们筛选出其中一个催化剂（如 Salen-CuL^1-5）进行工艺条件的优化。在其他条件不变的情况下，改变单体与催化剂的比例，即 *n*（M）：*n*（C）分别为 1200：1、1600：1、2000：1、2400：1 以及 2800：1，考察单体与催化剂比例对 MMA 聚合反应的影响。实验方案见表 4-6。

表 4-6　单体与催化剂的比例对 MMA 聚合的影响

催化剂	t/h	T/℃	n (Co.) : n (Cat.) [a]	n (M) : n (C) [b]
Salen-CuL[1]-5	16	80	1 : 2	400 : 1
Salen-CuL[1]-5	16	80	1 : 2	800 : 1
Salen-CuL[1]-5	16	80	1 : 2	1200 : 1
Salen-CuL[1]-5	16	80	1 : 2	1600 : 1
Salen-CuL[1]-5	16	80	1 : 2	2000 : 1

注：[a] n (Co.) : n (Cat.) 助催化剂与催化剂的摩尔比；[b] n (M) : n (C) 单体与催化剂的摩尔比。

4.3.6　反应温度对甲基丙烯酸甲酯(MMA)聚合反应的影响

对于选定的催化剂 Salen-CuL[1]-5，在其他条件不变的情况下，改变反应温度，即 90 ℃、100 ℃、110 ℃、120 ℃以及 130 ℃，考察反应温度对 MMA 聚合反应的影响。实验方案见表 4-7。

表 4-7　反应温度对 MMA 聚合的影响

催化剂	t/h	T/℃	n (Co.) : n (Cat.) [a]	n (M) : n (C) [b]
Salen-CuL[1]-5	16	60	1 : 2	1200 : 1
Salen-CuL[1]-5	16	70	1 : 2	1200 : 1
Salen-CuL[1]-5	16	80	1 : 2	1200 : 1
Salen-CuL[1]-5	16	90	1 : 2	1200 : 1
Salen-CuL[1]-5	16	100	1 : 2	1200 : 1

注：[a] n (Co.) : n (Cat.) 助催化剂与催化剂的摩尔比；[b] n (M) : n (C) 单体与催化剂的摩尔比。

4.3.7　反应时间对甲基丙烯酸甲酯(MMA)聚合反应的影响

对于选定的催化剂 Salen-CuL[1]-5，在其他条件不变的情况下，改变反应时间，即 2 h、4 h、6 h、8 h、10 h，考察反应时间对 MMA 聚合反应的影响。实验方案见表 4-8。

表 4-8　反应时间对 MMA 聚合的影响

催化剂	t/h	T/℃	n (Co.) : n (Cat.) [a]	n (M) : n (C) [b]
Salen-CuL[1]-5	8	90	1 : 2	1200 : 1
Salen-CuL[1]-5	12	90	1 : 2	1200 : 1
Salen-CuL[1]-5	16	90	1 : 2	1200 : 1
Salen-CuL[1]-5	20	90	1 : 2	1200 : 1
Salen-CuL[1]-5	24	90	1 : 2	1200 : 1

注：[a] n (Co.) : n (Cat.) 助催化剂与催化剂的摩尔比；[b] n (M) : n (C) 单体与催化剂的摩尔比。

4.3.8 助催化剂与催化剂的比例对甲基丙烯酸甲酯(MMA)聚合反应的影响

对于催化剂 Salen-CuL[1]-5，在其他条件不变的情况下，改变助催化剂与催化剂的比例，即 n（Co.）：n（Cat.）分别为 1：4、1：3、1：2、1：1，考察助催化剂与催化剂的比例对 MMA 聚合反应的影响。具体方案见表 4-9。

表 4-9 助催化剂与催化剂的比例对 MMA 聚合的影响

催化剂	t/h	T/℃	n（Co.）：n（Cat.）[a]	n（M）：n（C）[b]
Salen-CuL[1]-5	12	90	1：8	1200：1
Salen-CuL[1]-5	12	90	1：4	1200：1
Salen-CuL[1]-5	12	90	1：2	1200：1
Salen-CuL[1]-5	12	90	1：1	1200：1

注：[a] n（Co.）：n（Cat.）助催化剂与催化剂的摩尔比；[b] n（M）：n（C）单体与催化剂的摩尔比。

4.4 Salen 型 Ni(Ⅱ)、Cu(Ⅱ)催化剂/AIBN 催化甲基丙烯酸甲酯(MMA)聚合结果与讨论

4.4.1 Salen(L^1)型 Ni(Ⅱ)系催化剂对甲基丙烯酸甲酯(MMA)聚合反应的影响

设计合成的 5 种 Salen(L^1)型 Ni(Ⅱ)系催化剂是由前驱体 HL^1 在 $Ni(OAc)_2 \cdot 4H_2O$ 的存在下，分别与水杨醛、5-溴-水杨醛、3，5 二溴-水杨醛、邻香草醛或 5-溴-邻香草醛反应得到的，即 Salen-NiL[1]-水杨醛(Salen-NiL[1]-1)、Salen-NiL[1]-5-溴-水杨醛(Salen-NiL[1]-2)、Salen- NiL[1]-3，5 二溴-水杨醛(Salen-NiL[1]-3)、Salen- NiL[1]-邻香草醛(Salen-NiL[1]-4)或 Salen NiL[1]-5-溴-邻香草醛(Salen-NiL[1]-5)。由于这 5 种 Salen(L^1)型 Ni(Ⅱ)系催化剂的空间扭曲变形程度不同，且结构中含有的吸电子或推电子基团也不同，必然会影响活性中心 Ni^{2+} 周围的电子云密度，从而影响该催化剂的使用性能。因此，将这 5 种 Salen(L^1)型 Ni(Ⅱ)系催化剂与传统的自由基引发剂偶氮二异丁腈(AIBN)组成催化体系，在二甲苯溶剂中，固定其他工艺条件，研究了空间效应、电子效应不同的催化剂对活性、PMMA 的相对分子质量及其分布的影响。结果见表 4-10。

表 4-10　Salen(L^1)型 Ni(Ⅱ)系催化剂催化 MMA 聚合

催化剂	t/h	T/℃	n(Co.):n(Cat.)[a]	n(M):n(C)[b]	活性[10^3g/(mol·h)]	M_n[c]/10^3	PDI[d]
Salen-NiL^1-1	16	80	1:2	800:1	3.602	63.515	1.55
Salen-NiL^1-2	16	80	1:2	800:1	3.923	113.961	1.23
Salen-NiL^1-3	16	80	1:2	800:1	3.944	16.690	2.92
Salen-NiL^1-4	16	80	1:2	800:1	3.535	19.897	1.38
Salen-NiL^1-5	16	80	1:2	800:1	4.185	64.271	2.44

注:[a] n(Co.):n(Cat.) 助催化剂与催化剂的摩尔比;[b] n(M):n(C) 单体与催化剂的摩尔比;[c] M_n—聚合物的数均相对分子质量;[d] PDI=(M_w/ M_n) 相对分子质量分布指数。

由表4-10知，对于 Salen(L^1)型 Ni(Ⅱ)系催化剂 Salen-NiL^1-1～ Salen-NiL^1-5，与 AIBN 组成催化体系，在二甲苯溶剂中，单体与催化剂的比例为800:1、聚合反应温度为80 ℃、聚合反应时间为16 h、助催化剂与催化剂的比例为1:2的条件下，均能进行 MMA 的聚合。分析结果如下：

(1) 催化剂 Salen-NiL^1-1～ Salen-NiL^1-5 的催化活性在 3.535×10^3～4.185×10^3g/(mol·h)之间，其催化活性的顺序为：Salen-NiL^1-5 > Salen-NiL^1-3 > Salen-NiL^1-2 > Salen-NiL^1-1 > Salen-NiL^1-4；所得 PMMA 的数均相对分子质量 M_n在 16.690×10^3～113.961×10^3之间；所得 PMMA 的相对分子质量分布指数 PDI 在1.23～2.92之间。说明设计合成的 Salen(L^1)型 Ni(Ⅱ)系催化剂 Salen-NiL^1-1～ Salen-NiL^1-5 与 AIBN 组成催化体系，在催化 MMA 聚合时具有中等活性，所得 PMMA 的数均相对分子质量 M_n在 10^4～10^5数量级之间，相对分子质量分布指数 PDI 在2.0左右，反应有一定的可控性。

(2)催化剂 Salen-NiL^1-1、Salen-NiL^1-2、Salen-NiL^1-3 的活性依次增大[由 3.602×10^3g/(mol·h)增大到 3.944×10^3g/(mol·h)]，所得 PMMA 的相对分子质量 M_n在 10^4～10^5数量级之间，PDI 在2左右。可能是由于三者的空间效应和电子效应不同所致。从空间效应看，催化剂 Salen-NiL^1-1、Salen-NiL^1-2 结构中的 N_2O_2平面变形性尽管并未增大[N(2)-Ni(1)-O(1)之间的夹角与 N(1)-Cu(1)-O(2) 之间的夹角分别相差0.73°和0.14°]，但是，从诱导效应看，按照催化剂 Salen-NiL^1-水杨醛(Salen-NiL^1-1)、Salen- NiL^1-5-溴-水杨醛(Salen- NiL^1-2)、Salen- NiL^1-3，5 二溴-水杨醛(Salen- NiL^1-3)的顺序，其结构上依次增加了一个-Br 取代基(图4-3)。作为较强的吸电子基团，-Br 取代基会使催化剂的活性中心 Ni^{2+}周围的电子云密度降低，有利于活性中心与单体进行作用，所以使相应催化剂的活性增加。

(3) 催化剂 Salen-NiL^1-5 的活性[4.185×10^3g/(mol·h)]高于催化剂 Salen-NiL^1-4[3.535×10^3g/(mol·h)]的活性，所得 PMMA 的相对分子质量 M_n 也在增

加(由 19.897×10^3增加到 64.271 ×10^3)。这可能是因为催化剂 Salen-NiL^1-5 在结构上比催化剂 Salen-NiL^1-4 多了一个-Br 取代基(图 4-3),吸电子基团-Br 使催化剂的活性中心 Ni^{2+}周围的电子云密度降低,有利于活性中心与单体进行作用,所以使催化剂的活性增加;另一方面,-Br 取代基有一定的位阻效应,有利于阻止链转移,从而增加了 PMMA 的相对分子质量。

(4)比较催化剂 Salen-NiL^1-4 和催化剂 Salen-NiL^1-1 的聚合反应,结果表明,催化剂 Salen- NiL^1-4 的催化活性[3.535×10^3 g/(mol·h)]稍低于催化剂 Salen- NiL^1-1 的活性[3.602×10^3 g/(mol·h)],所得 PMMA 的相对分子质量(19.897×10^3g/mol)低于后者所得聚苯乙烯的相对分子质量(63.525 ×10^3)。这可能是因为催化剂 Salen-NiL^1-4 比催化剂 Salen-NiL^1-1 在结构上多了一个-OCH_3取代基(图 4-3),-OCH_3取代基具有推电子诱导效应,使金属活性中心周围的电子云密度增加;另一方面,-OCH_3是一个位阻基团,在一定程度上阻碍了催化剂与 MMA 单体的作用,从而降低了催化活性。

4.4.2 Salen(L^1)型 Cu(Ⅱ)系催化剂对甲基丙烯酸甲酯(MMA)聚合反应的影响

设计合成的 5 种 Salen(L^1)型 Cu(Ⅱ)系催化剂是前驱体 HL^1在 $Cu(OAc)_2 \cdot H_2O$ 的存在下,分别与水杨醛、5-溴-水杨醛、3,5 二溴-水杨醛、邻香草醛或 5-溴-邻香草醛反应得到的,即 Salen-CuL^1-水杨醛(Salen-CuL^1-1)、Salen-CuL^1-5-溴-水杨醛(Salen- CuL^1-2)、Salen- CuL^1-3,5 二溴-水杨醛(Salen-CuL^1-3)、Salen-CuL^1-邻香草醛(Salen-CuL^1-4)或 Salen -CuL^1-5-溴-邻香草醛(Salen-CuL^1-5)。由于这 5 种 OL 型-铜系催化剂的空间扭曲变形程度不同,且结构中含有的吸电子或推电子基团也不同,必然会影响活性中心 Cu^{2+}周围的电子云密度,从而影响该催化剂的使用性能。因此,将这 5 种 Salen(L^1)型 Cu(Ⅱ)系催化剂与传统的自由基引发剂偶氮二异丁腈(AIBN)组成催化体系,在二甲苯溶剂中,固定其他工艺条件,研究了空间效应、电子效应不同的催化剂对其活性、PMMA 的相对分子质量及其分布的影响。结果见表 4-11。

表 4-11 Salen(L^1)型 Cu(Ⅱ)系催化剂催化 MMA 聚合

催化剂	t/h	T/℃	n(Co.):n(Cat.)[a]	n(M):n(C)[b]	活性/[10^3g/(mol·h)]	M_n[c]/10^3	PDI[d]
Salen-CuL^1-1	16	80	1:2	800:1	3.513	22.248	1.91
Salen-CuL^1-2	16	80	1:2	800:1	3.854	18.290	2.23
Salen-CuL^1-3	16	80	1:2	800:1	3.861	18.260	2.49
Salen-CuL^1-4	16	80	1:2	800:1	3.442	20.550	1.96
Salen-CuL^1-5	16	80	1:2	800:1	3.932	16.254	2.00

注:[a] n(Co.):n(Cat.)助催化剂与催化剂的摩尔比;[b] n(M):n(C)单体与催化剂的摩尔比;[c] M_n—聚合物的数均相对分子质量;[d] $PDI=(M_w/M_n)$ 相对分子质量分布指数。

由表 4-11 可知，对于 Salen(L^1)型 Cu(Ⅱ)系催化剂 Salen-CuL^1-1～Salen-CuL^1-5，与 AIBN 组成催化体系，在二甲苯溶剂中，单体与催化剂的比例为 6800：1、聚合反应温度为 80 ℃、聚合反应时间为 16 h、助催化剂与催化剂的比例为 1：2 的条件下，均能进行 MMA 的聚合。分析结果如下：

（1）催化剂 Salen-CuL^1-1～Salen-CuL^1-5 的催化活性在 3.442×10^3～3.932×10^3 g/(mol·h)之间，其催化活性的顺序为：Salen-CuL^1-5 > Salen-CuL^1-3 > Salen-CuL^1-2 > Salen-CuL^1-1 > Salen-CuL^1-4；所得 PMMA 的数均相对分子质量 M_n 在 16.254×10^3～22.248×10^3 之间；所得 PMMA 的相对分子质量分布指数 *PDI* 在 1.91～2.49 之间。说明设计合成的 Salen(L^1)型 Cu(Ⅱ)系催化剂 Salen-CuL^1-1～Salen-CuL^1-5 与 AIBN 组成催化体系，在催化 MMA 聚合时具有中等活性，所得 PMMA 的数均相对分子质量 M_n 在 10^4 数量级，相对分子质量分布指数 *PDI* 在 2.0 左右，反应有一定的可控性。

(2)催化剂 Salen-CuL^1-1、Salen-CuL^1-2、Salen-CuL^1-3 的活性依次增大[由 3.513×10^3 g/(mol·h)增大到 3.861×10^3 g/(mol·h)]，所得 PMMA 的数均相对分子质量 M_n 依次减小(由 22.248×10^3 减小到 18.260×10^3)，相对分子质量分布指数 *PDI* 在 2 左右。这可能是由于三者的空间效应和电子效应不同所致。从空间效应看，催化剂 Salen-CuL^1-水杨醛(Salen-CuL^1-1)、Salen-CuL^1-5-溴-水杨醛(Salen-CuL^1-2)、Salen-CuL^1-3，5 二溴-水杨醛(Salen-CuL^1-3)结构中的 N_2O_2 平面变形性依次增大[N(2)-Cu(1)-O(1)之间的夹角与 N(1)-Cu(1)-O(2) 之间的夹角分别相差 0.53°、0.67°和 1.10°]，变形性越大，金属活性中心外露的较多，催化活性增加。从诱导效应看，按照催化剂 Salen-CuL^1-水杨醛(Salen-CuL^1-1)、Salen-CuL^1-5-溴-水杨醛(Salen-CuL^1-2)、Salen-CuL^1-3，5 二溴-水杨醛(Salen-CuL^1-3)的顺序，其结构上依次增加了一个-Br 取代基(图 4-4)。作为较强的吸电子基团，-Br 取代基会使催化剂的活性中心 Cu^{2+} 周围的电子云密度降低，有利于活性中心与 MMA 单体进行作用，所以使相应催化剂的活性增加，但同时也会增加反应过程中的链转移，导致 PMMA 的相对分子质量减小。

（3）催化剂 Salen-CuL^1-5 的活性[3.932×10^3 g/(mol·h)]高于催化剂 Salen-CuL^1-4 [3.442×10^3 g/(mol·h)]的活性，所得 PMMA 的相对分子质量却在减小(由 20.550×10^3 减小到 16.254×10^3)。这可能是因为催化剂 Salen-CuL^1-5 在结构上比催化剂 Salen-CuL^1-4 多了一个-Br 取代基(图 4-4)，吸电子基团-Br 使催化剂的活性中心 Cu^{2+} 周围的电子云密度降低，有利于活性中心与单体进行作

用，所以使催化剂的活性增加，但同时也会增加反应过程中的链转移，导致PMMA 的相对分子质量减小。

(4)比较催化剂 Salen-CuL^1-4 和催化剂 Salen-CuL^1-1 的聚合反应，结果表明，催化剂 Salen-CuL^1-4 的催化活性[3.442×10^3 g/(mol·h)]低于催化剂 Salen-CuL^1-1 [3.513×10^3 g/(mol·h)]的活性，所得 PMMA 的相对分子质量(20.550×10^{31})与后者所得 PMMA 的相对分子质量(22.248×10^3)相近。这可能是因为催化剂 Salen-CuL^1-4 比催化剂 Salen-CuL^1-1 在结构上多了一个-OCH_3取代基(图 4-4)，-OCH_3取代基具有推电子诱导效应，使金属活性中心周围的电子云密度增加；另一方面，-OCH_3是一个位阻基团，在一定程度上阻碍了催化剂与 MMA 单体的作用，从而降低了催化活性。

(5)对比 Salen(L^1)型 Ni(Ⅱ)系催化剂和 Salen(L^1)型 Cu(Ⅱ)系催化剂的聚合反应结果，对于只有金属活性中心不同(分别为 Cu^{2+} 和 Ni^{2+})，其他结构相同的催化剂，如催化剂 Salen-CuL^1-1 和 Salen-NiL^1-1，其活性分别为 3.513×10^3 g/(mol·h)和 3.602×10^3 g/(mol·h)，也就是说，活性中心为 Ni^{2+} 的催化剂比活性中心为 Cu^{2+} 的催化剂的活性要高，对于其他相应催化剂(催化剂 Salen-CuL^1-2 和 Salen-NiL^1-2、催化剂 Salen-CuL^1-3 和 Salen-NiL^1-3、催化剂 Salen-CuL^1-1 和 Salen-NiL^1-4、催化剂 Salen-CuL^1-5 和 Salen-NiL^1-5)也有此规律。

4.4.3 Salen(L^2)型 Ni(Ⅱ)系催化剂对甲基丙烯酸甲酯(MMA)聚合反应的影响

设计合成的 5 种 Salen(L^2)型 Ni(Ⅱ)系催化剂是由前驱体 HL^2 在 $Ni(OAc)_2\cdot4H_2O$ 的存在下，分别与水杨醛、5-溴-水杨醛、3，5 二溴-水杨醛、邻香草醛或 5-溴-邻香草醛反应得到的，即催化剂 Salen-NiL^2-水杨醛(Salen-NiL^2-1)、Salen-NiL^2-5-溴-水杨醛(Salen-NiL^2-2)、Salen-NiL^2-3，5 二溴-水杨醛(Salen-NiL^2-3)、Salen-CuL^2-邻香草醛(Salen-NiL^2-4)或 Salen-NiL^2-5-溴-邻香草醛(Salen-NiL^2-5)。由于这 5 种 Salen(L^2)型 Ni(Ⅱ)系催化剂的空间扭曲变形程度不同，且结构中含有的吸电子或推电子基团也不同，必然会影响活性中心 Ni^{2+}周围的电子云密度，从而影响该催化剂的使用性能。因此，将这 5 种 Salen(L^2)型 Ni(Ⅱ)系催化剂与传统的自由基引发剂偶氮二异丁腈(AIBN)组成催化体系，在二甲苯溶剂中，固定其他工艺条件，研究了空间效应、电子效应不同的催化剂对活性、PMMA 的相对分子质量及其分布的影响。结果见表 4-12。

表 4-12　Salen(L²)型 Ni(Ⅱ)系催化剂催化 MMA 聚合

催化剂	t/h	T/℃	n (Co.) : n (Cat.)[a]	n (M) : n (C)[b]	活性/[10^3g/(mol·h)]	M_n[c]/10^3	PDI[d]
Salen-NiL^2-1	16	80	1 : 2	800 : 1	4.203	24.037	2.25
Salen-NiL^2-2	16	80	1 : 2	800 : 1	4.698	22.315	2.89
Salen-NiL^2-3	16	80	1 : 2	800 : 1	5.108	47.831	2.57
Salen-NiL^2-4	16	80	1 : 2	800 : 1	3.622	30.011	2.14
Salen-NiL^2-5	16	80	1 : 2	800 : 1	5.254	32.741	1.98

注：[a] n (Co.) : n (Cat.) 助催化剂与催化剂的摩尔比；[b] n (M) : n (C) 单体与催化剂的摩尔比；[c] M_n—聚合物的数均相对分子质量；[d] $PDI=(M_w/M_n)$ 相对分子质量分布指数。

由表 4-12 可知，对于 Salen(L^2)型 Ni(Ⅱ)系催化剂 Salen-NiL^2-1～Salen-NiL^2-5，与 AIBN 组成催化体系，在二甲苯溶剂中，单体与催化剂的比例为 800∶1、聚合反应温度为 80 ℃、聚合反应时间为 16 h、助催化剂与催化剂的比例为 1∶2 的条件下，均能催化 MMA 的聚合。分析结果如下：

(1) 催化剂 Salen-NiL^2-1～Salen-NiL^2-5 的催化活性在 3.622×10^3～5.254×10^3g/(mol·h)之间，其催化活性的顺序为：Salen-NiL^2-5 > Salen-NiL^2-3 > Salen-NiL^2-2 > Salen-NiL^2-1 > Salen-NiL^2-4；所得 PMMA 的数均相对分子质量 M_n 在 22.315×10^3～47.831×10^3之间，所得 PMMA 的相对分子质量分布指数 PDI 在 1.98～2.89 之间。说明设计合成的 Salen(L^2)型 Ni(Ⅱ)系催化剂 Salen-NiL^2-1～Salen-NiL^2-5 与 AIBN 组成催化体系，在催化 MMA 聚合时具有中等活性，所得 PMMA 的数均相对分子质量 M_n 在 10^4数量级，反应有一定的可控性。

(2)催化剂 Salen-NiL^2-1、Salen-NiL^2-2、Salen-NiL^2-3 的活性依次增大[由 4.203×10^3g/(mol·h)增大到 5.108×10^3g/(mol·h)]，所得 PMMA 的数均相对分子质量 M_n 在 10^4数量级，相对分子质量分布指数 PDI 在 2.5 左右。这可能是由于三者的空间效应和电子效应不同所致。按照催化剂 Salen-NiL^2-水杨醛(Salen-NiL^2-1)、Salen-NiL^2-5-溴-水杨醛(Salen-NiL^2-2)、Salen-NiL^2-3，5 二溴-水杨醛(Salen-NiL^2-3)的顺序，其结构上依次增加了一个-Br 取代基(图 4-5)。作为较强的吸电子基团，-Br 取代基会使催化剂的活性中心 Ni^{2+}周围的电子云密度降低，有利于活性中心与 MMA 单体进行作用，所以使相应催化剂的活性增加，聚合物的数均相对分子质量 M_n 在 10^4数量级。

(3) 催化剂 Salen-NiL^2-5 的活性[5.254×10^3g/(mol·h)]高于催化剂 Salen-NiL^2-54[3.622×10^3g/(mol·h)]的活性，所得 PMMA 的数均相对分子质量 M_n 也在增加(由 30.011×10^3 增加到 32.741×10^3)。这可能是因为催化剂 Salen-NiL^2-5 在结构上比催化剂 Salen-NiL^2-4 多了一个-Br 取代基(图 4-5)，吸电子基团-Br 使催化剂的活性中心 Ni^{2+}周围的电子云密度降低，有利于活性中心与单

体进行作用，所以使催化剂的活性增加；另一方面，-Br 取代基有一定的位阻效应，有利于阻止链转移，从而增加了 PMMA 的相对分子质量。

(4)比较催化剂 Salen-NiL^2-4 和催化剂 Salen-NiL^2-1 的聚合反应，结果表明，催化剂 Salen-NiL^2-4 的催化活性[3.622×10^3 g/(mol·h)]低于催化剂 Salen-NiL^2-1[4.203×10^3 g/(mol·h)]的活性，所得 PMMA 的数均相对分子质量(30.011×10^3)稍高于后者所得 PMMA 的相对分子质量(24.037×10^3)。这可能是因为催化剂 Salen-NiL^2-4 比催化剂 Salen-NiL^2-1 在结构上多了一个-OCH_3取代基(图 4-5)，-OCH_3取代基具有推电子诱导效应，使金属活性中心周围的电子云密度增加；另一方面，-OCH_3是一个位阻基团，在一定程度上阻碍了催化剂与 MMA 单体的作用，从而降低了催化活性，但这种空间位阻却有利于阻止链转移，从而增加了 PMMA 的相对分子质量。

(5) 对比 Salen(L^2)型 Ni(Ⅱ)系和 Salen(L^1)型 Ni(Ⅱ)系催化剂，可以看出，在其他工艺条件相同的条件下，Salen(L^2)型 Ni(Ⅱ)系催化剂的活性比相应的 Salen(L^1)型 Ni(Ⅱ)系的活性高，如催化剂 Salen-NiL^2-1 的活性(4.203×10^3 g·$mol^{-1}h^{-1}$)高于催化剂 Salen-NiL^1-1 的活性[3.602×10^3 g/(mol·h)]，这可能是因为 Salen(L^2)型 Ni(Ⅱ)系催化剂在结构上比 Salen(L^1)型 Ni(Ⅱ)系催化剂多了两个强吸电子基团-Cl，使得 Salen(L^2)型 Ni(Ⅱ)系催化剂比 Salen(L^1)型 Ni(Ⅱ)系催化剂中金属活性中心周围的电子云密度更低，导致催化剂的活性相应较大。对于其他相应催化剂(催化剂 Salen-NiL^2-2 和 Salen-NiL^1-2、催化剂 Salen-NiL^2-3 和 Salen-NiL^1-3、催化剂 Salen-NiL^2-4 和 Salen-NiL^1-4、催化剂 Salen-NiL^2-5 和 Salen-NiL^1-5)也有此规律，这进一步说明了催化剂的结构决定了使用性能，具有不同空间效应、电子效应的催化剂，其催化活性也不同，所得聚合物的相对分子质量同样也有差异。

4.4.4 Salen(L^2)型 Cu(Ⅱ)系催化剂对甲基丙烯酸甲酯(MMA)聚合反应的影响

设计合成的 5 种 Salen(L^2)型 Cu(Ⅱ)系催化剂是由前驱体 HL^2 在 $Cu(OAc)_2 \cdot H_2O$ 的存在下，分别与水杨醛、5-溴-水杨醛、3，5 二溴-水杨醛、邻香草醛或 5-溴-邻香草醛反应得到的，即 Salen-CuL^2-水杨醛(Salen-CuL^2-1)、Salen-CuL^2-5-溴-水杨醛(Salen-CuL^2-2)、Salen-CuL^2-3，5 二溴-水杨醛(Salen-CuL^2-3)、Salen-CuL^2-邻香草醛(Salen-CuL^2-4)或 Salen-CuL^2-5-溴-邻香草醛(Salen-CuL^2-5)。由于这 5 种 Salen(L^2)型 Cu(Ⅱ)系催化剂的空间扭曲变形程度不同，且结构中含有的吸电子或推电子基团也不同，必然会影响活性中心 Cu^{2+}周围的电子云密度，从而影响该催化剂的使用性能。因此，将这 5 种 Salen(L^2)型 Cu(Ⅱ)系催化剂与传统的自由基引发剂偶氮二异丁腈(AIBN)组成催化体系，在二甲苯溶剂中，固定其他工艺条件，研究了空间效应、电子效应不同的催化剂对活性、PMMA 的相对分子质量及其分布的影响。结果见表 4-13。

表 4-13　Salen(L^2)型 Ni(Ⅱ)系催化剂催化 MMA 聚合

催化剂	t/h	T/℃	n(Co.):n(Cat.)[a]	n(M):n(C)[b]	活性/[10^3g/(mol·h)]	M_n[c]/10^3	PDI[d]
Salen-CuL^2-1	16	80	1∶2	800∶1	4.114	34.737	1.99
Salen-CuL^2-2	16	80	1∶2	800∶1	4.619	22.437	1.68
Salen-CuL^2-3	16	80	1∶2	800∶1	5.021	65.613	2.27
Salen-CuL^2-4	16	80	1∶2	800∶1	3.515	30.725	2.01
Salen-CuL^2-5	16	80	1∶2	800∶1	5.117	55.621	2.07

注:[a] n(Co.):n(Cat.)助催化剂与催化剂的摩尔比;[b] n(M):n(C)单体与催化剂的摩尔比;[c] M_n—聚合物的数均相对分子质量;[d] $PDI=(M_w/M_n)$ 相对分子质量分布指数。

由表 4-13 可知，对于 Salen(L^2)型 Cu(Ⅱ)系催化剂 Salen-CuL^2-1～Salen-CuL^2-5，与 AIBN 组成催化体系，在二甲苯溶剂中，单体与催化剂的比例为 800∶1、聚合反应温度为 80 ℃、聚合反应时间为 16 h、助催化剂与催化剂的比例为 1∶2 的条件下，均能进行 MMA 的聚合。分析结果如下：

(1) 催化剂 Salen-CuL^2-1～Salen-CuL^2-5 的催化活性在 3.515 ×10^3～5.117 ×10^3 g/(mol·h)之间，其催化活性的顺序为：Salen-CuL^2-5 > Salen-CuL^2-3 > Salen-CuL^2-2 > Salen-CuL^2-1 > Salen-CuL^2-4；所得 PMMA 的数均相对分子质量 M_n 在 22.437 ×10^3～65.613 ×10^3之间；所得 PMMA 的 PDI 在 2 左右。说明设计合成的 Salen(L^2)型 Cu(Ⅱ)系催化剂 Salen-CuL^2-1～Salen-CuL^2-5 与 AIBN 组成催化体系，在催化 MMA 聚合时具有中等活性，所得 PMMA 的数均相对分子质量 M_n 在 10^4数量级，相对分子质量分布指数 PDI 在 2.0 左右，反应有一定的可控性。

(2)催化剂 Salen-CuL^2-1、Salen-CuL^2-2、Salen-CuL^2-3 的活性依次增大[由 4.114 ×10^3g/(mol·h)增大到 5.021 ×10^3g/(mol·h)]，所得 PMMA 的数均相对分子质量 M_n 在 10^4数量级，相对分子质量分布指数 PDI 在 2 左右。这可能是由于三者的电子效应和空间效应不同所致，按照催化剂 Salen-CuL^2-水杨醛(Salen-CuL^2-1)、Salen-CuL^2-5-溴-水杨醛(Salen-CuL^2-2)、Salen-CuL^2-3，5 二溴-水杨醛(Salen-CuL^2-3)的顺序，其结构上依次增加了一个-Br 取代基(图 4-6)。作为较强的吸电子基团，-Br 取代基会使催化剂的活性中心 Cu^{2+} 周围的电子云密度降低，有利于活性中心与 MMA 单体进行作用，所以使相应催化剂的活性增加，所得聚合物的数均相对分子质量 M_n 在 10^4数量级。

(3) 催化剂 Salen-CuL^2-5 的活性[5.117 ×10^3 g/(mol·h)]高于催化剂 Salen-CuL^2-4 [3.515 ×10^3g/(mol·h)]的活性，所得 PMMA 的相对分子质量逐

渐增加(由 30.725 $\times 10^3$增加到 55.621 $\times 10^3$)。这可能是因为催化剂 Salen-CuL^2-5 在结构上比催化剂 Salen-CuL^2-4 多了一个-Br 取代基(图 4-6)，吸电子基团-Br 使催化剂的活性中心 Cu^{2+}周围的电子云密度降低，且催化剂 Salen-CuL^2-5 的两个稳定的六元金属螯合环(CuOCCCN)的二面角 6.4(2)°，比催化剂 Salen-CuL^2-4 的两个稳定的六元金属螯合环(CuOCCCN)的二面角 11.0(2)° 小，说明催化剂 Salen-CuL^2-5 的金属活性中心外露的较多，有利于铜金属活性中心与 MMA 单体进行作用，从而增加了催化剂的活性；另一方面，-Br 取代基有一定的位阻效应，有利于阻止链转移，从而稍增加了 PMMA 的相对分子质量。

(4)比较催化剂 Salen-CuL^2-4 和催化剂 Salen-CuL^2-1 的聚合反应，结果表明，催化剂 Salen-CuL^2-4 的催化活性[3.515 $\times 10^3$ g/(mol·h)]低于催化剂 Salen-CuL^2-1[4.114 $\times 10^3$ g/(mol·h)]的活性，所得 PMMA 的数均相对分子质量均在 3.0 $\times 10^4$g/mol 左右。这可能是因为催化剂 Salen-CuL^2-4 比催化剂 Salen-CuL^2-1 在结构上多了一个-OCH_3取代基(图 4-6)，-OCH_3取代基具有推电子诱导效应，使金属活性中心周围的电子云密度增加，另一方面，-OCH_3是一个位阻基团，在一定程度上阻碍了催化剂与 MMA 单体的作用，从而降低了催化活性。

(5) 对比 Salen(L^2)型 Cu(Ⅱ)系和 Salen(L^1)型 Cu(Ⅱ)系催化剂，可知，在其他工艺条件相同的条件下，Salen(L^2)型 Cu(Ⅱ)系催化剂的活性比相应的 Salen(L^1)型 Cu(Ⅱ)系的活性高，如催化剂 Salen-CuL^2-1 的活性[4.114 $\times 10^3$g/(mol·h)]高于催化剂 Salen-CuL^1-1 的活性[3.513 $\times 10^3$g/(mol·h)]，这可能是因为 Salen(L^2)型 Cu(Ⅱ)系催化剂在结构上比 Salen(L^1)型 Cu(Ⅱ)系催化剂多了两个强吸电子基团-Cl，使得 Salen(L^2)型 Cu(Ⅱ)系催化剂比 Salen(L^1)型 Cu(Ⅱ)系催化剂中金属活性中心周围的电子云密度更低，导致催化剂的活性相应较大。对于其他相应催化剂(催化剂 Salen-CuL^2-2 和 Salen-CuL^1-2、催化剂 Salen-CuL^2-3 和 Salen-CuL^1-3、催化剂 Salen-CuL^2-4 和 Salen-CuL^1-4、催化剂 Salen-CuL^2-5 和 Salen-CuL^1-5)也有此规律，这进一步说明了催化剂的结构决定了使用性能，具有不同空间效应、电子效应的催化剂，其催化活性也不同，所得聚合物的相对分子质量同样也有差异。

(6)对比 Salen(L^2)型 Ni(Ⅱ)系催化剂和 Salen(L^2)型 Cu(Ⅱ)的聚合反应结果，对于只有金属活性中心不同(分别为 Cu^{2+}和 Ni^{2+})，其他结构相同的催化剂，如催化剂 Salen-CuL^2-1 和 Salen- NiL^2-1，其活性分别为 4.114 $\times 10^3$g/(mol·h)和 4.203 $\times 10^3$g/(mol·h)，也就是说，活性中心为 Ni^{2+}的催化剂比活性中心为 Cu^{2+}的催化剂的活性要高，对于其他相应催化剂(催化剂 Salen-CuL^2-2 和 Salen-NiL^2-2、催化剂 Salen-CuL^2-3 和 Salen-NiL^2-3、催化剂 Salen-CuL^2-4 和 Salen-NiL^2-4、催化剂 Salen-CuL^2-5 和 Salen-NiL^2-5)也有此规律。

总之，上述不同结构的 Salen(L^1)型、Salen(L^2)型 Ni(Ⅱ)、Cu(Ⅱ)系催化剂与 AIBN 组成催化体系，在二甲苯溶剂中，聚合反应温度 80 ℃，聚合反应时间 16 h，单体与催化剂的比例 n（M）：n（C）= 800：1，助催化剂与催化剂的比例 n（Co.）：n（Cat.）= 1：2 的条件下，所得聚合产物 PMMA 的凝胶色谱图均呈单峰分布，说明催化剂只有一个活性中心，数均相对分子质量 M_n 在 16.254×10^3 ~ 113.961×10^3，相对分子质量分布指数 *PDI* 在 2 左右，反应具有一定的可控性。

4.4.5 单体与催化剂比例对 MMA 聚合反应的影响

由前述可知，Salen(L^1)型 Ni(Ⅱ)系催化剂、Salen(L^1)型 Cu(Ⅱ)系催化剂、Salen(L^2)型 Ni(Ⅱ)系催化剂及 Salen(L^2)型 Cu(Ⅱ)系催化剂共 20 个催化剂在同样的条件下催化聚合 MMA 时，催化活性、所得 PMMA 的数均相对分子质量 M_n 及相对分子质量分布指数 *PDI* 各异，对于每一种催化剂，都可优化工艺条件，以便对其更好地利用。鉴于实验成本及时间，筛选出 Salen(L^1)型 Cu(Ⅱ)系催化剂中活性较高的 Salen-CuL^1-5(即 Salen-CuL^1-5-溴-邻香草醛)催化剂，与 AIBN 组成催化体系，在二甲苯溶剂中，考察单体与催化剂的比例、聚合反应温度、聚合反应时间及助催化剂与催化剂的比例对 MMA 聚合的影响。首先固定其他条件，考察单体与催化剂的比例对 MMA 聚合的影响，见表 4-14。

表 4-14　单体与催化剂的比例对 MMA 聚合的影响

催化剂	t/h	T/℃	n（Co.）：n（Cat.）[a]	n（M）：n（C）[b]	活性/[10^3g/(mol·h)]	M_n[c]/10^3	*PDI*[d]
Salen-CuL^1-5	6	80	1：2	400：1	1.748	11.550	1.63
Salen-CuL^1-5	6	80	1：2	800：1	3.932	16.254	2.00
Salen-CuL^1-5	6	80	1：2	1200：1	7.200	34.894	2.18
Salen-CuL^1-5	6	80	1：2	1600：1	7.082	68.925	2.14
Salen-CuL^1-5	6	80	1：2	2000：1	7.059	31.177	2.40

注：[a] n（Co.）：n（Cat.）助催化剂与催化剂的摩尔比；[b] n（M）：n（C）单体与催化剂的摩尔比；[c] M_n—聚合物的数均相对分子质量；[d] $PDI=(M_w/M_n)$ 相对分子质量分布指数。

由表 4-14 可知，随着单体与催化剂的摩尔比由 400：1 增大到 2000：1，催化剂 Salen-CuL^1-5 的催化活性和相对分子质量均呈现出先增加后减小的趋势，在单体与催化剂的摩尔比为 1200：1 时，催化活性最高[7.200×10^3g/(mol·h)]，在单体与催化剂的摩尔比为 1600：1 时，所得 PMMA 的相对分子质量最大(M_n = 68.925×10^3)。

这可能是因为当 n（M）/ n（C）值较小时(400：1)，催化剂的浓度相对较大，活性中心数增多，聚合物分子量较小(M_n=11.550×10^3)，在乙醇中的可溶部分增加，导致催化剂活性较低[1.748×10^3 g/(mol·h)]。随着 n(M)/n(C)值的逐渐增大(400：1增大到1200：1)，单体浓度也在增大，均聚反应速率加快，因此催化活性随之增加[1.748×10^3 g/(mol·h)增大到7.200×10^3g/(mol·h)]；但当 n(M)/n(C) 值太大时(2000：1)，一方面催化剂的浓度相对减少，引起催化剂活性中心数目减少，转化率减少，催化剂活性也较低[7.057×10^3 g/(mol·h)]；另一方面，可能因为单体中含有的氧原子与金属活性中心有一定的配位能力，当单体的浓度较高时，氧与金属原子配位的概率会增加，当氧原子与金属原子配位后，不利于聚合反应的链增长，并且 n(M)/n(C) 值太大时，单体的浓度较大，导致聚合体系的黏度增加，影响了单体向活性中心的扩散，从而催化剂活性降低，聚合物的相对分子质量减小(31.177×10^3g/mol)。

因此，选定单体与催化剂的摩尔比 n(M)/n(C)为1200：1，进行其他工艺条件的进一步优化。

4.4.6 反应温度对MMA聚合反应的影响

对于催化剂Salen-CuL[1]-5，与AIBN组成催化体系，在二甲苯溶剂中，单体与催化剂的比例为1200：1、聚合反应时间为16 h、助催化剂与催化剂的比例为1：2的条件下，考察聚合反应温度(60 ℃、70 ℃、80 ℃、90 ℃和100 ℃)对MMA聚合的影响，见表4-15。

表4-15 反应温度对MMA聚合的影响

催化剂	t/h	T/℃	n(Co.)：n(Cat.)^a	n(M)：n(C)^b	活性/[10^3g/(mol·h)]	M_n^{c}/10^3	PDI^d
Salen-CuL[1]-5	16	60	1：2	1200：1	1.714	33.516	2.01
Salen-CuL[1]-5	16	70	1：2	1200：1	6.604	34.238	1.67
Salen-CuL[1]-5	16	80	1：2	1200：1	7.200	34.894	2.18
Salen-CuL[1]-5	16	90	1：2	1200：1	8.637	40.631	2.02
Salen-CuL[1]-5	16	100	1：2	1200：1	8.642	38.849	2.03

注：^{a} n(Co.)：n(Cat.) 助催化剂与催化剂的摩尔比；^{b} n(M)：n(C) 单体与催化剂的摩尔比；^{c} M_n—聚合物的数均相对分子质量；^{d} $PDI=(M_w/M_n)$ 相对分子质量分布指数。

由表4-15可知，聚合反应温度对催化活性影响很大，随着聚合反应温度由60 ℃逐渐提高到100 ℃，催化剂Salen-CuL[1]-5的催化活性呈现出逐渐增大的趋势[1.714×10^3g/(mol·h)增加到8.642 g/(mol·h)]，聚合物的相对分子质量则出现了先增加后减小的趋势；但从90 ℃提高到100℃，活性增加变缓[8.637×

10^3g/(mol·h)增加到 8.642×10^3 g/(mol·h)]，聚合物的相对分子质量减小(40.631×10^3降低到 38.849×10^3)，且聚合物较硬，颜色较深，故选取了 90 ℃作为较适宜的反应温度。

这可能是因为在较低的反应温度下，分子的热运动能量较低，单体无法获得足够的活化能与活性中心作用，从而使单体的插入速率较低，同时，温度低也导致反应体系中自由基浓度过低，使聚合速度减慢，最终导致催化活性[1.714×10^3g/(mol·h)]和聚合物的相对分子质量 M_n(33.516×10^3)都较低。相反，升高聚合反应温度(由 60 ℃升高到 90 ℃)，分子的热运动能量增加，单体的活化分子比例增大，单体在获得足够能量后易于插入活化中心，使得单体插入速率加快；并且，温度升高，体系的黏度减小，有利于单体的传质和扩散；同时，催化剂上有一定位阻效应的甲氧基得到足够的能量，避开插入的单体，致使催化剂活性增大[1.714×10^3g/(mol·h)增加到 8.637×10^3 g/(mol·h)]，聚合物相对分子质量增加(33.516×10^3增大到 40.631×10^3)。另一方面，在较高温度下(100 ℃)，活性中心也较易失活，会加剧链转移，使得 PMMA 的相对分子质量下降(38.849×10^3g/mol)，因此所得聚合物的相对分子质量出现了峰值。

因此，选定单体与催化剂的摩尔比为 1200∶1、聚合反应温度为 90 ℃进行其他工艺条件的进一步优化。

4.4.7 反应时间对 MMA 聚合反应的影响

对于催化剂 Salen-CuL[1]-5，与 AIBN 组成催化体系，在二甲苯溶剂中，单体与催化剂的比例为 1200：1、聚合反应温度为 90 ℃、助催化剂与催化剂的比例为 1：2 的条件下，考察聚合反应时间(8 h、12 h、16 h、2 h 和 24 h)对 MMA 聚合的影响，见表 4-16。

表 4-16 反应时间对 MMA 聚合的影响

催化剂	t/h	T/℃	n(Co.)∶n(Cat.)[a]	n(M)∶n(C)[b]	活性/[10^3g/(mol·h)]	M_n[c]/10^3	PDI[d]
Salen-CuL[1]-5	8	90	1∶2	1200∶1	9.447	30.999	1.84
Salen-CuL[1]-5	12	90	1∶2	1200∶1	12.985	31.485	2.00
Salen-CuL[1]-5	16	90	1∶2	1200∶1	8.637	40.631	2.02
Salen-CuL[1]-5	20	90	1∶2	1200∶1	8.616	27.530	1.99
Salen-CuL[1]-5	24	90	1∶2	1200∶1	6.624	24.029	1.87

注：[a] n(Co.)∶n(Cat.) 助催化剂与催化剂的摩尔比；[b] n(M)∶n(C) 单体与催化剂的摩尔比；[c] M_n—聚合物的数均相对分子质量；[d] $PDI=(M_w/M_n)$ 相对分子质量分布指数。

由表 4-16 可知，随着聚合反应时间由 8 h 逐渐增加到 24 h，催化剂 Salen-CuL[1]-5 的催化活性呈现出先增大后减小的趋势，当反应时间为 12 h 时，催化活性达到最高 [12.985 ×10³g/(mol · h)]。聚合物的相对分子质量也呈现出先增大后减小的趋势；当反应时间为 16 h 时，聚合物的相对分子质量达到最高(40.631 ×10³)。

这可能是因为在同样条件下，随着反应时间的延长(8 h 逐渐增加到 12 h)，单体和催化剂活性中心的作用更充分，使催化剂催化活性增大[9.447 ×10³g/(mol · h)增大到 12.985 ×10³ g/(mol · h)]，聚合物的相对分子质量增加(30.999 ×10³ 增加到 31.485 ×10³)，但是，较高温度(90 ℃)、较长聚合反应时间下(24 h)，活性中心很容易失活，链终止和链转移增加，导致催化剂催化活性降低[6.624 ×10³ g/(mol · h)]，聚合物的相对分子质量减小(24.029 ×10³)。

因此，选定单体与催化剂的摩尔比为 1200 : 1、聚合反应温度为 90 ℃、聚合反应时间为 12 h，进行其他工艺条件的进一步优化。

4.4.8 助催化剂与催化剂的比例对 MMA 聚合反应的影响

对于二元的催化体系，催化剂与助催化剂的比例对于聚合反应活性有很大的影响。对于催化剂 Salen-CuL[1]-5，与 AIBN 组成催化体系，在二甲苯溶剂中，单体与催化剂的比例为 1200 : 1、聚合反应温度为 90 ℃、聚合反应时间为 12 h，考察助催化剂与催化剂的比例 (1 : 8、1 : 4、1 : 2 和 1 : 1) 对 MMA 聚合的影响，见表 4-17。

表 4-17　助催化剂与催化剂的比例对 MMA 聚合的影响

催化剂	t/h	T/℃	n (Co.) : n (Cat.)[a]	n (M) : n (C)[b]	活性/[10³g/(mol · h)]	M_n[c]/10³	PDI[d]
Salen-CuL[1]-5	12	90	1 : 8	1200 : 1	10.632	13.969	1.66
Salen-CuL[1]-5	12	90	1 : 4	1200 : 1	16.640	29.671	1.85
Salen-CuL[1]-5	12	90	1 : 2	1200 : 1	12.985	31.485	2.00
Salen-CuL[1]-5	12	90	1 : 1	1200 : 1	12.326	34.954	2.04

注：[a] n (Co.) : n (Cat.) 助催化剂与催化剂的摩尔比；[b] n (M) : n (C) 单体与催化剂的摩尔比；[c] M_n—聚合物的数均相对分子质量；[d] $PDI=(M_w/M_n)$ 相对分子质量分布指数。

由表 4-17 可知，随着助催化剂与催化剂的比例由 1 : 8 逐渐增加到 1 : 1，催化剂 Salen-CuL[1]-5 的催化活性呈现出先增加后减小的趋势；在助催化剂与催化剂的比例为 1 : 4 时，活性最高[16.640 ×10³g/(mol · h)]，聚合物的相对分子质量在考察的范围内出现了缓慢增加的趋势(13.969 ×10³ 增加到 34.954 ×10³)，聚合物的相对分子质量分布指数 PDI 也呈现出缓慢增大的趋势(1.66 增大到

2.04)。这也就是说，对于该体系催化聚合 MMA 时，过大或过小的助催化剂的量都是不合适的。

可见，对于催化剂 Salen-CuL[1]-5，当单体与催化剂的摩尔比为 1200：1，聚合反应温度为 90 ℃，聚合反应时间为 12 h，助催化剂与催化剂的比例为 1：4 时，催化活性最高[16.640×10^3 g/(mol · h)]，所得 PMMA 的数均相对分子质量 M_n 为 29.671×10^3，相对分子质量分布指数 *PDI* 为 1.85，反应可控性好。

4.4.9 聚甲基丙烯酸甲酯(PMMA)的分析及表征

(1)聚甲基丙烯酸甲酯(PMMA)的 FT-IR 研究

为了研究 PMMA 的结构特征，我们利用 FT-IR 对聚合物进行了表征。

图 4-7 是催化剂 Salen- CuL[1]-5 在单体与催化剂的摩尔比为 1200：1，聚合反应温度为 90 ℃，聚合反应时间为 12 h，助催化剂与催化剂的比例为 1：4 的条件下所得到的聚甲基丙烯酸甲酯(PMMA)的红外光谱图。经分析可知：在3000 cm^{-1}、2955 cm^{-1}、2844 cm^{-1}附近出现了甲基、亚甲基 C-H 伸缩振动吸收峰，1726 cm^{-1} 处有一强吸收峰，是 C═O 的伸缩振动吸收峰，1451 cm^{-1}、1388 cm^{-1}附近出现了甲基、亚甲基C-H 弯曲振动吸收峰，1276 cm^{-1}、1242 cm^{-1}、1197 cm^{-1}、1137 cm^{-1}处的吸收峰是 C-O-C 的伸缩振动峰，1600 cm^{-1}处 C═C 双键的吸收峰消失，充分说明了单体甲基丙烯酸甲酯的聚合发生在双键上，所得聚合物是甲基丙烯酸甲酯的均聚物。据文献报道，750 cm^{-1}和 1059 cm^{-1}处的吸收峰仅在间规聚甲基丙烯酸甲酯的红外光谱中出现，得到的聚甲基丙烯酸甲酯(PMMA)的红外光谱图中只出现了 750 cm^{-1}处的吸收峰，可能是因为间规聚甲基丙烯酸甲酯的含量不够高，具体百分含量详见聚甲基丙烯酸甲酯的^{1}H NMR 解析。

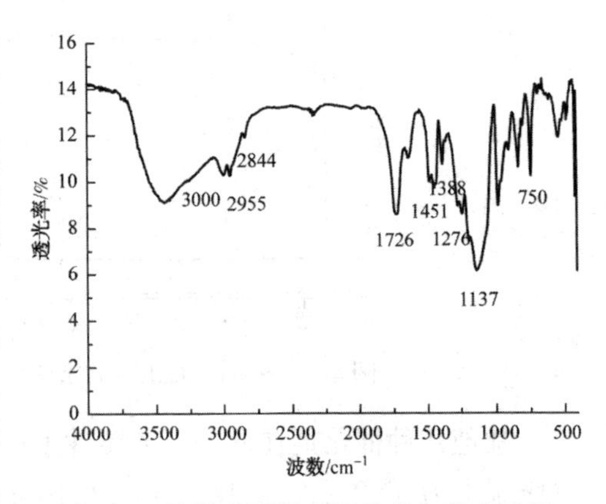

图 4-7 聚甲基丙烯酸甲酯的红外光谱图

(2)聚甲基丙烯酸甲酯(PMMA)的核磁共振分析

图 4-8 是催化剂 Salen- CuL[1]-5 在单体与催化剂的摩尔比为 1200：1，聚合反应温度为 90 ℃，聚合反应时间为 12 h，助催化剂与催化剂的比例为 1：4 的条件下所得到的聚甲基丙烯酸甲酯(PMMA)的^{1}H NMR 图。

由图 4-8 可知，在化学位移$(5.0\sim6.0)\times10^{-6}$处未出现双键特征峰，表明聚合物是纯的乙烯基加成聚合产物，在 3.6×10^{-6}、1.8×10^{-6}和 1.0×10^{-6}处出现了

PMMA 的三组氢的特征共振峰。其中，1.0×10^{-6}处为$-CH_3$的质子特征峰，它分裂为三重峰，其归属为：1.2×10^{-6}处的峰为等规立构(mm)，1.0×10^{-6}处的峰为无规立构(mr)，0.84×10^{-6}处的峰为间规立构(*rr*)，由这三重峰的峰面积经计算，可得到聚甲基丙烯酸酯的等规立构(*mm*)含量为 5.0%，无规立构(*mr*)含量为 34.2%，间规立构含量(*rr*)为 60.8%，说明得到的是富含间规结构的无规聚甲基丙烯酸甲酯。

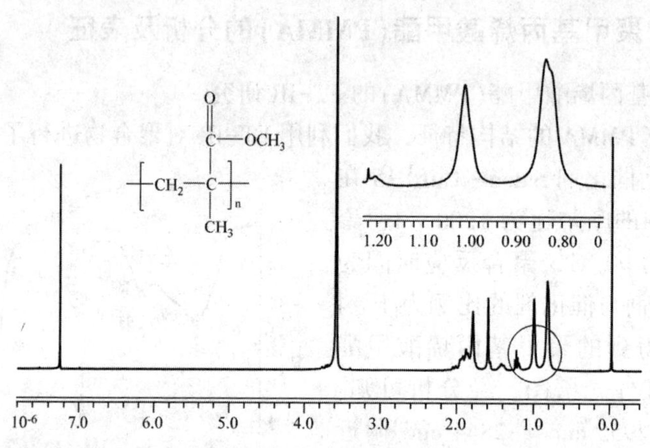

图 4-8　Salen- CuL[1]-5/ AIBN 得到的 PMMA 的^1H NMR 谱图

其他几种催化剂在同一工艺条件下(单体与催化剂的摩尔比为 800：1，聚合反应温度为 80 ℃，聚合反应时间为 16 h，助催化剂与催化剂的比例为 1：2 的条件)得到的 PMMA 的规整度数据见表 4-18。

表 4-18　Salen (L^1)型 Cu(Ⅱ)系催化剂催化得到的 PMMA 的规整度数据

催化剂	*t*/h	*T*/℃	*n* (Co.)：*n* (Cat.)	*n* (M)：*n* (C)	规整度/%		
					mm	*mr*	*rr*
Salen-CuL[1]-1	16	80	1：2	800：1	4.5	36.9	58.6
Salen-CuL[1]-2	16	80	1：2	800：1	4.7	37.7	57.6
Salen-CuL[1]-3	16	80	1：2	800：1	4.4	36.1	59.5
Salen-CuL[1]-4	16	80	1：2	800：1	5.1	37.1	57.8
Salen-CuL[1]-5	16	80	1：2	800：1	4.8	37.4	57.8

由表 4-18 可知，Salen (L^1)型 Cu(Ⅱ)系催化剂在一定的工艺条件下催化甲基丙烯酸甲酯均能得到富含间规的无规聚甲基丙烯酸甲酯(aPMMA)，且聚合物的规整度受催化剂空间效应和电子效应的影响。

(3) 聚甲基丙烯酸甲酯(PMMA)的TGA研究

对催化剂 Salen-CuL^1-5 在单体与催化剂的摩尔比为 1200∶1，聚合反应温度为 90 ℃，聚合反应时间为 12 h，助催化剂与催化剂的比例为 1∶4 的条件下所得到的聚甲基丙烯酸甲酯(PMMA) 在 25~600 ℃进行热重分析(图 4-9)。结果表明，246.23 ℃时 PMMA 开始分解；温度升到 358.32 ℃时，分解了 91.78%；420 ℃后 PMMA 的失重曲线趋于相对平稳，说明聚合得到的 PMMA 具有较好的热稳定性。

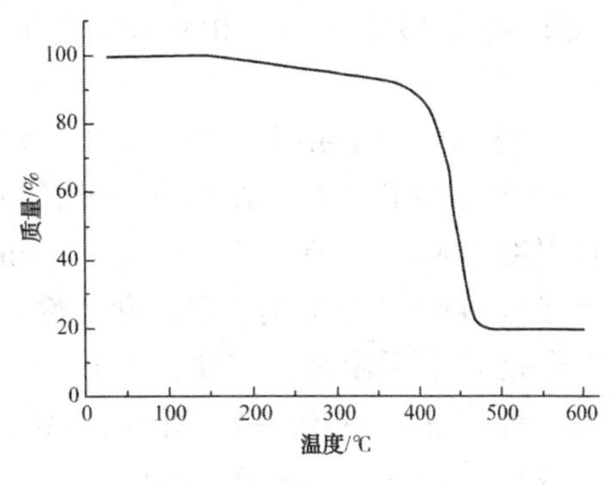

图 4-9　PMMA 的热重图

4.4.10　不对称 Salen 型 Ni(Ⅱ)、Cu(Ⅱ)催化剂/AIBN 催化 PMMA 聚合小结

(1) 对于 Salen(L^1)型 Ni(Ⅱ)系催化剂 Salen-NiL^1-1~ Salen-NiL^1-5 与 AIBN 组成催化体系，在二甲苯溶剂中，单体与催化剂的比例为 800∶1、聚合反应温度为 80 ℃、聚合反应时间为 16 h、助催化剂与催化剂的比例为 1∶2 的条件下进行 MMA 的聚合时，其催化活性在 3.535×10^3~4.185×10^3g/(mol·h)之间，催化活性的顺序为：Salen-NiL^1-5 > Salen-NiL^1-3 > Salen-NiL^1-2 > Salen-NiL^1-1 > Salen-NiL^1-4；所得 PMMA 的数均相对分子质量 M_n 在 16.690×10^3~113.961×10^3之间；所得 PMMA 的相对分子质量分布指数 *PDI* 在 1.23~2.92 之间。说明设计合成的 OL 型-镍系催化剂 Salen-NiL^1-1~ Salen-NiL^1-5 与 AIBN 组成催化体系，在催化 MMA 聚合时具有中等活性，所得 PMMA 的数均相对分子质量 M_n 在 10^4~10^5数量级之间，相对分子质量分布指数 *PDI* 在 2 左右，反应有一定的可控性。

(2) 对于 Salen(L^1)型 Cu(Ⅱ)系催化剂 Salen-CuL^1-1~ Salen-CuL^1-5，与 AIBN 组成催化体系，在二甲苯溶剂中，单体与催化剂的比例为 800∶1、聚合反应温度为 80 ℃、聚合反应时间为 16 h、助催化剂与催化剂的比例为 1∶2 的条件下进行 MMA 的聚合时，其催化活性在 3.442×10^3~3.932×10^3g/(mol·h)之间，催化活性的顺序为：Salen-CuL^1-5 > Salen-CuL^1-3 > Salen-CuL^1-2 > Salen-CuL^1-1 > Salen-CuL^1-4；所得 PMMA 的数均相对分子质量 M_n 在 16.254×10^3~22.248×10^3之间；所得 PMMA 的相对分子质量分布指数 *PDI* 在 1.91~2.49 之间。说明设计合成的 OL 型-铜系催化剂 Salen-CuL^1-1~ Salen-CuL^1-5 与 AIBN 组成催化体系，在催化 MMA 聚合时具有中等活性，所得 PMMA 的数均相对分子

质量 M_n 在 10^4 数量级，相对分子质量分布指数 *PDI* 在 2 左右，反应有一定的可控性。

(3) 对于 Salen(L^2) 型 Ni(Ⅱ) 系催化剂 Salen-NiL^2-1～Salen-NiL^2-5，与 AIBN 组成催化体系，在二甲苯溶剂中，单体与催化剂的比例为 800：1、聚合反应温度为 80 ℃、聚合反应时间为 16 h、助催化剂与催化剂的比例为 1：2 的条件下进行 MMA 的聚合时，其催化活性在 3.622×10^3～5.254×10^3 g/(mol·h) 之间，其催化活性的顺序为：Salen-NiL^2-5 > Salen-NiL^2-3 > Salen-NiL^2-2 > Salen-NiL^2-1 > Salen-NiL^2-4；所得 PMMA 的数均相对分子质量 M_n 在 22.315×10^3～47.831×10^3 之间；所得 PMMA 的相对分子质量分布指数 *PDI* 在 1.98～2.89 之间。说明设计合成的 Salen(L^2) 型 Ni(Ⅱ) 系催化剂 Salen-NiL^2-1～Salen-NiL^2-5 与 AIBN 组成催化体系，在催化 MMA 聚合时具有中等活性，所得 PMMA 的数均相对分子质量 M_n 在 10^4 数量级，反应有一定的可控性。

(4) 对于 Salen(L^2) 型 Cu(Ⅱ) 系催化剂 Salen-CuL^2-1～Salen-CuL^2-5，与 AIBN 组成催化体系，在二甲苯溶剂中，单体与催化剂的比例为 800：1、聚合反应温度为 80 ℃、聚合反应时间为 16 h、助催化剂与催化剂的比例为 1：2 的条件下进行 MMA 的聚合时，其催化活性在 3.515×10^3～5.117×10^3 g/(mol·h) 之间，催化活性的顺序为：Salen-CuL^2-5 > Salen-CuL^2-3 > Salen-CuL^2-2 > Salen-CuL^2-1 > Salen-CuL^2-4；所得 PMMA 的数均相对分子质量 M_n 在 22.437×10^3～65.613×10^3 之间；所得 PMMA 的相对分子质量分布指数 *PDI* 在 2 左右。说明设计合成的 Salen(L^2) 型 Cu(Ⅱ) 系催化剂 Salen-CuL^2-1～Salen-CuL^2-5 与 AIBN 组成催化体系，在催化 MMA 聚合时具有中等活性，所得 PMMA 的数均相对分子质量 M_n 在 10^4 数量级，相对分子质量分布指数 *PDI* 在 2 左右，反应有一定的可控性。

(5) 对比 Salen(L^1) 型/Salen(L^2) 型 Ni(Ⅱ) 系催化剂和 Salen(L^1) 型/Salen(L^2) 型 Cu(Ⅱ) 催化剂的聚合反应结果，对于只有金属活性中心不同(分别为 Cu^{2+} 和 Ni^{2+})，其他结构相同的催化剂，如催化剂 Salen-CuL^1-1 和 Salen-NiL^1-1，其活性分别为 3.513×10^3 g/(mol·h) 和 3.602×10^3 g/(mol·h)；催化剂 Salen-CuL^2-1 和 Salen-NiL^2-1，其活性分别为 4.114×10^3 g/(mol·h) 和 4.203×10^3 g/(mol·h)。也就是说，金属镍作为活性中心的催化剂比金属铜作为活性中心的催化剂的活性稍高。

(6) 对比 Salen(L^2) 型和 Salen(L^1) 型 Ni(Ⅱ)/Cu(Ⅱ) 系催化剂可知，在其他工艺条件相同的条件下，Salen(L^2) 型 Ni(Ⅱ)/Cu(Ⅱ) 系催化剂的活性比相应的 Salen(L^1) 型 Ni(Ⅱ)/Cu(Ⅱ) 催化剂的活性高，如催化剂 Salen-CuL^2-1 的活性 [4.114×10^3 g/(mol·h)] 高于催化剂 Salen-CuL^1-1 的活性 [3.513×10^3 g/(mol·h)]；

催化剂 Salen-NiL^2-1 的活性[4.203 ×10^{3}g/(mol·h)]高于催化剂 Salen-NiL^1-1 的活性[3.602 ×10^{3}g/(mol·h)]，这可能是因为 Salen(L^2)型催化剂在结构上比 Salen(L^1)型催化剂多了两个强吸电子基团-Cl，使得 Salen(L^2)型比 Salen(L^1)型催化剂中金属活性中心周围的电子云密度更低，导致催化剂的活性相应较大。

(7)比较结构相同，只有金属活性中心不同的催化剂在催化聚合苯乙烯和甲基丙烯酸甲酯时的反应，结合第三章的聚合数据可以看出，催化剂的活性中心由铜变为镍时，在催化聚合苯乙烯时，催化活性增长幅度比甲基丙烯酸甲酯聚合时要大。如在催化聚合苯乙烯时，催化剂 Salen-CuL^2-1 的催化活性为 1.319 ×10^{3}g/(mol·h)，而催化剂 Salen-NiL^2-1 的催化活性却高达 5.871 ×10^{3}g/(mol·h)，但在催化聚合甲基丙烯酸甲酯时，催化剂 Salen-CuL^2-1 的催化活性为 4.114 ×10^{3}g/(mol·h)，而催化剂 Salen-NiL^2-1 的催化活性却增加不多，为 4.203 ×10^{3}g/(mol·h)。这说明催化剂的结构和工艺条件对甲基丙烯酸甲酯聚合影响较大，而金属活性中心的差异对其影响较小；而在苯乙烯聚合时，催化剂的结构、金属活性中心和工艺条件对甲基丙烯酸甲酯聚合影响都较大。

(8)通过比较同一催化剂(Salen-CuL^1-5)在不同工艺条件下的 MMA 聚合实验，可以看出：催化活性和聚合物的相对分子质量随着单体与催化剂的摩尔比由 400：1 增大到 2000：1，均呈现出先增加后减小的趋势；随着聚合反应温度由 60 ℃逐渐提高到 100 ℃，催化活性也逐渐增大，而聚合物的相对分子质量则出现了先增加后减小的趋势；催化活性和聚合物的相对分子质量随着聚合反应时间由 8 h 逐渐增加到 24 h，呈现出先增加后减小的趋势；随着助催化剂与催化剂的比例由 1：8 逐渐增加到 1：1，催化剂的催化活性呈现出先增大后减小的趋势，聚合物的相对分子质量在考察的范围内出现了缓慢增加的趋势，这可能是由于不同工艺条件下链增长、链终止及链转移的相互竞争所致。

(9)通过比较同一催化剂在不同工艺条件下的 MMA 聚合实验，可以看出：对于催化剂 Salen-CuL^1-5，当单体与催化剂的摩尔比为 1200：1，聚合反应温度为 90 ℃，聚合反应时间为 12 h，助催化剂与催化剂的比例为 1：4 时，催化活性最高[16.640 ×10^{3}g/(mol·h)]，所得 PMMA 的数均相对分子质量 M_n 为 29.671 ×10^3，相对分子质量分布指数 *PDI* 为 1.85。并且，工艺条件的改变对催化活性和 PMMA 的相对分子质量及其分布影响很大，催化活性由最初的 3.932 ×10^3 g/(mol·h)增大到 16.640 ×10^{3}g/(mol·h)，PMMA 的数均相对分子质量 M_n 由 16.254 ×10^{3}增大到 29.671 ×10^3，相对分子质量分布指数 *PDI* 由 2.00 减小到 1.85，催化活性和反应可控性得到明显的提高。

(10)通过单体与催化剂的摩尔比、聚合温度、聚合时间以及助催化剂与催化剂的比例等工艺条件对 MMA 聚合的影响分析可知，聚合过程中存在链引发、链增长、链转移、链终止等反应，PMMA 相对分子质量分布指数较窄，即体系能较好地控制聚合反应，故推测该聚合反应可能自由基和反向原子转移自由基的共混机理。

(11)采用 Salen-CuL¹-5 / AIBN 催化体系，优化工艺条件后得到的 PMMA 的 FT-IR 和 NMR 表征表明，聚合物是富含间规的无规 PMMA，其间规度在 61%左右；PMMA 的热重分析表明，该聚合物具有良好的热稳定性，分解温度为 246.23 ℃。

4.5 Salen-NiL¹-1 催化剂/AIBN 催化甲基丙烯酸十二酯(LMA)聚合方案

4.5.1 助催化剂与催化剂的比例对 LMA 聚合反应的影响

对于催化剂 Salen-NiL¹-1(Salen-NiL¹-水杨醛)和助催化剂 AIBN 构成的体系，在反应时间 12h、聚合温度为 110℃ 以及单体与催化剂的比例[*n*（M）：*n*（Cat.）]为 1600：1 的聚合条件下，改变助催化剂与催化剂的比例 *n*(Co.)：*n*(Cat.)，当助催化剂与催化剂的比例分别为 1：1、2：1、3：1、4：1、5：1 时，考察此比例对甲基丙烯酸十二酯(LMA)聚合反应的影响。同时，对仅有催化剂 Salen-NiL¹-1 没有助催化剂 AIBN、仅有助催化剂 AIBN 没有 Salen-NiL¹-1 催化剂做空白试验。具体方案见表 4-19。

表 4-19 助催化剂与催化剂的比例对 LMA 聚合反应的影响

催化剂	*t*/h	*T*/℃	*n*（M）：*n*（C）[a]	*n*（Co.）：*n*（Cat.）[b]
Salen-NiL¹-1	12	110	1600：1	1：1
Salen-NiL¹-1	12	110	1600：1	2：1
Salen-NiL¹-1	12	110	1600：1	3：1
Salen-NiL¹-1	12	110	1600：1	4：1
Salen-NiL¹-1	12	110	1600：1	5：1

注：[a] *n*（M）：*n*（C）单体与催化剂的摩尔比；[b] *n*（Co.）：*n*（Cat.）助催化剂与催化剂的摩尔比。

4.5.2 反应温度对 LMA 聚合反应的影响

对于催化剂 Salen-NiL¹-1(Salen-NiL¹-水杨醛)和助催化剂 AIBN 构成的催化体系，在优化完助催化剂与催化剂的摩尔比的基础上[如 *n*（Co.）：*n*（Cat.）为

3∶1]，固定其他条件不变，即反应时间12h、单体和催化剂的比例1600∶1，改变反应温度为90℃、100℃、110℃、120℃、130℃，考察反应温度对LMA聚合反应的影响。设计的实验方案见表4-20。

表4-20　反应温度对LMA聚合反应的影响

催化剂	t/h	n(M)∶n(C)[a]	n(Co.)∶n(Cat.)[b]	T/℃
Salen-NiL[1]-1	12	1600∶1	3∶1	90
Salen-NiL[1]-1	12	1600∶1	3∶1	100
Salen-NiL[1]-1	12	1600∶1	3∶1	110
Salen-NiL[1]-1	12	1600∶1	3∶1	120
Salen-NiL[1]-1	12	1600∶1	3∶1	130

注：[a] n(M)∶n(C)单体与催化剂的摩尔比；[b] n(Co.)∶n(Cat.)助催化剂与催化剂的摩尔比。

4.5.3　反应时间对LMA聚合反应的影响

对于催化剂Salen-NiL[1]-1(Salen-NiL[1]-水杨醛)和助催化剂AIBN构成的催化体系，在优化反应条件中的助催化剂与催化剂的摩尔比[如n(Co.)∶n(Cat.)为3∶1]、反应温度(如110℃)后，固定其他条件不变，即单体和催化剂的比例为1600∶1，改变反应时间为4 h、6 h、8 h、10 h、12 h，考察反应时间对LMA聚合反应的影响。设计的实验方案见表4-21。

表4-21　反应时间对LMA聚合反应的影响

催化剂	T/℃	n(M)∶n(C)[a]	n(Co.)∶n(Cat.)[b]	t/h
Salen-NiL[1]-1	110	1600∶1	3∶1	4
Salen-NiL[1]-1	110	1600∶1	3∶1	6
Salen-NiL[1]-1	110	1600∶1	3∶1	8
Salen-NiL[1]-1	110	1600∶1	3∶1	12
Salen-NiL[1]-1	110	1600∶1	3∶1	14

注：[a] n(M)∶n(C)单体与催化剂的摩尔比；[b] n(Co.)∶n(Cat.)助催化剂与催化剂的摩尔比。

4.5.4　单体与催化剂比例对LMA聚合反应的影响

对于催化剂Salen-NiL[1]-1(Salen-NiL[1]-水杨醛)和助催化剂AIBN构成的催化体系，在优化反应条件中的助催化剂与催化剂的摩尔比[如n(Co.)∶n(Cat.)为3∶1]、反应温度(如110℃)、反应时间(如8 h)后，固定其他条件不变，改变单体和催化剂的比例800∶1、1200∶1、1600∶1、2000∶1、2400∶1、2800∶1，考察单体与催化剂的比例对 LMA 聚合反应的影响。设计的实验方案见表 4-22。

表 4-22 单体与催化剂的比例对 LMA 聚合反应的影响

催化剂	t/h	T/℃	n（Co.）：n（Cat.）^{a}	n（M）：n（C）^{b}
Salen-NiL^1-1	8	110	3：1	1200：1
Salen-NiL^1-1	8	110	3：1	1600：1
Salen-NiL^1-1	8	110	3：1	2000：1
Salen-NiL^1-1	8	110	3：1	2400：1
Salen-NiL^1-1	8	110	3：1	2800：1

注：^{a} n（Co.）：n（Cat.）助催化剂与催化剂的摩尔比；^{b} n（M）：n（C）单体与催化剂的摩尔比。

4.6 Salen-NiL^1 -1 催化剂/AIBN 催化甲基丙烯酸十二酯(LMA)聚合结果与讨论

4.6.1 助催化剂与催化剂的比例对 LMA 聚合反应的影响

对于催化剂 Salen-NiL^1-1(Salen-NiL^1-水杨醛)和助催化剂 AIBN 构成的体系，在反应时间 12h、聚合温度为 110℃ 以及单体与催化剂的比例[n（M）：n（Cat.）]为 1600：1 的聚合条件下，对仅有催化剂 Salen-NiL^1-1 没有助催化剂 AIBN、仅有助催化剂 AIBN 没有 Salen-NiL^1-1 催化剂做空白试验，结果表明，仅有催化剂或仅有助催化剂进行聚合反应时，产物量很少。如仅有助催化剂 AIBN 时得到的聚合物 PLMA-0，相对分子质量较低，相对分子质量分布指数较宽，说明只有催化剂和助催化剂共同存在下才能起到良好的催化作用，获得相对分子质量较高，相对分子质量分布指数较窄的聚合物。因此，对于 Salen-NiL^1-1/AIBN 催化体系，同时改变助催化剂与催化剂的比例 n(Co.)：n(Cat.)，当助催化剂与催化剂的比例分别为 1：2、1：1、2：1、3：1、4：1、5：1 时，考察此比例对甲基丙烯酸十二酯(LMA)聚合反应的影响。具体结果见表 4-23。

表 4-23 助催化剂与催化剂的比例对 LMA 聚合反应的影响

聚合物	n（Co.）：n（Cat.）^{a}	活性/[10^4g/(mol·h)]	$M_n{}^a/10^4$	PDI^b (M_w/M_n)
PLMA-0	—	—	0.925	3.65
PLMA-1	1：1	0.118	6.485	1.48
PLMA-2	2：1	1.028	9.697	1.89

续表

聚合物	n（Co.）：n（Cat.）[a]	活性/[10^4g/(mol·h)]	M_n[a]/10^4	PDI[b]（M_w/M_n）
PLMA-3	3：1	2.050	9.485	1.54
PLMA-4	4：1	1.758	8.482	1.71
PLMA-5	5：1	1.371	3.257	1.18

注：[a] n（Co.）：n（Cat.）助催化剂与催化剂的摩尔比；[b] M_n—聚合物的数均相对分子质量；[c] PDI=（M_w/M_n）相对分子质量分布指数。

由表4-23可知，随着助催化剂与催化剂比例的增大(从1：1到5：1)，催化活性和聚合物数均相对分子质量M_n均先增加后减小[例如催化活性由0.118×10^4g/(mol·h)增加到2.050×10^4g/(mol·h)，又减小到1.371×10^4g/(mol·h)]，且聚合物相对分子质量分布指数较窄(PDI=1.48～1.89)，反应可控。当助催化剂较少时，随着助催化剂和催化剂的比例的增加，释放出的自由基浓度增大，链增长的引发加快，导致催化剂的催化活性增大和聚合物相对分子质量的增加。当继续增加助催化剂的量时，反应中过多的自由基，使得链终止速率和链转移速率大于链增长速率，聚合物相对分子质量反而降低。最佳助催化剂与催化剂的比例n（Co.）：n（Cat.）为3：1。

4.6.2 反应温度对LMA聚合反应的影响

在助催化剂与催化剂的比例n(Co.)：n（Cat.)=3：1、反应时间为12 h、单体和催化剂的比例为1600：1的条件下，改变聚合反应温度，考察反应温度对甲基丙烯酸十二酯(LMA)聚合反应的影响。结果见表4-24。

表4-24 反应温度对LMA聚合反应的影响

聚合物	T/℃	活性/(10^4 g/mol)	M_n[a]/10^4	PDI[c]（M_w/M_n）
PLMA-6	90	1.515	7.481	2.14
PLMA-7	100	1.702	10.383	1.68
PLMA-3	110	2.050	9.485	1.54
PLMA-8	120	1.844	8.692	2.36
PLMA-9	130	1.434	5.384	1.61

注：[a] M_n—聚合物的数均相对分子质量；[b] PDI=(M_w/ M_n）相对分子质量分布指数。

由表4-24可知，随着反应温度的升高，催化活性先增大后减小，在110℃时达到最大[2.050× 10^4 g/(mol·h)]。这可能是因为随着反应温度的升高，助催化剂释放的自由基越来越多，且整个聚合反应体系的黏度降低，单体易于扩散和传质，增加了单体、自由基、催化剂活性中心的相互接触，使催化活性和链增长速率增大。随着温度的进一步升高，助催化剂分解速率进一步增大，形成更多的自由基，使得链转移反应和链终止反应加剧，且催化剂的活性中心在高温下更易失活，导致催化剂活性降低，聚合物相对分子质量减小。适宜的反应温度为110℃。

4.6.3 反应时间对 LMA 聚合反应的影响

在助催化剂与催化剂的比例 n(Co.)：n (Cat.)= 3：1、反应温度为110℃、单体和催化剂的比例为1600：1 的条件下，改变聚合反应时间，考察反应时间对甲基丙烯酸十二酯(LMA)聚合反应的影响。结果见表 4-25 所示。

表 4-25 反应时间对 LMA 聚合反应的影响

聚合物	t/h	活性/[10^4 g/(mol·h)]	M_n[a]/10^4	PDI[b] (M_w/M_n)
PLMA-10	4	1.930	2.563	1.34
PLMA-11	6	2.365	4.032	1.25
PLMA-12	8	2.472	8.756	1.91
PLMA-3	12	2.050	9.485	1.54
PLMA-13	14	1.862	10.527	1.42

注：[a] M_n—聚合物的数均相对分子质量；[b] $PDI=(M_w/M_n)$ 相对分子质量分布指数。

由表 4-25 可知，随着反应时间的增加(从 8h 到 16h)催化活性先增加后减少，在 8 h 时达到最大[2.472× 10^4 g/(mol·h)]。这可能是因为随着反应时间的延长，单体和催化剂活性中心有更长时间的接触，使得聚合物转化率增加，催化剂催化活性增大，但较高温度(110 ℃)、较长聚合反应时间下，活性中心很容易失活，导致催化活性降低。然而，聚合反应时间长，助催化剂不断分解，引发聚合反应效率提高，反应进行的更加充分，聚合物的相对分子质量增加。适宜的反应时间为 8 h。

4.6.4 单体与催化剂比例对 LMA 聚合反应的影响

在助催化剂与催化剂的比例 n(Co.)：n(Cat.)= 3：1、反应温度为110℃、反应时间为 8 h 的条件下，改变单体和催化剂的比例 n (M)：n (Cat.)，考察单体和催化剂的比例对甲基丙烯酸十二酯(LMA)聚合反应的影响。结果见表 4-26 所示。

表 4-26　单体与催化剂比例对 LMA 聚合反应的影响

聚合物	n（M）：n（C）	活性/[10^4g/(mol·h)]	$M_n{}^a/10^4$	PDI^b（M_w/M_n）
PLMA- 14	1200：1	1. 546	8. 635	1. 04
PLMA-12	1600：1	2. 472	8. 756	1. 91
PLMA-15	2000：1	2. 852	9. 276	1. 28
PLMA- 16	2400：1	4. 087	8. 727	1. 17
PLMA-17	2800：1	3. 307	7. 872	1. 59

注：[a] M_n—聚合物的数均相对分子质量；[b] $PDI=(M_w/M_n)$ 相对分子质量分布指数。

由表 4-26 可知，随着单体与催化剂的比例增大，催化活性和聚合物相对分子质量均呈现出先增加后减小的趋势。这可能是因为随着 n（M）：n（Cat.）逐渐增大，单体浓度增大，聚合反应速率加快，催化活性随之增加；但当单体与催化剂的比例太大时，单体浓度较大，增加了聚合反应体系的黏度，影响了单体的扩散和传质；同时催化剂的浓度相对减少，导致催化活性较低，聚合物的相对分子质量减小。适宜的单体和催化剂的比例 n（M）：n（Cat.）= 2400：1 。

综上所述，单因素考察甲基丙烯酸十二酯聚合反应的最佳反应条件为：助催化剂与催化剂的比例 3：1、反应温度 110℃、反应时间 8h、单体与催化剂的比例为 2400：1 时，此时催化活性较高[4. 087 ×10^4g/(mol·h)]，所得聚甲基丙烯酸十二酯(PLMA)的数均相对分子质量 M_n较大(8. 727 ×10^4)，相对分子质量分布指数 *PDI* 较窄(1. 17)。

4. 6. 5　聚甲基丙烯酸十二酯(PLMA)的分析及表征

(1)聚甲基丙烯酸十二酯(PLMA)的红外分析

图 4-10 是聚甲基丙烯酸十二酯(PLMA)的红外光谱图。经分析可知：2923cm^{-1}和 2860cm^{-1} 处为甲基(-CH_3)和亚甲基(-CH_2-)的特征吸收峰，1731cm^{-1}处为酯羰基(C=O)的伸缩振动特征峰，1467cm^{-1}和 1151 cm^{-1}处为酯基的碳氧键(-C-O-)的对称伸缩振动特征峰，721cm^{-1}处为-$(CH_2)_n$-的平面摇摆振动特征峰，1630 cm^{-1}处 C=C 吸收峰基本消失。说明了聚合发生在双键上，所得聚合物是较纯净的聚甲基丙烯酸十二酯。

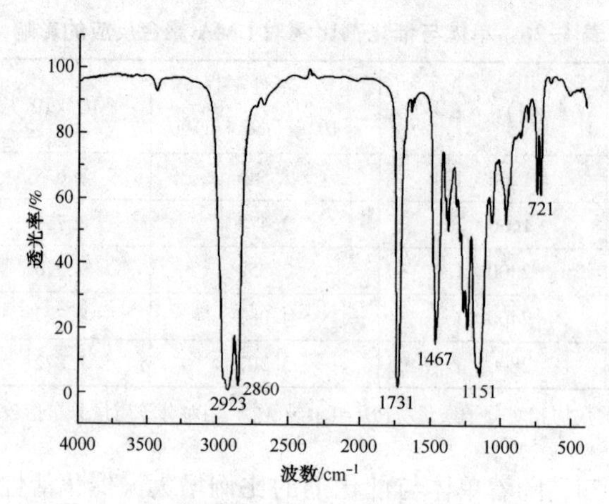

图 4-10　聚甲基丙烯酸十二酯的红外光谱图

（2）聚甲基丙烯酸十二酯（PLMA）的核磁共振分析

图 4-11 是聚甲基丙烯酸十二酯（PLMA）的^{1}H NMR 图。经分析可知，化学位移 $\delta=1.02\times10^{-6}$ 是长脂肪链末端的$-CH_3$所对应的质子峰，$\delta=1.28\times10^{-6}$ 是脂肪长链中$-(CH_2)_n-$的质子所对应的峰，$\delta=1.59\times10^{-6}$ 对应于$-CH_2-C(CH_3)-$中亚甲基$-CH_2-$的质子峰，$\delta=1.94\times10^{-6}$ 对应于$-CH_2-C(CH_3)-$中甲基$-CH_3$的质子峰，$\delta=4.17\times10^{-6}$ 对应于$-O-CH_2-$基团的质子峰。$\delta=7.27\times10^{-6}$ 是溶剂 $CDCl_3$ 所对应的峰。在化学位移 5.0~6.0×10⁻⁶ 处没有出现双键特征峰，表明甲基丙烯酸十二酯发生了聚合反应。

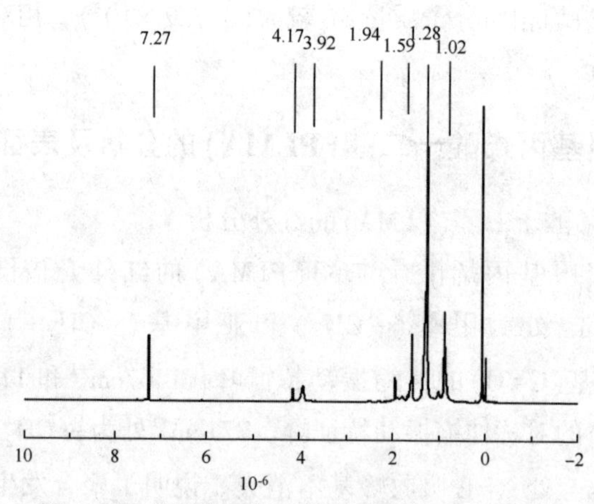

图 4-11　聚甲基丙烯酸十二酯的^{1}H NMR 图谱

4.6.6　聚甲基丙烯酸十二酯（PLMA）的降凝效果

将所得聚甲基丙烯酸十二酯（PLMA），按 1.5%的质量比加入 300~340℃柴油馏分和380~400℃润滑油馏分中，考察其降凝效果，见表4-27。

表4-27 PLMA对柴油和润滑油馏分的降凝效果

油品	空白/℃	PLMA-3		PLMA- 8		PLMA-12		PLMA-16	
		加剂后	ΔSP/℃	加剂后	ΔSP/℃	加剂后	ΔSP/℃	加剂后	ΔSP/℃
柴油馏分	-12	-17	5	-19	7	-22	10	- 20	8
润滑油馏分	16	14	2	12	4	10	6	11	5

从表4-27可见，不同条件合成的聚甲基丙烯酸十二酯可将柴油馏分的凝点降低5~10℃，可将润滑油馏分的凝点降低2~6℃。这是因为聚甲基丙烯酸十二酯是一种具有梳状结构的高分子聚合物，根据其降凝机理，降凝剂的侧链长度必须与油品中主要含蜡成分相适应，此时体系的混合能较低，聚丙烯酸酯更容易进入蜡晶晶格，从而降低油品的凝点。聚甲基丙烯酸十二酯的侧链与柴油中的烷烃(C_{12}-C_{20})比较接近，所以，聚甲基丙烯酸十二酯应用于柴油馏分的降凝效果比应用于润滑油馏分好。可见，聚甲基丙烯酸十二酯对于柴油和润滑油馏分均有一定的降凝作用，但降凝效果不同，当聚合物中酯基的烷基侧链的长度与油品中蜡组分相近时，降凝效果较好。

对于同一种油品，加剂量的不同，降凝剂对油品的感受性也不同。以助催化剂与催化剂的比例3：1、反应温度110℃、反应时间8h、单体与催化剂的比例为2400：1的优化条件下所得的聚甲基丙烯酸十二酯(PLMA -16)为例，考察加剂量对柴油馏分的降凝效果，见表4-28。

表4-28 PLMA加剂量对柴油馏分的降凝效果

降凝剂	加剂量/%	凝点/℃	ΔSP/℃
PLMA -16	0.2	-15	3
PLMA -16	0.5	-16	4
PLMA -16	1.0	-17	5
PLMA -16	1.5	-20	8
PLMA -16	2.0	-24	12
PLMA -16	3.0	-22	10
PLMA -16	4.0	-21	9

由表4-28可知，随着添加PLMA -16的质量分数由0.2%增加到4.0%，聚甲基丙烯酸十二酯降凝剂对柴油馏分的降凝幅度呈现先增加后减少的趋势，当加剂量为2.0%时，降凝幅度最大(ΔSP=12℃)。这可能是因为加剂量较少时，降凝剂与油品中的蜡不能很好地进行吸附共晶等作用，因而降凝幅度较小，降凝效

果较差；当降凝剂的加入量达到一定时，降凝效果也趋于稳定；当加剂量继续增加时，降凝效果不再有明显变化，甚至出现了下降趋势，可能是因为过量的聚合物降凝剂分子不再参与吸附共晶等作用。

4.6.7 Salen-NiL^1-1/AIBN 催化甲基丙烯酸十二酯(PLMA)聚合小结

(1)在甲苯溶剂中，以 Salen-NiL^1-1(Salen-NiL^1-水杨醛)/偶氮二异丁腈(AIBN)为催化体系，改变单体 LMA 与催化剂的比例、聚合反应温度、聚合反应时间、助催化剂与催化剂的比例条件下，可以有效催化甲基丙烯酸十二酯的聚合。

(2)催化活性较高的反应条件为：助催化剂与催化剂的比例 3∶1、反应温度 110℃、反应时间 8h、单体与催化剂的比例为 2400∶1，此时催化剂的活性为 4.087×10^4g/(mol·h)。

(3)Salen-NiL^1-1(Salen-NiL^1-水杨醛)催化剂可以很好地控制聚甲基丙烯酸十二酯的相对分子质量及其分布，所得聚合物的相对分子质量范围为 2.563×10^4~10.527×10^4，相对分子质量分布指数较窄，反应可控。

(4)聚合反应条件的变化对催化剂的活性、聚合物的相对分子质量及其分布影响较大，但对降凝效果影响不大，当加剂量为 1.5%时，所得聚甲基丙烯酸十二酯可将柴油馏分和润滑油馏分的凝点分别降低 5~10℃和 2~6℃。当聚合物中酯基的烷基侧链的长度与油品中蜡组分相近时，降凝效果较好。

(5)对于同一种油品，加剂量不同，降凝效果各异。当 300~340℃柴油馏分中添加 2.0%的 PLMA-16 降凝剂时，降凝效果较好。

4.7 Salen-NiL^1-1 催化剂/AIBN 催化甲基丙烯酸十八酯(SMA)聚合方案

4.7.1 助催化剂与催化剂的比例对 SMA 聚合反应的影响

对于催化剂 Salen-NiL^1-1(Salen-NiL^1-水杨醛)和助催化剂 AIBN 构成的体系，在反应时间 12h、聚合温度为 110℃以及单体与催化剂的比例[n(M)∶n(Cat.)]为 1600∶1 的聚合条件下，改变助催化剂与催化剂的比例 n(Co.)∶n(Cat.)，当助催化剂与催化剂的比例分别为 1∶1、2∶1、3∶1、4∶1、5∶1 时，考察此比例对甲基丙烯酸十八酯(SMA)聚合反应的影响。同时，对仅有催化剂

Salen-NiL[1]-1 没有助催化剂 AIBN、仅有助催化剂 AIBN 没有 Salen-NiL[1]-1 催化剂做空白试验。具体方案见表 4-29。

表 4-29　助催化剂与催化剂的比例对 SMA 聚合反应的影响

催化剂	t/h	T/℃	n（M）：n（C）[a]	n（Co.）：n（Cat.）[b]
Salen-NiL[1]-1	12	110	1600：1	1：1
Salen-NiL[1]-1	12	110	1600：1	2：1
Salen-NiL[1]-1	12	110	1600：1	3：1
Salen-NiL[1]-1	12	110	1600：1	4：1
Salen-NiL[1]-1	12	110	1600：1	5：1

注：[a] n（M）：n（C）单体与催化剂的摩尔比；[b] n（Co.）：n（Cat.）助催化剂与催化剂的摩尔比。

4.7.2　反应时间对 SMA 聚合反应的影响

对于催化剂 Salen-NiL[1]-1（Salen-NiL[1]-水杨醛）和助催化剂 AIBN 构成的催化体系，在优化反应条件中的助催化剂与催化剂的摩尔比[如 n（Co.）：n（Cat.）为 4：1]后，固定其他条件不变，即单体和催化剂的比例为 1600：1，聚合反应温度为 110℃，改变反应时间为 8 h、10 h、12 h、14 h、16 h，考察反应时间对 SMA 聚合反应的影响。设计的实验方案见表 4-30 所示。

表 4-30　反应时间对 SMA 聚合反应的影响

催化剂	T/℃	n（M）：n（C）[a]	n（Co.）：n（Cat.）[b]	t/h
Salen-NiL[1]-1	110	1600：1	4：1	8
Salen-NiL[1]-1	110	1600：1	4：1	10
Salen-NiL[1]-1	110	1600：1	4：1	12
Salen-NiL[1]-1	110	1600：1	4：1	14
Salen-NiL[1]-1	110	1600：1	4：1	16

注：[a] n（M）：n（C）单体与催化剂的摩尔比；[b] n（Co.）：n（Cat.）助催化剂与催化剂的摩尔比。

4.7.3　单体与催化剂比例对 SMA 聚合反应的影响

对于催化剂 Salen-NiL[1]-1（Salen-NiL[1]-水杨醛）和助催化剂 AIBN 构成的催化体系，在优化反应条件中的助催化剂与催化剂的摩尔比[如 n（Co.）：n（Cat.）为 4：1]、反应时间（如 10 h），固定其他条件不变，聚合反应温度为 110℃，改变单体和催化剂的比例 800：1、1600：1、2400：1、3200：1、4000：1，考察单体与催化剂的比例对 SMA 聚合反应的影响。设计的实验方案见表 4-31。

表 4-31 单体与催化剂的比例对 SMA 聚合反应的影响

催化剂	t/h	T/℃	n（Co.）：n（Cat.）[a]	n（M）：n（C）[b]
Salen-NiL[1]-1	10	110	4：1	800：1
Salen-NiL[1]-1	10	110	4：1	1600：1
Salen-NiL[1]-1	10	110	4：1	2400：1
Salen-NiL[1]-1	10	110	4：1	3200：1
Salen-NiL[1]-1	10	110	4：1	4000：1

注：[a] n（Co.）：n（Cat.）助催化剂与催化剂的摩尔比；[b] n（M）：n（C）单体与催化剂的摩尔比。

4.7.4 反应温度对 SMA 聚合反应的影响

对于催化剂 Salen-NiL[1]-1(Salen-NiL[1]-水杨醛)和助催化剂 AIBN 构成的催化体系，在优化完助催化剂与催化剂的摩尔比[如 n（Co.）：n（Cat.)为 4：1]、反应时间(如 10 h)、单体与催化剂的比例(如 3200：1)的基础上，固定其他条件不变，考察反应温度 80℃、90℃、100℃、110℃、120℃对 SMA 聚合反应的影响。设计的实验方案见表 4-32。

表 4-32 反应温度对 SMA 聚合反应的影响

催化剂	t/h	n（M）：n（C）[a]	n（Co.）：n（Cat.）[b]	T/℃
Salen-NiL[1]-1	10	3200：1	4：1	80
Salen-NiL[1]-1	10	3200：1	4：1	90
Salen-NiL[1]-1	10	3200：1	4：1	100
Salen-NiL[1]-1	10	3200：1	4：1	110
Salen-NiL[1]-1	10	3200：1	4：1	120

注：[a] n（M）：n（C）单体与催化剂的摩尔比；[b] n（Co.）：n（Cat.）助催化剂与催化剂的摩尔比。

4.8 Salen-NiL[1] -1 催化剂/AIBN 催化甲基丙烯酸十八酯(SMA)聚合结果与讨论

4.8.1 助催化剂与催化剂的比例对 SMA 聚合反应的影响

在反应温度(T)为 110℃，单体与催化剂的摩尔比[n(SMA)：n(Cat.)]为 1600：1，反应时间(t)为 12h，助催化剂与催化剂的摩尔比[n(AIBN)：n(Cat.)]为 2：1，助催化剂 AIBN 存在下，考察了催化剂的存在与否对甲基丙烯酸十八酯聚合的影响。结果见表4-33。

表4-33 催化剂对聚甲基丙烯酸十八酯合成的影响

聚合物	催化剂	产量/g	活性/[10^4g/(mol·h)]	$M_n^a/10^4$	PDI^b
PSMA-1	Salen-NiL[1]-1	1.637	3.059	8.744	1.70
PSMA-0	—	0.426	—	3.061	3.29

注：[a] n(Co.)：n(Cat.)助催化剂与催化剂的摩尔比；[b] M_n—聚合物的数均相对分子质量；[c] $PDI=(M_w/M_n)$相对分子质量分布指数。

由表4-33可知，在其他工艺条件相同的情况下，Salen-NiL[1]-1催化剂的存在可提高单体的转化率，聚合得到相对分子质量较大、相对分子质量分布指数较窄的聚甲基丙烯酸十八酯，说明Salen-NiL[1]-1与AIBN组成催化体系，能够有效催化甲基丙烯酸十八酯的聚合。

在其他反应条件不变的情况下(即反应温度110℃、单体与催化剂的比例1600：1、反应时间为12h)的条件下，仅改变聚合反应中助催化剂AIBN和催化剂的比例进行聚合反应，所得结果见表4-34。

表4-34 助催化剂与催化剂的比例对SMA聚合反应的影响

聚合物	n(Co.)：n(Cat.)[a]	活性/[10^4g/(mol·h)]	$M_n{}^b/10^4$	PDI^c
PSMA-2	1：1	0.877	3.503	1.86
PSMA-1	2：1	1.773	8.744	1.70
PSMA-3	3：1	2.346	11.287	1.77
PSMA-4	4：1	2.725	9.412	1.98
PSMA-5	5：1	1.106	7.291	1.82

注：[a] n(Co.)：n(Cat.)助催化剂与催化剂的摩尔比；[b] M_n—聚合物的数均相对分子质量；[c] $PDI=(M_w/M_n)$相对分子质量分布指数。

由表4-34可以看出，随着助催化剂比例逐渐增大，聚合反应的催化活性呈现先增加后减少的趋势，当助催化剂和催化剂的比例为4：1时，催化活性较高[2.725×10^4g/(mol·h)]，聚合物相对分子质量较大(9.412×10^4)。这可能是因为在溶液聚合反应中，浓度较低的助催化剂AIBN分子及其分解出的初级自由基由于笼蔽效应无法与单体分子接触，使得引发效率较低，催化活性及聚合物相对分子质量较小。随着助催化剂与催化剂的比例增大，增大了反应体系中的自由基的量，且由于动力学链长与引发剂浓度的平方根成反比，引发剂浓度的提高将加大向引发剂转移反应对聚合度的负面影响，使聚合度降低，聚合物分子量呈现降低趋势。因此较优的助催化剂与催化的比例为4：1。

4.8.2 反应时间对 SMA 聚合反应的影响

控制助催化剂和催化剂的比例 4∶1，聚合反应温度为 110℃、单体与催化剂的摩尔比为 1600∶1，通过改变聚合反应时间，考察反应时间对甲基丙烯酸十八酯聚合反应的影响。所得结果见表 4-35。

表 4-35 反应时间对 SMA 聚合反应的影响

聚合物	t/h	活性/[10^4 g/(mol·h)]	M_n[a]/10^4	PDI[b]
PSMA-6	8	0.226	5.653	1.97
PSMA-7	10	3.250	8.939	1.93
PSMA-4	12	2.725	9.412	1.98
PSMA-8	14	2.374	7.177	1.74
PSMA-9	16	0.416	2.338	4.56

注：[a] M_n：聚合物的数均相对分子质量；[b] $PDI=(M_w/M_n)$ 相对分子质量分布指数。

由表 4-35 可知，随着聚合反应时间由 8h 增加到 16h，催化活性先增加后减少，当聚合时间为 10h 时，反应的活性达到最高 3.250×10^4 g/(mol·h)，此时相对分子质量最大为 8.939×10^4。这可能因为反应时间太短时，聚合反应不能充分进行，导致催化活性很低，但随着聚合时间的增加，单体和催化剂活性中心接触的时间更长，聚合反应进行的更加充分，聚合程度增大，相应的催化活性提高。但在较高反应温度(110℃)下，延长反应时间，活性中心易失活，使催化活性降低，当反应时间达到 16h 时，催化活性更低，聚合物数均相对分子质量减小，相对分子质量分布指数急剧增大，反应失控。因此较优的聚合反应时间为 10 h。

4.8.3 单体与催化剂比例对 SMA 聚合反应的影响

当聚合反应的助催化剂和催化剂的比例固定为 4∶1，反应时间选择固定为 10 h，反应温度为 110℃时，改变单体与催化剂的比例，考察其对甲基丙烯酸十八酯聚合反应的影响，所得结果见表 4-36。

表 4-36 单体与催化剂比例对 SMA 聚合产物的影响

聚合物	n(M)∶n(C)[a]	活性/[10^4g/(mol·h)]	M_n[b]/10^4	PDI[c]
PSMA- 10	800∶1	1.155	8.034	2.07
PSMA- 7	1600∶1	3.250	8.939	1.93
PSMA -11	2400∶1	4.411	16.700	1.73
PSMA- 12	3200∶1	6.578	25.174	1.65
PSMA -13	4000∶1	3.936	24.182	1.69

注：[a] n(M)∶n(C) 单体与催化剂的摩尔比；[b] M_n—聚合物的数均相对分子质量；[c] $PDI=(M_w/M_n)$ 相对分子质量分布指数。

从表 4-36 可知，随着单体与催化剂比例的增大，催化活性先增大后减小，当单体与催化剂的比例为 3200∶1 时，催化活性最高为 6.578×10^4 g/(mol·h)，此时的相对分子质量达到 25.174×10^4。这可能是由于反应初期，随着单体浓度的增大，聚合速率增加，催化活性提高；但当单体与催化剂的摩尔比太大时，反应体系的黏度增加，单体的扩散和传质受到影响；此外，催化剂的浓度相对减少，使得催化活性降低，聚合物的数均相对分子质量减小。因此较优的聚合单体与催化剂的比例为 3200∶1。

4.8.4 反应温度对 SMA 聚合反应的影响

控制助催剂与催化剂的比例为 4∶1、反应时间为 10h、单体与催化剂的比例为 3200∶1，将反应温度从 80℃增大到 120℃的过程中进行相应的实验，称量所得聚合物的质量，算出其催化活性，同时测出催化剂的相对分子质量，结果见表 4-37。

表 4-37 反应温度对 SMA 聚合产物的影响

聚合物	T/ ℃	活性/ [10^4 g/(mol·h)]	$M_n{}^a/10^4$	PDI^b
PSMA- 14	80	7.459	34.575	1.99
PSMA-15	90	8.378	37.783	1.85
PSMA-16	100	6.744	38.857	1.82
PSMA- 12	110	6.578	25.174	1.65
PSMA -17	120	5.762	19.146	1.83

注：^{a} M_n：聚合物的数均相对分子质量；^{b} $PDI=(M_w/M_n)$ 相对分子质量分布指数。

由表 4-37 可以看出，随着反应温度的升高，催化活性先增大后降低，当聚合温度为 90℃时，催化活性最大 8.378×10^4 g/(mol·h)，此时聚合物的相对分子质量达到 37.783×10^4。这可能是因为随着反应温度的升高，助催化剂释放的自由基越来越多，且整个反应体系的黏度降低，增加了单体、自由基、催化剂活性中心的相互接触，使催化活性和链增长速率增大。随着温度进一步升高，催化剂的活性中心更易失活，催化剂的活性下降，同时升高温度对链转移反应速率的增加要比对链增长速率的增加大得多，使得聚合度降低，聚合物的数均相对分子质量减小。

可见，在以甲苯为溶剂的甲基丙烯酸十八酯的溶液聚合反应中，当以 Salen-NiL^1-1 为催化剂，AIBN 为助催化剂，催化聚甲基丙烯酸十八酯聚合的较优工艺条件是：助催化剂与催化剂的比例为 4∶1，聚合反应时间为 10h，单体与催化剂的比例为 3200∶1，聚合温度为 90℃。在该条件下，反应可控性较好（*PDI* = 1.85），催化剂的活性较高[8.378×10^4 g/(mol·h)]，聚合物的相对分子质量较大(37.783×10^4)。

4.8.5 聚甲基丙烯酸十八酯(PSMA)的分析及表征

(1)聚甲基丙烯酸十八酯(PSMA)的红外分析

以 Salen-NiL[1]-1 为主催化剂，AIBN 为助催化剂，在甲苯溶剂中，助催化剂与催化剂的比例为 4∶1，聚合反应时间为 10h，单体与催化剂的比例为 3200∶1，聚合温度为 90℃的条件下，催化甲基丙烯酸十八酯聚合所得到的聚合产物借助 FT-IR 进行表征，表征结果如图 4-12 所示。

由图 4-13 可知，压片技术使 3411 cm^{-1} 附近出现了由水分引起的谱带。2917cm^{-1} 和 2850cm^{-1} 处为甲基($-CH_3$)和亚甲基($-CH_2-$)的特征吸收峰，1722cm^{-1} 处为酯羰基(C═O)伸缩振动特征吸收峰，1465cm^{-1} 和 1162cm^{-1} 处为酯基的碳氧键(-C-O-)对称伸缩振动特征吸收峰，723cm^{-1} 处为$-(CH_2)_n-$的平面摇摆振动特征吸收峰。1630 cm^{-1} 位置的 C═C 双键吸收峰基本消失，说明甲基丙烯酸十八酯的聚合发生在双键上，所得聚合物是聚甲基丙烯酸十八酯(PSMA)。

(2)聚甲基丙烯酸十八酯(PSMA)的核磁图谱分析

在较优的聚合工艺条件下，得到的聚甲基丙烯酸十八酯的核磁谱图如图 4-13 所示。

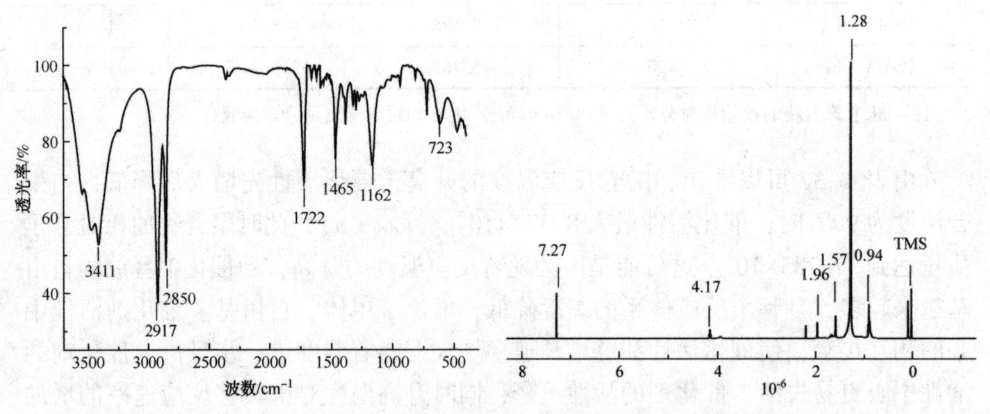

图 4-12 聚甲基丙烯酸十八酯的红外图谱　图 4-13 聚甲基丙烯酸十八酯的^{1}H NMR 谱图

由图 4-13 可知，0.94×10^{-6} 为长脂肪链末端的$-CH_3$所对应的质子峰，1.28×10^{-6} 是脂肪长链中$-(CH_2)_n-$的质子所对应的峰，1.57×10^{-6} 对应于$-CH_2-C(CH_3)-$中亚甲基$-CH_2-$的质子峰，1.96×10^{-6} 对应于$-CH_2-C(CH_3)-$中甲基-

CH_3的质子峰，4.17×10^{-6}是$-OCH_2$的质子峰。7.27×10^{-6}是溶剂 $CDCl_3$所产生的位移峰。在化学位移 5.0~6.0×10^{-6}处没有出现双键特征峰，表明为聚甲基丙烯酸十八酯。

4.8.6 聚甲基丙烯酸十八酯(PSMA)的降凝效果

(1)聚合物的溶解性

称取 0.5g 聚合物溶解于 3mL 甲苯中，置于具塞西林瓶中，摇晃 1min 后放入已提前设好温度的恒温水浴锅内(T=30℃)，一段时间后观察现象。聚合物的溶解性能见表 4-38。

表 4-38 聚合物的溶解性能

聚合物	时间	现象	结果
PSMA16	5h+超声 2h	溶液透亮	溶解性较差
PSMA10	3h	溶液透亮	溶解性较好
PSMA7	5h+超声 30min	溶液透亮	溶解性一般

由表 4-38 可知，聚合物的溶解性与聚合物分子量大小呈负相关，分子量越大的聚合物溶解性越差。

(2)聚合物对不同油品的降凝效果

将 0.5%的聚甲基丙烯酸十八酯(PSMA)加入长庆原油及其柴油馏分(300~350℃)中，以加剂前后凝点差值(ΔSP)为主要指标考察其降凝效果，见表 4-39。

表 4-39 PSMA 对油品凝点的影响

油品	SP/℃	ΔSP/℃		
		PSMA16	PSMA7	PSMA10
原油	22	12	9	7
柴油	-6	9	7	5

SP—凝点，℃。

由表 4-39 可知，PSMA 对长庆原油及其柴油馏分均有一定的降凝效果，可将原油的凝点降低 7~12℃，将柴油馏分的凝点降低 5~9℃。这可能是因为降凝剂长烷基主链或长烷基侧链的碳数与原油中蜡的平均碳数匹配，体系的混合能较低，聚合物更易进入蜡晶晶格，从而降低油品的凝点。

(3)加剂量对降凝效果的影响

将 PSMA-15 以不同的比例加入原油中，降凝效果见表 4-40。

表 4-40 加剂量对原油的降凝效果

油品	*SP* /℃	*SP*/℃	Δ*SP* /℃
原油	22	—	—
0. 25%PSMA-15	—	16	6
0. 5%PSMA-15	—	11	11
0. 75%PSMA-15	—	10	12
1%PSMA-15	—	11	11
1. 25%PSMA-15	—	11	11

SP—凝点，℃。

由表 4-40 可知，随着聚甲基丙烯酸十八酯的量的增加，降凝幅度先增大后趋于稳定，当添加量为 0. 75%时，降凝效果最佳(Δ*SP* = 12℃)。这可能是因为添加量为 0. 75%时，降凝剂能够与油品有效地相互作用，且降凝剂的流体动力学体积增加而使凝点降低。当加剂量太多时，过量的降凝剂不再参与吸附和共晶作用，同时成本也会增大。

(4)PSMA 对柴油馏分蜡晶形态的影响

聚甲基丙烯酸十八酯(PSMA)对柴油馏分中蜡晶形貌的影响如图 4-14 所示。

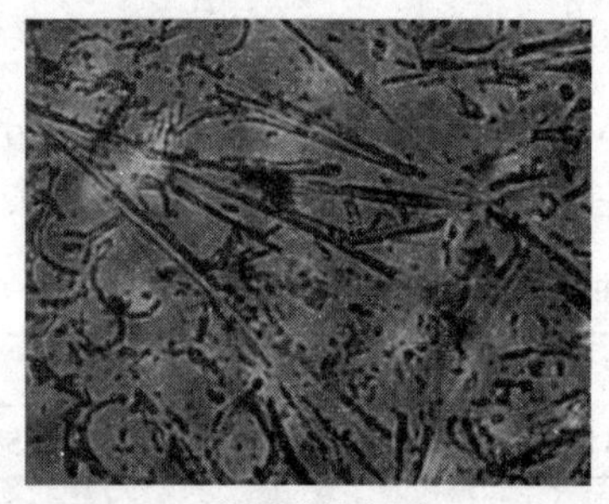
(a) 柴油馏分蜡晶形貌

(b) 加入PSMA后柴油馏分蜡晶形貌

图 4-14 柴油馏分加入降凝剂前后的蜡晶形貌(放大 100 倍)

由图 4-14(a)中可知，柴油馏分的蜡晶较大，呈长针不规则状，相互连接成网状结构，添加 0. 75%PSMA 后[图 4-14(b)]，蜡晶减小。聚甲基丙烯酸十八酯具有梳状结构，加入油品中成为蜡晶发育中心，而蜡晶主要聚集在主链周围，降凝剂分子中的长链烷烃与蜡分子中的正构烷烃由于结构相似进入蜡晶长成的晶格中，与蜡晶分子共晶析出，侧链上的极性基团对正构烷烃起到屏蔽作用，阻碍晶粒的长大，并对蜡晶起到分散作用，使体系中的蜡晶变小，达到降低油品凝点、改善油品低温流动性的目的。

4.8.7 Salen-NiL^1-1/AIBN 催化甲基丙烯酸十八酯(PSMA)聚合小结

(1)在甲苯溶剂中，以 Salen-NiL^1-1(Salen-NiL^1-水杨醛)/偶氮二异丁腈(AIBN)为催化体系，改变助催化剂与催化剂的比例、聚合反应时间、聚合反应温度、单体与催化剂的比例条件下，可以有效催化甲基丙烯酸十八酯的聚合。

(2)催化活性较高的反应条件为：助催化剂与催化剂的比例为 4∶1，聚合反应时间为 10h，单体与催化剂的比例为 3200∶1，聚合温度为 90℃。在该条件下，催化剂活性最大为 8.378×10^4g/(mol·h)，此时聚合物的相对分子质量为 37.783×10^4，且相对分子质量分布指数较窄($PDI=1.85$)。

(3)与仅有 AIBN 引发的传统自由基聚合相比，Salen-NiL^1-1(Salen-NiL^1-水杨醛)催化剂与 AIBN 组成催化体系，可以较好地控制聚甲基丙烯酸十八酯的相对分子质量及其分布，所得聚合物的相对分子质量范围为 2.338×10^4 ~ 38.857×10^4，相对分子质量分布指数较窄，反应可控。

(4)合成的聚甲基丙烯酸十八酯对原油和柴油馏分均有一定的降凝效果，当加剂量为 0.5%时，可将长庆原油的凝点降低 7~12℃，300~350℃柴油馏分的凝点降低 5~9℃。

(5)当合成的聚甲基丙烯酸十八酯加剂量为 0.75%时，该聚合物对长庆原油的降凝幅度最大($\Delta SP=12$℃)。

(6)偏光显微镜测量表明，聚甲基丙烯酸十八酯添加剂可以改变柴油馏分中的蜡晶形貌，加入合成的聚甲基丙烯酸十八酯 0.75%时，柴油的蜡晶形貌由宽片状变为细针状，有助于降低油品凝固点并改善低温流动性能。

4.9 本章小结

(1)Salen(L^1)型 Ni(Ⅱ)系、Cu(Ⅱ)系催化剂和 Salen(L^2)型 Ni(Ⅱ)系、Cu(Ⅱ)系催化剂共 20 种催化剂，与偶氮二异丁腈(AIBN)组成催化体系，均能有效催化极性单体甲基丙烯酸甲酯(MMA)的聚合。

(2)用于甲基丙烯酸甲酯(MMA)聚合时，金属活性中心相同，Salen(L^2)型催化剂的活性比 Salen(L^1)型催化剂的活性高。

(3)用于甲基丙烯酸甲酯(MMA)聚合时，对于同一系列催化剂[如 Salen(L^1)型]，Ni(Ⅱ)系催化剂的活性比 Cu(Ⅱ)系催化剂的高。

(4)用于甲基丙烯酸甲酯(MMA)聚合时，对于同一系列催化剂[如 Salen(L^1)型]，金属活性中心相同时，催化剂的活性与结构密切相关，空间效应、电子效应等影响其催化活性，吸电子基团的存在使得催化活性增加。

(5)Salen 型 Ni(Ⅱ)系、Cu(Ⅱ)系催化剂与偶氮二异丁腈(AIBN)组成的催化体系，催化得到的聚甲基丙烯酸甲酯(MMA)为富含间规(如 60.8%)的无规聚甲基丙烯酸甲酯。

(6)Salen-NiL[1]-1/AIBN 催化体系能够有效催化甲基丙烯酸高级酯(如甲基丙烯酸十二酯和甲基丙烯酸十八酯)的聚合。

(7)Salen-NiL[1]-1/AIBN 催化甲基丙烯酸十二酯聚合时，所得聚合物的相对分子质量范围为 $2.563\times10^4 \sim 10.527\times10^4$，相对分子质量分布指数较窄，反应可控。在所考察的各单因素范围内，当助催化剂与催化剂的比例 3∶1、反应温度 110℃、反应时间 8h、单体与催化剂的比例为 2400∶1 时，催化剂的活性较大[4.087×10^4g/(mol·h)]。

(8)Salen-NiL[1]-1/AIBN 催化甲基丙烯酸十二酯聚合时，聚合反应条件的变化对催化剂的活性、聚合物的相对分子质量及其分布影响较大，但对降凝效果影响不大，当加剂量为 1.5%时，所得聚甲基丙烯酸十二酯可将柴油馏分和润滑油馏分的凝点分别降低 5~10℃和 2~6℃。当聚合物中酯基的烷基侧链的长度与油品中蜡组分相近时，降凝效果较好。对于同一种油品，加剂量不同，降凝效果各异。当柴油馏分中添加 2.0%的 PLMA 降凝剂时，降凝效果较好。

(9)Salen-NiL[1]-1/AIBN 催化甲基丙烯酸十八酯聚合时，所得聚合物的相对分子质量范围为 $2.338\times10^4 \sim 38.857\times10^4$，相对分子质量分布指数较窄，反应可控。在所考察的各单因素范围内，当助催化剂与催化剂的比例为 4∶1，聚合反应时间为 10h，单体与催化剂的比例为 3200∶1，聚合温度为 90℃时，催化剂活性最大[8.378×10^4 g/(mol·h)]。

(10)合成的聚甲基丙烯酸十八酯对原油和柴油馏分均有一定的降凝效果，当加剂量为 0.5%时，可将长庆原油的凝点降低 7~12℃，300~350℃柴油馏分的凝点降低 5~9℃。当聚合物中酯基的烷基侧链的长度与油品中蜡组分相近时，降凝效果较好。

综上所述，催化剂的金属活性中心、空间效应、电子效应等均影响催化活性、聚合物的相对分子质量及聚合物的微观结构，这为设计结构合理的催化剂奠定了一定的理论基础。此外，设计合成的 Salen 型催化剂可以用于甲基丙烯酸高级酯的聚合，所得聚合物对原油、柴油馏分和润滑油馏分均有不同程度的降凝作用。

参 考 文 献

[1] Boffa L. S., Novak B. M. Copolymerization of polar monomers with olefins using transition-metal complexes [J]. Chemical Reviews, 2000, 100(4): 1479-1494.

[2] 陈万友, 吕洁, 李晶. 聚甲基丙烯酸甲酯模塑料生产技术与市场需求[J]. 弹性体, 2009, 19(4): 70-73.

[3] Elia C., Elyashiv-Barad S., Sen A. Palladium-based system for the polymerization of acrylates. Scope and mechanism [J]. Organometallics, 2002, 21: 4249-4256.

[4] Kim I. L., Hwang J. M., Jin K. L. Polymerization of methyl methacrylate with Ni (II) α- diimine / MAO and Fe (II) and Co (II) pyridyl bis (imine) / MAO macromol [J]. Macromolecular Rapid Communications, 2003, 24(8): 508-511.

[5] Carlini C, Martinelli M, Gaiietiam R, et al. Highly active methyl methacrylate polymerization catalysts obtained from bis (3, 5dinitro-salieylaldiminate) nickel(II) complexes and methylaluminoxane [J]. Journal of Polymer Science Part A: Polymer Chemistry, 2003, 41 (13): 2117- 2124.

[6] Tang G. R., Jin G. X. Polymerization ofmethyl methacrylate catalyzed by nickel complexes with hydroxyindanone-imine ligands [J]. Dalton transactions, 2007, 34: 3840-3846.

[7] Munoz-Molina J. M., Belderraın T. R., Perez P. J. Efficient atom-transfer radical polymeri - zation of methacrylates catalyzed by neutral copper complexes [J]. Macromolecules, 2010, 43 (7), 3221-3227.

[8] 高艳梅, 陈永平. 甲基丙烯酸甲酯的原子转移自由基沉淀聚合[J]. 化学工程师, 2010, 176(5): 63-75.

[9] Minkyu Y., Won J. P., Keun B. Y., et al. Synthesischaracterization and MMA polymerization activity of tetrahedral Co (II) Complex Bearing N, N-bis (1-pyraz -olyl) methyl ligand based on aniline moiety [J]. Inorganic Chemistry Communications, 2011, 14: 189-193.

[10] He X. H., Wu Q. Polymerization of methyl methacrylate using bis (β-Ketoamino) nickel (II)-MAO catalytic systems [J]. Applied Organometallic Chemistry, 2006, 20(4): 264-271.

[11] Bao F., Feng L., Gao J., et al. New cobalt-mediated radical polymerization (CMRP) of methyl methacrylate initiated by two single-component dinuclear β-diketone cobalt (II) catalysts [J]. PLoS one, 2010, 5(10): e13629.

[12] Goode W. E., Owens F. H., Felllnan R. P., et al. Crystalline acrylic polymers. I. stereospecific anionic polymerization of methyl methacrylate [J]. Journal of Polymer Science, 1960, 46: 317- 331.

[13] Nishioka A., Watanable H., Abe K., et al. Grignard reagent-catalyzed polymerization of methyl methacrylate [J]. Journal of Polymer Science, 1960, 48: 241-272.

[14] Li D., Zhang Y. M., Wang H. P., et al. Effect of the medium on the stereostructure of poly (methyl methacrylate) synthesized in ioniic liquids [J]. Joumal of Applied Polymer Science, 2006, 102: 2199-2202.

[15] Chen Z. J., Zhang H. Y., Yang C. H., et al. Prediction of the interaction between crude oil wax-crystal fractions and acrylate polymers by monte carlo simulation [J]. Applied Mechanics and Materials, 2013, (295-298): 3158-3161.

[16] 丁丽芹, 张君涛, 梁生荣. 润滑油及其添加剂[M]. 北京: 中国石化出版社, 2015.

[17] Ding L. Q. , Chu Z. , Chen L. L. , et al. Pd-Salen and Pd-Salan complexes: Characterization and application instyrene polymerization [J]. Inorganic Chemistry Communications, 2011, 14: 573-577.

[18] Mendonca P. V. , Serra A. C., Coelho J. F. J. , et al. Ambient temperature rapid ATRP of methyl acrylate, methyl methacrylate and styrene in polar solvents with mixed transition metal catalyst system [J]. European Polymer Journal, 2011, 47: 1460-1466.

[19] Li Y. F. , Gao M. L. , Wu Q. Styrene polymerization with nickel complexes/methyl-aluminoxane catalytic system [J]. Applied Organometallic Chemistry, 2008, 22: 659-663.

[20] Cui L. Q. , Yu J. S. , LÜ Y. H. , et al. Syndiotactic polymerization of methyl methacrylate with Ni(acac)2-methylaluminoxane catalyst [J]. Journal of Polymer Research, 2012, 19(6), 1-6.

[21] Lu J. H. , Zhang D. F. , Chen Q. , et al. Polymerization of methyl methacrylate catalyzed by *mono-/bis*-salicylaldiminato nickel(II) complexes and methylaluminoxane [J]. Frontiers of Chemical Science and Engineering 2011, 5(1): 19-25.

[22] 丁丽芹. 新型不对称双 Schiff 碱类后过渡金属催化剂的开发及催化烯烃聚合研究[D]. 西安: 西北大学, 2012.

[23] Ding L. Q. , Zhang Y. L. , Chen X. L. , et al. Ni^{2+}-template mechanism to the nonsymmetrical Salen-type Schiff-base Ni^{2+} complex with effective catalysis on styrene polymerization [J]. Inorganic Chemistry Communications, 2017, (76): 100-102.

[24] Ei-ghazawy R. A. , Farag R. K. Synthesis and characterization of novel pour point depressants based on maleic anhydride-alkyl acrylates terpolymers [J]. Journal ofApplied Polymer Science, 2010, 115(1): 72-78.

[25] Ding L. Q. , LÜ X. Q. , Zhao S. S. , et al. (E)-2-[(2-Aminophenyl) imino-methyl]-4, 6-*di-tert*-butylphenol [J]. Acta Crystallographica Section E-Structure Reports Online, 2012, E68, o2942.

[26] 郑万刚, 汪树军, 刘红研, 等. α-甲基丙烯酸十四醇酯-丙烯酰胺共聚物降凝剂的制备及其对润滑油的降凝效果 [J]. 石油学报(石油加工), 2014, 30 (3): 461-468.

[27] 杜涛, 汪树军, 宋程鹏, 等. α-甲基丙烯酸酯-马来酸酐二元共聚物对润滑油的降凝性能 [J]. 石油学报(石油加工), 2010, 26(5): 812-818.

[28] 杨飞, 肖作曲, 姚博, 等. 聚丙烯酸十八酯-乙酸乙烯酯梳状二元共聚物降凝剂对含蜡原油结晶特性与流变性的影响[J]. 高等学校化学学报, 2016, 37(7): 1395-1401.

[29] 刘佳, 朱冠南, 李坚, 等. 甲基丙烯酸十八烷基酯的可控自由基聚合及表面性能研究 [J]. 高校化学工程学报, 2018, 32(6): 1365-1373.

[30] Yong Q. L. , Y Z. , Chao Z. , et al. Study of plasma-induced graft polymerization of stearyl methacrylate on cotton fabric substrates [J]. Applied Surface Science, 2015, 357: 2327-2332.

[31] Ei-Ghazawy R. A. , Farg R. K. , Synthesis and characterization of novel pour point depressants based on maleic anhydride - alkyl acrylates terpolymers [J]. Journal of Applied Polymer Sci-

ence, 2010, 115(1): 72-78.

[32]葛仙娥, 贺建勋, 安瑞雪, 等. 聚甲基丙烯酸高级酯对润滑油基础油降凝效果的探究[D]. 西北大学学报(自然科学版), 2015, 45(4): 582-585.

[33] Ghosh P., Das M., Das T., Poly acrylates and acrylate-α-olefin copolymers: synthesis, characterization, viscosity studies, and performance evaluation in lube oil [J]. Petroleum Science and Technology, 2014, 32(7): 804-812.

[34] 杨宏军, 常贺, 宋肄业, 等. 自缩合可逆络合聚合制备支化聚甲基丙烯酸甲酯[J]. 高校化学工程学报, 2019, 33(2): 388 -393.

[35] Uemura T., Uchida N., Higuchi M., et al. Effects of unsaturated metal sites on radical vinyl polymerization in coordination nanochannels [J]. Macromolecules, 2011, 44(8): 2693-2697.

[36] Kleij A. W. NonsymmetricalSalen ligands and their complexes: synthesis and applications [J]. European Journal of Inorganic Chemistry, 2009, 2009(2): 193-205.

[37] Cui L. Q., Yu J. S., LÜ Y. H., et al. Syndiotactic polymerization of methyl methacrylate with Ni(acac)2-methylaluminox ane catalyst [J]. Journal of Polymer Research, 2012, 19(6): 1-6.

[38] Routaray A., Mantri S., Nath N., et al. Polymerization of lactide and synthesis of block copolymer catalyzed by copper (II) Schiff base complex [J]. Chinese Chemical Letters, 2016, 27 (12): 1763-1766.

[39] Liu J. Y., Li Y. S., Liu J. Y., et al. Syntheses of chromium (III) complexes with Schiff-base ligands and their catalytic behaviors for ethylene polymerization [J]. Journal of Molecular Catalysis A: Chemical, 2006, 244(1-2): 99-104.

[40] Alsabagh A. M., Betiha M. A., Osman D. I., et al. Preparation and evaluation of poly (methyl methacrylate) -graphene oxide nanohybrid polymers as pour point depressants and flow improvers for waxy crude oil [J]. Energy & Fuels, 2016, 30(9): 7610-7621.

[41] Bo Y., Li C., Fei Y., et al. Organically modified nano-clay facilitates pour point depressing activity of poly octadecylacrylate [J]. Fuel, 2016, 166: 96-105.

[42] Yang F., Zhao Y., SjÖblom J., et al. Polymeric wax inhibitors and pour point depressants for waxy crude oils: a critical review [J]. Journal of Dispersion Science and Technology, 2015, 36 (2): 213-225.

[43] 李传宪, 程粱, 杨飞, 等. 聚丙烯酸十八酯降凝剂对合成蜡油结蜡特性影响的研究[J]. 化工学报, 2018, 69(4): 1646-1655.

[44] Nifant'ev I. E., Vinogradov A. A., Bondarenko G. N., et al. Copolymers of maleic anhydride and methylene alkanes: synthesis, modification, and pour point depressant properties [J]. Polymer Science, Series B, 2018, 60(4): 469-480.

5 不对称Salen型Ni(Ⅱ)、Cu(Ⅱ)系催化剂催化烯烃共聚

5.1 引言

不对称Salen型Ni(Ⅱ)、Cu(Ⅱ)系催化剂，作为一种后过渡金属催化剂，除了用于苯乙烯等非极性单体和丙烯酸酯类极性单体的均聚外，还可用于其共聚，实现对材料的改性，所得共聚物具有两种均聚物的优良特性，因而，近年来成为国内外研究的热点。

以甲基丙烯酸甲酯(MMA)为主体的共聚热塑性塑料性能优异，主要有MMA与丙烯酸甲酯(MA)的共聚物和MMA与苯乙烯(St)的共聚物。其中，MMA与苯乙烯的共聚物(MS)由于兼有PMMA与PS的优点，不仅具有聚苯乙烯较低吸湿性和良好的加工流动性，还具有聚甲基丙烯酸甲酯的优良的光学性能和耐候性，其透明度和聚苯乙烯相近，但冲击强度比聚苯乙烯高，热变形温度与聚甲基丙烯酸甲酯接近，与其他高分子树脂的相容性好，是一种良好的改性剂。可用来与聚苯乙烯、聚氯乙烯等塑料进行共混改性，且生产成本也低于PMMA，因而得到广泛的应用。甲基丙烯酸甲酯-苯乙烯共聚物主要用作食品包装容器、医疗器具、文具、玩具、电气零件等其他各种日用品。由于甲基丙烯酸甲酯是一种极性单体，苯乙烯是一种非极性单体，将极性单体引入聚烯烃链中合成功能化共聚物一直是烯烃聚合研究的热点之一，二者的无规共聚大多通过自由基聚合实现，比较成功的是原子转移自由基聚合(ATRP)。共聚可以采用本体聚合、溶液聚合、悬浮聚合、乳液聚合等方法，但工业上大多采用悬浮聚合法实现甲基丙烯酸甲酯(MMA)与苯乙烯(St)的共聚合，溶液聚合法仍停留在实验室阶段，至今未工业化开发。但溶液聚合法与悬浮聚合法相比优势很多，如由于不用水，故没有污水处理问题，不加悬浮剂，产品杂质少，其热稳定性、透光率等性能也比悬浮聚合法制得的共聚物优良。

对于甲基丙烯酸长链酯，如甲基丙烯酸十二酯同甲基丙烯酸十八酯均有较长的脂肪烃链和极性的羰基，而用不同的单体聚合时，可以获得不同于同一种单体均聚物的特殊性能，如果这两种单体能够共聚就可以相对改变均聚物酯链碳原子数单一的状况，能够使得聚合物有较优异的性能。研究人员合成了甲基丙烯酸正丁酯和甲基丙烯酸十二酯的共聚树脂、甲基丙烯酸正丁酯和甲基丙烯酸 β 羟乙酯共聚物、甲基丙烯酸正丁酯和二乙烯基苯共聚物等多种甲基丙烯酸酯类共聚物。除此之外，研究人员也合成了甲基丙烯酸丁酯-甲基丙烯酸十八酯-甲基丙烯酸全氟辛基乙酯共聚物、聚甲基丙烯酸丁酯-b-聚甲基丙烯酸十二酯-b-聚甲基丙烯酸全氟辛基乙酯三嵌段共聚物等，用作涂料、包装、医用、防污等，同时也合成了甲基丙烯酸十二酯-甲基丙烯酸十八酯-对苯乙烯磺酸钠-4-乙烯基吡啶共聚物作为降粘剂，甲基丙烯酸十八酯-甲基丙烯酸苄酯聚合物用作降凝剂等。因此，可以尝试将 Salen 型配合物用作甲基丙烯酸酯类单体共聚的催化剂，以探讨二者共聚时反应条件的改变对聚合反应的影响。

本章首先利用所设计合成的不对称 Salen 型 Cu(Ⅱ)系配合物作为主催化剂，即 Salen-CuL^1-水杨醛(Salen-CuL^1-1)、Salen- CuL^1-5-溴-水杨醛(Salen-CuL^1-2)、Salen- CuL^1-3，5 二溴-水杨醛(Salen-CuL^1-3)、Salen- CuL^1-邻香草醛(Salen-CuL^1-4)或 Salen CuL^1-5-溴-邻香草醛(Salen-CuL^1-5)和 Salen-CuL^2-水杨醛(Salen-CuL^2-1)、Salen-CuL^2-5-溴-水杨醛(Salen-CuL^2-2)、Salen-CuL^2-3，5 二溴-水杨醛(Salen-CuL^2-3)、Salen-CuL^2-邻香草醛(Salen-CuL^2-4)或 Salen-CuL^2-5-溴-邻香草醛(Salen-CuL^2-5)，传统的自由基引发剂偶氮二异丁腈(AIBN)为助催化剂，研究了对非极性单体苯乙烯和极性单体甲基丙烯酸甲酯的溶液共聚反应性能的影响规律，对共聚物进行了红外分析、核磁分析及热重分析等。根据催化剂的结构，从活性中心即金属离子周围的空间位阻、电子效应等方面，探讨了催化剂结构及其催化性能之间的关系，为进一步优化设计新型的催化剂提供理论依据。其次，以 Salen-NiL^1-水杨醛(Salen-NiL^1-1)作为主催化剂，AIBN 为助催化剂，甲苯为溶剂，通过溶液聚合法，催化甲基丙烯酸十二酯和甲基丙烯酸十八酯的共聚反应，考察单体甲基丙烯酸十二酯和甲基丙烯酸十八酯的比例、助催化剂 AIBN 与催化剂 Salen-NiL^1-水杨醛(Salen-NiL^1-1)的比例、反应温度、两种单体总量与催化剂的比例、反应时间等对催化活性、聚合物相对分子质量等的影响，并优化工艺条件，将得到的聚合物作为原油、柴油和润滑油的降凝剂，考察其降凝效果，这对于 Salen-Ni(Ⅱ)配合物的应用和分子设计有一定指导意义和学术价值，为丙烯酸高级酯类降凝剂的合成方法提供一定的理论基础和科学依据。

5.2 主要原材料及仪器

苯乙烯和甲基丙烯酸甲酯共聚及甲基丙烯酸十二酯和甲基丙烯酸十八酯共聚所需的主要原材料及仪器，见表5-1。

表5-1 主要原材料及仪器

名称	含量	规格
甲基丙烯酸甲酯	≥99.0%	AR
苯乙烯	≥98.0%	AR
二甲苯	≥99.5%	AR
偶氮二异丁腈(AIBN)	—	CP
工业酒精	≥95%	工业级
甲基丙烯酸十二酯(LMA)	96%	—
甲基丙烯酸十八酯(SMA)	96%	—
甲苯	—	AR
甲醇	—	AR
无水乙醇	—	AR
盐酸	—	AR
电子天平	—	-
DF-101S型油浴锅	—	—
TZK-6050A型控温真空干燥箱	—	—
SHB-ⅢA型循环水式多用真空泵	—	—
傅立叶变换红外光谱仪	—	—
核磁共振仪	—	—
凝胶渗透色谱(GPC)	—	—
热重分析仪	—	—
石油产品凝点测试仪	—	—

5.2.1 试剂及单体的精制

包括：①溶剂的精制；②偶氮二异丁腈(AIBN)的精制；③苯乙烯(St)单体的精制；④甲基丙烯酸甲酯(MMA)的精制；⑤甲基丙烯酸十二酯(LMA)的精制。这些在第3章已介绍，详见3.2.1。

5.2.2 聚合方法

5.2.2.1 甲基丙烯酸甲酯(MMA)与苯乙烯(St)的共聚

工业上一般采用悬浮聚合法进行甲基丙烯酸甲酯(MMA)与苯乙烯(St)的聚合，但由于溶液聚合不加悬浮剂，产品杂质少，其热稳定性、透光率等性能优良。因此，本研究拟采用溶液聚合法。

依据国内外的相关文献，极性单体甲基丙烯酸甲酯与非极性单体苯乙烯的共聚反应是在无水、无氧的条件下进行的(图 5-1)，具体实施步骤如下：在 50 mL 干燥的聚合瓶中加入一定量的催化剂、助催化剂，在 Schlenk 装置上用高纯氮气置换空气三次，按比例加入已精制的甲基丙烯酸甲酯、苯乙烯单体和二甲苯溶剂，密封。将聚合瓶放入已设定温度的油浴中进行聚合，反应一定时间后，对聚合物进行后处理。催化剂的活性(简称催化活性)常用时-空产率即在一定的反应条件下，单位体积或单位质量的催化剂在单位时间生成产物的量来表示，即：

催化活性=产物总质量(g) / [主催化剂中金属的物质的量(mol) × 反应时间(h)]

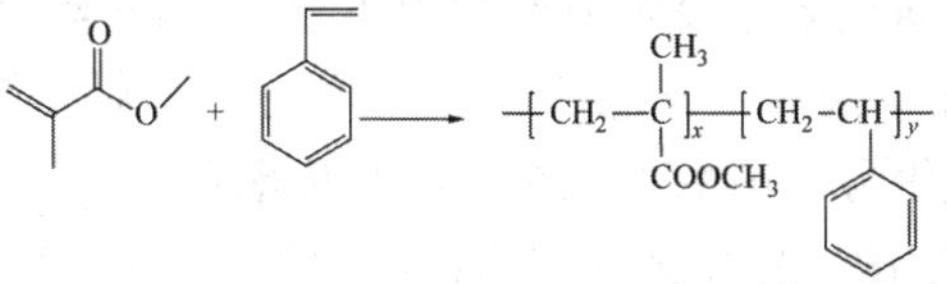

$$+ \longrightarrow \left[CH_2-\overset{CH_3}{\underset{COOCH_3}{C}}\right]_x\left[CH_2-CH\right]_y$$

图 5-1 甲基丙烯酸甲酯(MMA)与苯乙烯(St)的共聚反应

共聚物的后处理有以下几种方法：

(1)共聚反应结束后，取出聚合反应瓶快速置于冰水浴中终止反应，加入一定量的氯仿溶解聚合物，然后慢慢倒入无水乙醇使聚合产物沉淀 24 h，沉淀物经过滤、无水乙醇反复洗涤，直至得到白色固体，在 40~50 ℃下真空干燥 24 h 至恒重。

(2)共聚反应结束后，取出聚合反应瓶快速置于冰水浴中终止反应，加入一定量的甲苯溶解聚合物，然后慢慢倒入无水乙醇使聚合产物沉淀 24 h，沉淀物经过滤，无水乙醇反复洗涤，在 40~50 ℃下真空干燥 24 h 至恒重。

(3)共聚反应结束后，取出聚合反应瓶加入适量 5%的盐酸-乙醇溶液和一定量的氯仿溶解聚合物，然后慢慢倒入无水乙醇中使聚合产物沉淀 24 h，沉淀物经过滤、洗涤，在 40~50 ℃下真空干燥 24 h 至恒重。

(4)共聚反应结束后，取出聚合反应瓶快速置于冰水浴中终止反应，加入一定量的四氢呋喃溶解聚合物，然后慢慢倒入石油醚中使聚合产物沉淀 24 h，沉淀物经过滤、洗涤，在 40~50 ℃下真空干燥 24 h 至恒重。

(5)共聚反应结束后，取出聚合反应瓶快速置于冰水浴中终止反应，加入一定量的甲苯溶解聚合物，然后慢慢倒入石油醚中使聚合产物沉淀 24 h，沉淀物经过滤、洗涤，在 40~50 ℃下真空干燥 24 h 至恒重。

(6)共聚反应结束后，取出聚合反应瓶快速置于冰水浴中终止反应，加入一定量的四氢呋喃溶解聚合物，然后慢慢倒入工业酒精中使聚合产物沉淀 24 h，沉淀物经过滤、洗涤，在 40~50 ℃下真空干燥 24 h 至恒重。

(7)共聚反应结束后，取出聚合反应瓶加入适量 5%的盐酸-乙醇溶液和一定量的氯仿，然后慢慢倒入工业酒精中使聚合产物沉淀 24 h，沉淀物经过滤、洗涤，在 40~50 ℃下真空干燥 24 h 至恒重。

5.2.2.2 甲基丙烯酸十二酯(LMA)与甲基丙烯酸十八酯(SMA)的共聚

研究表明，甲基丙烯酸高级酯共聚产物的降凝效果要比均聚物好，本章拟采用溶液聚合的方法尝试进行甲基丙烯酸十二酯(LMA)与甲基丙烯酸十八酯(SMA)的共聚研究，共聚反应方程式如图 5-2 所示，具体聚合方法如下：

在 50 mL 干燥的聚合瓶中加入一定量的催化剂 Salen-NiL[1]-水杨醛(Salen-NiL[1]-1)、助催化剂 AIBN，在 Schlenk 装置上用高纯氮气置换空气三次，按比例加入已精制的甲基丙烯酸十二酯(LMA)与甲基丙烯酸十八酯(SMA)单体和甲苯溶剂，密封。将聚合瓶放入已设定温度的油浴中进行聚合，反应一定时间后，加入 5%的盐酸-乙醇混合液来终止聚合反应，再将终止后的聚合液加入甲醇中沉淀，待加入聚合液的甲醇澄清后用滤纸过滤收集聚合物。将其干燥后称重并计算催化剂活性。催化剂的活性(简称催化活性)常用时-空产率即在一定的反应条件下，单位体积或单位质量的催化剂在单位时间生成产物的量来表示，即：

催化活性=产物总质量(g) / [主催化剂中金属的物质的量(mol) × 反应时间(h)]

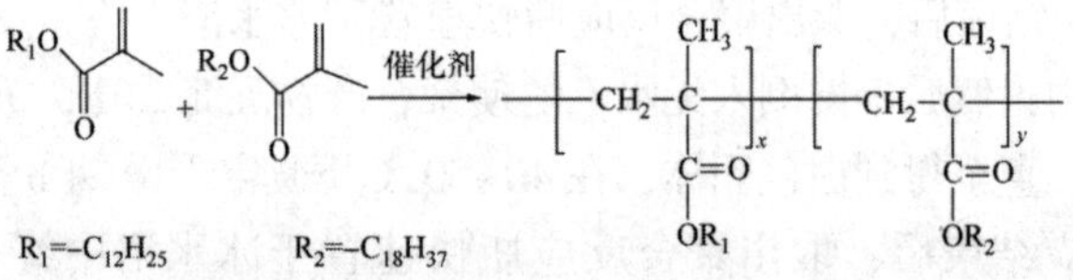

R_1=$-C_{12}H_{25}$　　R_2=$-C_{18}H_{37}$

图 5-2　甲基丙烯酸十二酯和甲基丙烯酸十八酯共聚反应示意图

5.2.3 聚合物的结构表征

(1)聚合物的红外光谱(FT-IR)

聚合物的红外光谱采用 Thermo Electron Corporation 生产的傅立叶变换红外光谱仪(Nicolet 5700 型)对聚合物的特征官能团进行分析。所有样品均采用“KBr 压片法”，波数范围：400~4000 cm^{-1}。

(2)聚合物的核磁共振氢谱(^1H NMR)

聚合物的^1H NMR 采用美国 Varian 公司 Invoa-400 MHZ 核磁共振仪测定，对该化合物的分子结构进行表征，TMS 作内标，$CDCl_3$作为溶剂。

(3)聚合物的热分析(TGA)

利用美国TA公司生产的差示扫描量热测定仪(SDTQ600)，针对目标产物的热性能进行系统测试，其扫描条件为：在氮气气氛下，20 ℃/min的升温速率。

(4)聚合物的相对分子质量(M_n、M_w)及相对分子质量分布指数(*PDI*)

配置样品浓度为1.5 mg/mL，利用美国Agilent PL-GPC50型凝胶渗透色谱仪(Gel Permeation Chromatography，GPC)测定聚合物的相对分子质量(M_n、M_w)及其分布(*PDI*)，利用聚苯乙烯溶液进行仪器矫正，设定温度为40 ℃，THF为溶剂，控制流速为1.00 mL/min。

5.3 Salen(L^1)型Cu(Ⅱ)系催化剂/AIBN催化MMA-St共聚方案

5.3.1 聚合后处理方法的确定

文献中提到了多种多样的聚合后处理方法，对于本研究，首先选定一种催化剂，在固定的聚合工艺条件下，探讨聚合后处理方法对共聚物的影响。

选定具备红外、核磁、单晶结构的Salen-CuL^1-水杨醛(Salen-CuL^1-1)作为主催化剂，与传统的自由基引发剂AIBN组成催化体系，初步确定共聚的工艺条件如下：聚合反应温度为80 ℃，聚合反应时间为6 h，两种单体和催化剂的比例为n(MMA)：n(St)：n(Cat.)= 800：800：1(摩尔比)，助催化剂与催化剂的比例为1：3(摩尔比)，进行聚合后处理方法的确定。具体实验方案见表5-2。

表5-2 催化剂OL-Cu-1催化MMA与St共聚后处理方法

方法	t/h	T/℃	n(Co.)：n(Cat.)[a]	n(MMA)：n(St)：n(Cat.)[b]	终止剂	溶剂	沉降剂
1	6	80	1：3	800：800：1	冰水浴	氯仿	无水乙醇
2	6	80	1：3	800：800：1	冰水浴	甲苯	无水乙醇
3	6	80	1：3	800：800：1	5%HCl-EtOH溶液	氯仿	无水乙醇
4	6	80	1：3	800：800：1	冰水浴	四氢呋喃	石油醚
5	6	80	1：3	800：800：1	冰水浴	甲苯	石油醚
6	6	80	1：3	800：800：1	冰水浴	四氢呋喃	工业酒精
7	6	80	1：3	800：800：1	5%HCl-EtOH溶液	氯仿	工业酒精

注：[a] n(Co.)：n(Cat.)助催化剂与催化剂的摩尔比；[b] n(MMA)：n(St)：n(Cat.)甲基丙烯酸甲酯与苯乙烯与催化剂的摩尔比。

5.3.2 Salen(L^1)型 Cu(Ⅱ)系催化剂对甲基丙烯酸甲酯与苯乙烯共聚反应的影响

Salen(L^1)型 Cu(Ⅱ)系催化剂包括：Salen-CuL^1-水杨醛(Salen-CuL^1-1)、Salen- CuL^1-5-溴-水杨醛(Salen-CuL^1-2)、Salen- CuL^1-3，5 二溴-水杨醛(Salen-CuL^1-3)、Salen- CuL^1-邻香草醛(Salen-CuL^1-4)或 Salen CuL^1-5-溴-邻香草醛(Salen-CuL^1-5)。其结构如图 4-4 所示。

由于吸电子基团-Br 或推电子基团-OCH_3的存在，使得催化剂具有不同的空间效应和电子效应，其金属活性中心周围的电子云密度会减小或增大，从而影响该催化剂的活性、聚合物的相对分子质量及其分布等。

在确定聚合后处理方法的基础上，以结构不同的 Salen-CuL^1-水杨醛(Salen-CuL^1-1)、Salen- CuL^1-5-溴-水杨醛(Salen-CuL^1-2)、Salen- CuL^1-3，5 二溴-水杨醛(Salen-CuL^1-3)、Salen- CuL^1-邻香草醛(Salen-CuL^1-4)或 Salen CuL^1-5-溴-邻香草醛(Salen-CuL^1-5)为主催化剂，与偶氮二异丁腈(AIBN)助催化剂组成催化体系，在其他工艺条件一定的情况下，考察不同结构的催化剂对其活性、聚合物的数均相对分子质量(M_n)、重均相对分子质量(M_w)以及相对分子质量分布指数(*PDI*)的影响。具体实验方案见表 5-3。

表 5-3　Salen(L^1)型 Cu(Ⅱ)系催化剂催化 MMA 与 St 共聚

催化剂	助催化剂	*t*/h	*T*/℃	*n*(Co.)：*n*(Cat.)[a]	*n*(MMA)：*n*(St)：*n*(Cat.)[b]
Salen-CuL^1-1	AIBN	6	80	1：3	800：800：1
Salen-CuL^1-2	AIBN	6	80	1：3	800：800：1
Salen-CuL^1-3	AIBN	6	80	1：3	800：800：1
Salen-CuL^1-4	AIBN	6	80	1：3	800：800：1
Salen-CuL^1-5	AIBN	6	80	1：3	800：800：1

注：[a] *n*(Co.)：*n*(Cat.)助催化剂与催化剂的摩尔比；
[b] *n*(MMA)：*n*(St)：*n*(Cat.)甲基丙烯酸甲酯与苯乙烯与催化剂的摩尔比。

5.3.3 Salen(L^2)型 Cu(Ⅱ)系催化剂对甲基丙烯酸甲酯与苯乙烯共聚反应的影响

Salen(L^2)型 Cu(Ⅱ)系催化剂包括：Salen-CuL^2-水杨醛(Salen-CuL^2-1)、Salen-CuL^2-5-溴-水杨醛(Salen-CuL^2-2)、Salen-CuL^2-3，5 二溴-水杨醛(Salen-CuL^2-3)、Salen-CuL^2-邻香草醛(Salen-CuL^2-4)或 Salen-CuL^2-5-溴-邻

香草醛(Salen-CuL^2-5)。其结构如图 4-6 所示。

与前驱体 HL^{1}相比较，前驱体 HL^{2}的二胺上多了两个吸电子基团-Cl，再考虑到结构式中 R_1、R_2吸电子基团或推电子基团的存在，使得 CL 型-铜系催化剂具有不同的空间效应和电子效应，其金属活性中心周围的电子云密度会减小或增大，从而影响该催化剂的活性、聚合物的相对分子质量及其分布等。

在确定聚合后处理方法的基础上，以结构不同的 Salen-CuL^2-水杨醛(Salen-CuL^2-1)、Salen-CuL^2-5-溴-水杨醛(Salen-CuL^2-2)、Salen-CuL^2-3，5 二溴-水杨醛(Salen-CuL^2-3)、Salen-CuL^2-邻香草醛(Salen-CuL^2-4)或 Salen-CuL^2-5-溴-邻香草醛(Salen-CuL^2-5)为主催化剂，与偶氮二异丁腈(AIBN)助催化剂组成催化体系，在其他工艺条件一定的情况下，考察不同结构的催化剂对其活性、聚合物的数均相对分子质量(M_n)、重均相对分子质量(M_w)以及相对分子质量分布指数(PDI)的影响。实验方案见表 5-4。

表 5-4　Salen(L^2)型 Cu(Ⅱ)系催化剂催化 MMA 与 St 共聚

催化剂	助催化剂	t/h	T/℃	n(Co.)：n(Cat.)[a]	n(MMA)：n(St)：n(Cat.)[b]
Salen-CuL^2-1	AIBN	6	80	1：3	800：800：1
Salen-CuL^2-2	AIBN	6	80	1：3	800：800：1
Salen-CuL^2-3	AIBN	6	80	1：3	800：800：1
Salen-CuL^2-4	AIBN	6	80	1：3	800：800：1
Salen-CuL^2-5	AIBN	6	80	1：3	800：800：1

注：[a] n(Co.)：n(Cat.)助催化剂与催化剂的摩尔比；[b] n(MMA)：n(St)：n(Cat.)甲基丙烯酸甲酯与苯乙烯与催化剂的摩尔比。

5.4　Salen-NiL^1-水杨醛/AIBN 催化 LMA 和 SMA 共聚方案

5.4.1　单体比例对 LMA 和 SMA 共聚反应的影响

单体比例对聚合产物的结构、状态、性质具有重要的影响。在共聚实验方案设计中，以 Salen-NiL^1-水杨醛(Salen-NiL^1-1)为催化剂、偶氮二异丁腈(AIBN)为助催化剂，先保持聚合反应时间为 12h，反应温度 110℃，助催化剂和催化剂的比例 4：1，单体和催化剂的比例 2800：1(单体总物质的量：催化剂物质的量)不变，改变 SMA 和 LMA 的比例为 1：7、1：5、1：3、1：1、3：1、5：1、7：1、9：1 进行实验。具体方案见表 5-5。

表 5-5 单体比例改变对 LMA 和 SMA 共聚合的影响

催化剂	t/h	T/℃	n (Co.) : n (Cat.)[a]	n (M) : n (Cat.)[b]	n(SMA) : n(LMA)
Salen-NiL[1]-1	12	110	4 : 1	2800 : 1	1 : 7
Salen-NiL[1]-1	12	110	4 : 1	2800 : 1	1 : 5
Salen-NiL[1]-1	12	110	4 : 1	2800 : 1	1 : 3
Salen-NiL[1]-1	12	110	4 : 1	2800 : 1	1 : 1
Salen-NiL[1]-1	12	110	4 : 1	2800 : 1	3 : 1
Salen-NiL[1]-1	12	110	4 : 1	2800 : 1	5 : 1
Salen-NiL[1]-1	12	110	4 : 1	2800 : 1	7 : 1
Salen-NiL[1]-1	12	110	4 : 1	2800 : 1	9 : 1

注：[a]n (Co.) : n (Cat.)助催化剂和催化剂的摩尔比；[b]n(M) : n(Cat.)单体和催化剂的摩尔比。

5.4.2 助催化剂与催化剂的比例对 LMA 和 SMA 共聚反应的影响

对于 Salen-NiL[1]-水杨醛(Salen-NiL[1]-1)/偶氮二异丁腈(AIBN)构成的聚合反应体系，在优化单体与催化剂比例的基础上[如 n(M) : n(Cat.) = 2800 : 1]，保持其他条件不变，改变助催化剂 AIBN 与催化剂 Salen-NiL[1]-1 的比例，当 n(Co.) : n(Cat.)分别为 2 : 1、3 : 1、4 : 1、5 : 1、6 : 1、7 : 1、8 : 1 时，考察助催化剂 AIBN 与催化剂 Salen-NiL[1]-1 的比例对 LMA 和 SMA 共聚合反应的影响。具体方案见表 5-6。

表 5-6 助催化剂与催化剂的比例对 LMA 和 SMA 共聚合的影响

催化剂	t/h	T/℃	n (M) : n (Cat.)[b]	n(SMA) : n(LMA)	n (Co.) : n (Cat.)[a]
Salen-NiL[1]-1	12	110	2800 : 1	5 : 1	2 : 1
Salen-NiL[1]-1	12	110	2800 : 1	5 : 1	3 : 1
Salen-NiL[1]-1	12	110	2800 : 1	5 : 1	4 : 1
Salen-NiL[1]-1	12	110	2800 : 1	5 : 1	5 : 1
Salen-NiL[1]-1	12	110	2800 : 1	5 : 1	6 : 1
Salen-NiL[1]-1	12	110	2800 : 1	5 : 1	7 : 1
Salen-NiL[1]-1	12	110	2800 : 1	5 : 1	8 : 1

注：[a]n (Co.) : n (Cat.)助催化剂和催化剂的摩尔比；[b]n(M) : n(Cat.)单体和催化剂的摩尔比。

5.4.3 反应温度对 LMA 和 SMA 共聚反应的影响

对于 Salen-NiL[1]-水杨醛(Salen-NiL[1]-1)/偶氮二异丁腈(AIBN)构成的聚合

反应体系，在优化单体与催化剂比例[如 $n(\mathrm{M}):n(\mathrm{Cat.})=2800:1$]、助催化剂与催化剂比例[如 $n(\mathrm{Co.}):n(\mathrm{Cat.})=6:1$]的基础上，保持其他条件不变，改变反应温度 70℃、80℃、90℃、100℃、110℃、120℃、130℃，设计的实验方案见表 5-7。

表 5-7　反应温度对 LMA 和 SMA 共聚合的影响

催化剂	t/h	$n(\mathrm{SMA}):n(\mathrm{LMA})$	$n(\mathrm{Co.}):n(\mathrm{Cat.})^{a}$	$n(\mathrm{M}):n(\mathrm{Cat.})^{b}$	T/℃
Salen-NiL[1]-1	12	5∶1	6∶1	2800∶1	70
Salen-NiL[1]-1	12	5∶1	6∶1	2800∶1	80
Salen-NiL[1]-1	12	5∶1	6∶1	2800∶1	90
Salen-NiL[1]-1	12	5∶1	6∶1	2800∶1	100
Salen-NiL[1]-1	12	5∶1	6∶1	2800∶1	110
Salen-NiL[1]-1	12	5∶1	6∶1	2800∶1	120
Salen-NiL[1]-1	12	5∶1	6∶1	2800∶1	130

注：$^{a}n(\mathrm{Co.}):n(\mathrm{Cat.})$助催化剂与催化剂的摩尔比；$^{b}n(\mathrm{M}):n(\mathrm{Cat.})$单体与催化剂的摩尔比。

5.4.4　反应时间对 LMA 和 SMA 共聚反应的影响

对于 Salen-NiL[1]-水杨醛(Salen-NiL[1]-1)/偶氮二异丁腈(AIBN)构成的聚合反应体系，在优化单体与催化剂比例[如 $n(\mathrm{M}):n(\mathrm{Cat.})=2800:1$]、助催化剂与催化剂比例[如 $n(\mathrm{Co.}):n(\mathrm{Cat.})=6:1$]、反应温度(如 90℃)的基础上，保持其他条件不变，改变反应时间为 6h、8h、10h、12h、14h、16h、18h 进行工艺条件优化(表 5-8)。

表 5-8　反应时间对 LMA 和 SMA 共聚合的影响

催化剂	T/℃	$n(\mathrm{SMA}):n(\mathrm{LMA})$	$n(\mathrm{Co.}):n(\mathrm{Cat.})^{a}$	$n(\mathrm{M}):n(\mathrm{Cat.})^{b}$	t/h
Salen-NiL[1]-1	90	5∶1	6∶1	2800∶1	6
Salen-NiL[1]-1	90	5∶1	6∶1	2800∶1	8
Salen-NiL[1]-1	90	5∶1	6∶1	2800∶1	10
Salen-NiL[1]-1	90	5∶1	6∶1	2800∶1	12
Salen-NiL[1]-1	90	5∶1	6∶1	2800∶1	14
Salen-NiL[1]-1	90	5∶1	6∶1	2800∶1	16
Salen-NiL[1]-1	90	5∶1	6∶1	2800∶1	18

注：$^{a}n(\mathrm{Co.}):n(\mathrm{Cat.})$助催化剂与催化剂的摩尔比；$^{b}n(\mathrm{M}):n(\mathrm{Cat.})$单体与催化剂的摩尔比。

5.4.5 单体与催化剂比例对 LMA 和 SMA 共聚反应的影响

对于 Salen-NiL[1]-水杨醛(Salen-NiL[1]-1)/偶氮二异丁腈(AIBN)构成的聚合反应体系，在优化单体与催化剂比例[如 n(M) ∶ n(Cat.)= 2800 ∶ 1]、助催化剂与催化剂比例[如 n (Co.) ∶ n (Cat.)= 6 ∶ 1]、反应温度(如 90℃)、反应时间(如 10 h)的基础上，保持其他条件不变，改变单体总量与催化剂的比例从 2000 ∶ 1一直增大到 4000 ∶ 1，如此设计的实验方案见表 5-9。

表 5-9 单体与催化剂的比例对 LMA 和 SMA 共聚合的影响

催化剂	t/h	T/℃	n(SMA) ∶ n(LMA)	n (Co.) ∶ n (Cat.)[a]	n (M) ∶ n (Cat.)[b]
Salen-NiL[1]-1	10	90	5 ∶ 1	6 ∶ 1	2000 ∶ 1
Salen-NiL[1]-1	10	90	5 ∶ 1	6 ∶ 1	2400 ∶ 1
Salen-NiL[1]-1	10	90	5 ∶ 1	6 ∶ 1	2800 ∶ 1
Salen-NiL[1]-1	10	90	5 ∶ 1	6 ∶ 1	3200 ∶ 1
Salen-NiL[1]-1	10	90	5 ∶ 1	6 ∶ 1	3600 ∶ 1
Salen-NiL[1]-1	10	90	5 ∶ 1	6 ∶ 1	4000 ∶ 1

注：[a]n (Co.) ∶ n (Cat.)助催化剂和催化剂的摩尔比；[b]n(M) ∶ n(Cat)单体和催化剂的摩尔比。

5.5 Salen(L[1])型 Cu(Ⅱ)系催化剂/AIBN 催化 MMA-St 共聚结果与讨论

5.5.1 聚合后处理方法的确定

选定 Salen-CuL[1]-1/AIBN 催化体系，初步确定共聚的工艺条件：反应温度为 80 ℃，反应时间为 6 h，n (MMA) ∶ n (St) ∶ n (Cat.)= 800 ∶ 800 ∶ 1 (摩尔比)，n (Co.) ∶ n (Cat.)= 1 ∶ 3 (摩尔比)，进行聚合后处理方法的确定。具体实验方案见表 5-10。

表 5-10 甲基丙烯酸甲酯-苯乙烯共聚后处理方法的选择

方法	t/h	T/℃	n(Co.) ∶ n(Cat.)[a]	n(MMA) ∶ n(St) ∶ n(Cat.)[b]	终止剂	溶剂	沉降剂	结果
1	6	80	1 ∶ 3	800 ∶ 800 ∶ 1	冰水浴	氯仿	无水乙醇	白色固体
2	6	80	1 ∶ 3	800 ∶ 800 ∶ 1	冰水浴	甲苯	无水乙醇	痕迹

续表

方法	t/h	T/℃	n(Co.)∶n(Cat.)[a]	n(MMA)∶n(St)∶n(Cat.)[b]	终止剂	溶剂	沉降剂	结果
3	6	80	1∶3	800∶800∶1	5%HCl-EtOH溶液	氯仿	无水乙醇	痕迹
4	6	80	1∶3	800∶800∶1	冰水浴	四氢呋喃	石油醚	痕迹
5	6	80	1∶3	800∶800∶1	冰水浴	甲苯	石油醚	痕迹
6	6	80	1∶3	800∶800∶1	冰水浴	四氢呋喃	工业酒精	痕迹
7	6	80	1∶3	800∶800∶1	5%HCl-EtOH溶液	氯仿	工业酒精	痕迹

注：[a] n(Co.)∶n(Cat.)助催化剂与催化剂的摩尔比；[b] n(MMA)∶n(St)∶n(Cat.)甲基丙烯酸甲酯与苯乙烯与催化剂的摩尔比。

由表5-10可知，采用不同的终止剂、溶解剂和沉淀剂对聚合物进行后处理，结果有明显的差异，其中，只有方法1，才能得到白色的固体聚合物。这可能是因为共聚物在不同的终止剂/溶解剂/沉淀剂体系中的溶解程度不同，导致后处理得到的产物的状态不同。因此，采用了冰水浴作终止剂、氯仿作溶解剂、无水乙醇作沉淀剂的方法对聚合物进行后处理。

5.5.2 Salen(L^1)型Cu(Ⅱ)系催化剂对甲基丙烯酸甲酯与苯乙烯共聚反应的影响

设计合成的5种不对称Salen(L^1)型Cu(Ⅱ)系催化剂是由前驱体HL^1在$Cu(OAc)_2 \cdot H_2O$的存在下，分别与水杨醛、5-溴-水杨醛、3，5二溴-水杨醛、邻香草醛或5-溴-邻香草醛反应得到的，即Salen-CuL^1-水杨醛(Salen-CuL^1-1)、Salen-CuL^1-5-溴-水杨醛(Salen-CuL^1-2)、Salen-CuL^1-3，5二溴-水杨醛(Salen-CuL^1-3)、Salen-CuL^1-邻香草醛(Salen-CuL^1-4)或Salen CuL^1-5-溴-邻香草醛(Salen-CuL^1-5)。由于这5种Salen(L^1)型Cu(Ⅱ)系的空间扭曲变形程度不同，且结构中含有的吸电子或推电子基团也不同，必然会影响活性中心Cu^{2+}周围的电子云密度，从而影响该催化剂的使用性能。因此，将这5种Salen(L^1)型Cu(Ⅱ)系催化剂与传统的自由基引发剂偶氮二异丁腈(AIBN)组成催化体系，在二甲苯溶剂中，固定其他工艺条件，采用冰水浴作终止剂、氯仿作溶解剂、无水乙醇作沉淀剂的方法对聚合物进行后处理，研究了空间效应、电子效应不同的催化剂对活性、共聚物的相对分子质量及其分布的影响。结果见表5-11。

表 5-11　Salen(L^1)型 Cu(II)系催化剂催化 MMA 与 St 共聚

催化剂	t/h	T/℃	n(Co.)：n(Cat.)[a]	n(MMA)：n(St)：n(Cat.)[b]	活性/[g/(mol·h)]	M_n[c]	PDI[d]
Salen-CuL^1-1	6	80	1：3	800：800：1	467	7407	1.60
Salen-CuL^1-2	6	80	1：3	800：800：1	471	8561	2.04
Salen-CuL^1-3	6	80	1：3	800：800：1	605	7878	1.73
Salen-CuL^1-4	6	80	1：3	800：800：1	448	8172	1.61
Salen-CuL^1-5	6	80	1：3	800：800：1	918	8715	1.88

注：[a] n(Co.)：n(Cat.) 助催化剂与催化剂的摩尔比；[b] n(MMA)：n(St)：n(Cat.) 甲基丙烯酸甲酯与苯乙烯与催化剂的摩尔比；[c] M_n—聚合物的数均相对分子质量；[d] $PDI=(M_w/M_n)$ 相对分子质量分布指数。

由表 5-11 可知，对于 Salen(L^1)型 Cu(Ⅱ)系催化剂 Salen-CuL^1-1～Salen-CuL^1-5，与 AIBN 组成催化体系，在二甲苯溶剂中，聚合反应时间为 6 h，聚合反应温度为 80 ℃，助催化剂与催化剂的比例为 1：3(摩尔比)，两种单体和催化剂的比例为 n(MMA)：n(St)：n(Cat.) = 800：800：1(摩尔比)的条件下，均能进行甲基丙烯酸甲酯(MMA)与苯乙烯(St)的共聚反应，分析结果如下：

(1) 催化剂 Salen-CuL^1-1～Salen-CuL^1-5 的催化活性在 448～918 g/(mol·h)之间，其催化活性的顺序为：Salen-CuL^1-5 > Salen-CuL^1-3 > Salen-CuL^1-2 > Salen-CuL^1-1 > Salen-CuL^1-4；所得共聚物的数均相对分子质量 M_n 在 7407～8715 之间，PDI 在 1.60～2.04 之间，反应有一定的可控性。

(2)催化剂 Salen-CuL^1-1、Salen-CuL^1-2、Salen-CuL^1-3 的活性依次增大[由 467g/(mol·h)增大到 605 g/(mol·h)]，所得共聚物的数均相对分子质量 M_n 在 10^3 数量级，PDI 在 1.60～2.04 之间。这可能是由于三者的电子效应和空间效应不同所致。从诱导效应看，按照催化剂 Salen-CuL^1-水杨醛(Salen-CuL^1-1)、Salen-CuL^1-5-溴-水杨醛(Salen-CuL^1-2)、Salen-CuL^1-3，5 二溴-水杨醛(Salen-CuL^1-3)的顺序，其结构上依次增加了一个-Br 取代基(图 4-2)。作为较强的吸电子基团，-Br 取代基会使催化剂的活性中心 Cu^{2+} 周围的电子云密度降低，有利于活性中心与单体进行作用，所以使相应催化剂的活性增加；从空间效应看，催化剂 Salen-CuL^1-水杨醛(Salen-CuL^1-1)、Salen-CuL^1-5-溴-水杨醛(Salen-CuL^1-2)、Salen-CuL^1-3，5 二溴-水杨醛(Salen-CuL^1-3)结构中的 N_2O_2 平面变形性依次增大(N(2)-Cu(1)-O(1)之间的夹角与 N(1)-Cu(1)-O(2)之间的夹角分别相差 0.53°、0.67°和 1.10°，变形性越大，金属活性中心外露的较多，催化活性增加。

(3) 催化剂 Salen-CuL^1-5 的活性[918 g/(mol·h)]高于催化剂 Salen-CuL^1-4[448g/(mol·h)]的活性，所得共聚物的相对分子质量在 8200 左右。这可能是因为催化剂 Salen-CuL^1-5 在结构上比催化剂 Salen-CuL^1-4 多了一个-Br

取代基(结构见图4-4)，吸电子基团-Br使催化剂的活性中心Cu^{2+}周围的电子云密度降低，有利于活性中心与单体进行作用，所以使催化剂的活性增加。

(4)比较催化剂Salen-CuL^1-4和催化剂Salen-CuL^1-1的聚合反应，结果表明，催化剂Salen-CuL^1-4的催化活性[448g/(mol·h)]低于催化剂Salen-CuL^1-1[467g/(mol·h)]的活性，所得共聚物的相对分子质量(8172)稍高于后者所得共聚物的相对分子质量(7407)。这可能是因为催化剂Salen-CuL^1-4比催化剂Salen-CuL^1-1在结构上多了一个$-OCH_3$取代基(图4-2)，$-OCH_3$取代基具有推电子诱导效应，使金属活性中心周围的电子云密度增加；另一方面，$-OCH_3$是一个位阻基团，在一定程度上对催化剂与单体的作用有阻碍性，使催化活性的活性降低，但这种空间位阻却有利于阻止链转移，从而增加了共聚物的相对分子质量。

5.5.3 Salen(L^2)型Cu(Ⅱ)系催化剂对甲基丙烯酸甲酯与苯乙烯共聚反应的影响

设计合成的5种Salen(L^2)型Cu(Ⅱ)系催化剂是由前驱体HL^2在$Cu(OAc)_2 \cdot H_2O$的存在下，分别与水杨醛、5-溴-水杨醛、3，5二溴-水杨醛、邻香草醛或5-溴-邻香草醛反应得到的，即Salen-CuL^2-水杨醛(Salen-CuL^2-1)、Salen-CuL^2-5-溴-水杨醛(Salen-CuL^2-2)、Salen-CuL^2-3，5二溴-水杨醛(Salen-CuL^2-3)、Salen-CuL^2-邻香草醛(Salen-CuL^2-4)或Salen-CuL^2-5-溴-邻香草醛(Salen-CuL^2-5)。由于这5种Salen(L^2)型Cu(Ⅱ)系催化剂的空间扭曲变形程度不同，且结构中含有的吸电子或推电子基团也不同，必然会影响活性中心Cu^{2+}周围的电子云密度，从而影响该催化剂的使用性能。因此，将这5种Salen(L^2)型Cu(Ⅱ)系催化剂与传统的自由基引发剂偶氮二异丁腈(AIBN)组成催化体系，在二甲苯溶剂中，固定其他工艺条件，采用冰水浴作终止剂、氯仿作溶解剂、无水乙醇作沉淀剂的方法对聚合物进行后处理，研究了空间效应、电子效应不同的催化剂对其活性、共聚物相对分子质量及其分布的影响。结果见表5-12。

表5-12 Salen(L^2)型Cu(Ⅱ)系催化剂催化MMA与St共聚

催化剂	t/h	T/℃	n(Co.)：n(Cat.)[a]	n(MMA)：n(St)：n(Cat.)[b]	活性/[g/(mol·h)]	M_n[c]	PDI[d]
Salen-CuL^2-1	6	80	1：3	800：800：1	525	7781	1.70
Salen-CuL^2-2	6	80	1：3	800：800：1	530	7915	1.70
Salen-CuL^2-3	6	80	1：3	800：800：1	678	103185	1.74
Salen-CuL^2-4	6	80	1：3	800：800：1	500	7930	1.70
Salen-CuL^2-5	6	80	1：3	800：800：1	1021	7983	1.77

注：[a] n(Co.)：n(Cat.)助催化剂与催化剂的摩尔比；[b] n(MMA)：n(St)：n(Cat.)甲基丙烯酸甲酯与苯乙烯与催化剂的摩尔比；[c] M_n—聚合物的数均相对分子质量；[d] $PDI=(M_w/M_n)$相对分子质量分布指数。

由表5-12可知，对于Salen(L^2)型Cu(Ⅱ)系催化剂Salen-CuL^2-1 ~ Salen-CuL^2-5，与AIBN组成催化体系，在二甲苯溶剂中，聚合反应时间为6 h，聚合反应温度为80 ℃，助催化剂与催化剂的比例为1∶3(摩尔比)，两种单体与催化剂的比例为n (MMA)∶n (St)∶n (Cat.) = 800∶800∶1(摩尔比)的条件下，均能进行甲基丙烯酸甲酯(MMA)与苯乙烯(St)的共聚反应，分析结果如下：

(1) 催化剂Salen-CuL^2-1~ Salen-CuL^2-5的催化活性在525~1021g/(mol·h)之间，其催化活性的顺序为：Salen-CuL^2-5 > Salen-CuL^2-3 > Salen-CuL^2-2 > Salen-CuL^2-1 > Salen-CuL^2-4；所得共聚物的数均相对分子质量M_n在7781~103185；所得共聚物的相对分子质量分布指数*PDI*在1.70左右。

(2)催化剂Salen-CuL^2-1、Salen-CuL^2-2、Salen-CuL^2-3的活性依次增大[由525g/(mol·h)增大到678 g/(mol·h)]，所得共聚物的数均相对分子质量M_n由7781 g/mol增大到103185 g/mol，相对分子质量分布指数*PDI*在1.70左右。这可能是由于三者的电子效应和空间效应不同所致，按照催化剂Salen-CuL^2-水杨醛(Salen-CuL^2-1)、Salen-CuL^2-5-溴-水杨醛(Salen-CuL^2-2)、Salen-CuL^2-3，5二溴-水杨醛(Salen-CuL^2-3)的顺序，其结构上依次增加了一个-Br取代基(图4-6)。作为较强的吸电子基团，-Br取代基会使催化剂的活性中心Cu^{2+}周围的电子云密度降低，有利于活性中心与单体进行作用，所以使相应催化剂的活性增加；另一方面，-Br取代基有一定的位阻效应，有利于阻止链转移，从而增加了共聚物的相对分子质量。

(3) 催化剂Salen-CuL^2-5的活性[1021 g/(mol·h)]高于催化剂Salen-CuL^2-4[500 g/(mol·h)]的活性，所得共聚物的相对分子质量均在7.9×10^3左右。这可能是因为催化剂Salen-CuL^2-5在结构上比催化剂Salen-CuL^2-4多了一个-Br取代基(图4-6)，吸电子基团-Br使催化剂的活性中心Cu^{2+}周围的电子云密度降低，且催化剂Salen-CuL^2-5的两个稳定的六元金属螯合环(CuOCCCN)的二面角6.4(2)°，比催化剂Salen-CuL^2-4的两个稳定的六元金属螯合环(CuOC-CCN)的二面角11.0(2)°小，说明催化剂Salen-CuL^2-5的金属活性中心外露的较多，有利于活性中心与单体进行作用，所以使催化剂的活性增加。

(4)比较催化剂Salen-CuL^2-4和Salen-CuL^2-1的聚合反应，结果表明，催化剂Salen-CuL^2-4的催化活性[500g/(mol·h)]稍低于催化剂Salen-CuL^2-1[525g/(mol·h)]的活性，所得共聚物的相对分子质量(7930)稍高于后者所得共聚物的相对分子质量(7781)。这可能是因为催化剂Salen-CuL^2-4比催化剂Salen-CuL^2-1在结构上多了一个$-OCH_3$取代基(结构见图4-6)，$-OCH_3$取代基具有推电子诱导效应，使金属活性中心周围的电子云密度增加；另一方面，$-OCH_3$是一个位阻基团，在一定程度上对催化剂与单体的作用有阻碍性，使催化活性的活性降低，但这种空间位阻却有利于阻止链转移，从而增加了共聚物的相对分子质量。

（5）对比 Salen(L^2)型和 Salen(L^1)Cu(Ⅱ)系催化剂，可知，在其他工艺条件相同的条件下，Salen(L^2) Cu(Ⅱ)系催化剂的活性比相应的 Salen(L^1) Cu(Ⅱ)系的活性高，如催化剂 Salen-CuL^2-1 的活性[525g/(mol · h)]高于催化剂 Salen-CuL^1-1 的活性[467g/(mol · h)]，这可能是因为 Salen(L^2)型催化剂在结构上比 Salen(L^1)型催化剂多了两个强吸电子基团-Cl，使得 Salen(L^2)型催化剂比 Salen(L^1)型催化剂中金属活性中心周围的电子云密度更低，导致催化剂的活性相应较大。对于其他相应催化剂(催化剂 Salen-CuL^2-2 和 Salen-CuL^1-2、催化剂 Salen-CuL^2-3 和 Salen-CuL^1-3、催化剂 Salen-CuL^2-4 和 Salen-CuL^1-4、催化剂 Salen-CuL^2-5 和 Salen-CuL^1-5)也有此规律，这进一步说明了催化剂的结构决定了且使用性能，具有不同空间效应、电子效应的催化剂，其催化活性也不同，所得聚合物的相对分子质量同样也有差异。

总之，上述不同结构的 Salen(L^2)型和 Salen(L^1)Cu(Ⅱ)系催化剂与 AIBN 组成催化体系，在二甲苯溶剂中，聚合反应时间为 6 h，聚合反应温度为 80 ℃，助催化剂与催化剂的比例为 1∶3(摩尔比)，两种单体和催化剂的比例为 n (MMA)∶n (St)∶n (Cat.)= 800∶800∶1(摩尔比)的条件下，所得聚合产物的凝胶色谱图均呈单峰分布，说明催化剂只有一个活性中心，聚合物是甲基丙烯酸甲酯和苯乙烯的共聚物，而不是二者均聚物的混合物，共聚物的 M_n 在 7407～103185 g/mol 之间，PDI 在 1.60 ～ 2.04 之间。

5.5.4 甲基丙烯酸甲酯与苯乙烯共聚物的分析及表征

（1）共聚物的 FT-IR 研究

为了研究共聚物的结构特征，我们利用 FT-IR 对聚合物进行了表征。

图 5-3 是催化剂 Salen-CuL^1-3 与 AIBN 组成催化体系，在二甲苯溶剂中，聚合反应时间为 6 h，聚合反应温度为 80 ℃，助催化剂与催化剂的比例为 1∶3(摩尔比)，两种单体和催化剂的比例为 n (MMA)∶n (St)∶n (Cat.)= 800∶800∶1(摩尔比)的条件下所得到的甲基丙烯酸甲酯与苯乙烯共聚物的红外谱图。

由图 5-3 可知，在 3082 cm^{-1}、3060 cm^{-1}、3025 cm^{-1}、2921 cm^{-1}和2845 cm^{-1}处出现的 5 个尖锐小峰为单取代苯环上 C-H 的伸缩振动特征吸收峰，1942 cm^{-1}、1871 cm^{-1}和 1801 cm^{-1}处的弱峰为苯环 C-H 的面外弯曲振动的倍频，1731 cm^{-1}吸收峰是 PMMA 链段中羰基(C═O)的伸缩振动峰，1153 cm^{-1}、1181 cm^{-1} 和 1263 cm^{-1}处的一组弱峰是 PMMA 中 C—O 键的伸缩振动，说明产物中存在 PMMA 链段。1601 cm^{-1}、1493 cm^{-1} 和 1452 cm^{-1} 处是苯环的骨架振动峰，698

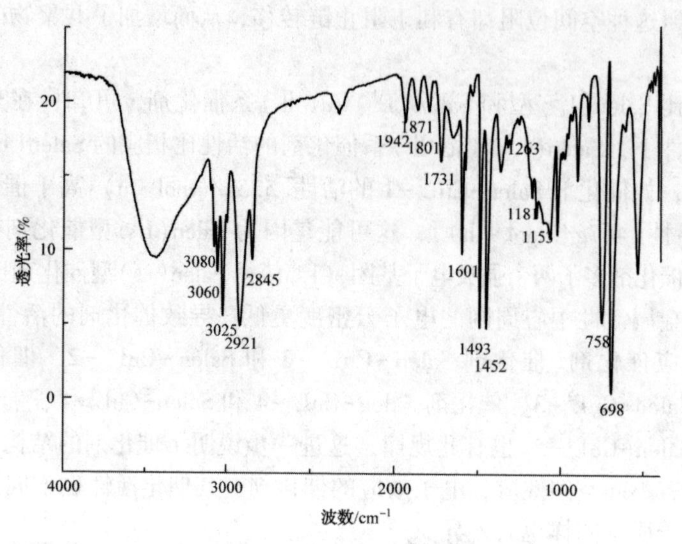

图 5-3　MMA 与 St 共聚物的红外光谱图

cm^{-1}和758 cm^{-1}处的吸收峰为单取代苯环的 C-H 面外弯曲振动吸收峰，证明产物中存在着 PS 链段，从谱图中没有看到 1630cm^{-1}处苯乙烯的 C═C 双键伸缩振动峰，表明苯乙烯已经与 MMA 发生了共聚反应，所得产物可能为甲基丙烯酸甲酯和苯乙烯的共聚物，也可能是聚甲基丙烯酸甲酯和聚苯乙烯均聚物的混合物，但由于产物已经过后处理，所以只能为共聚物。

（2）共聚物的核磁研究

除了 FT-IR 表征外，我们还采用了简单快捷的核磁共振来分析共聚物的组成。

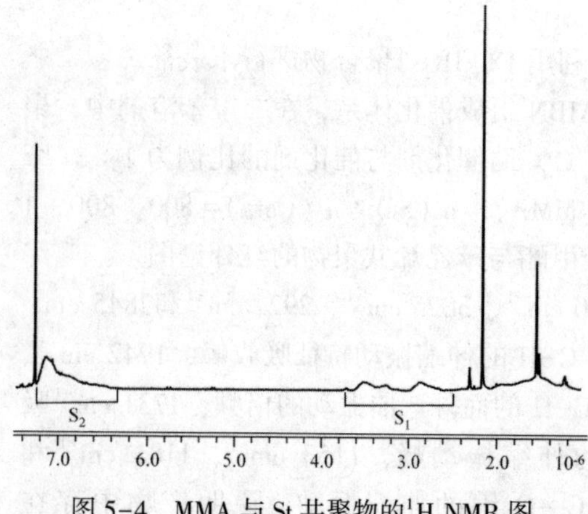

图 5-4　MMA 与 St 共聚物的^{1}H NMR 图

图 5-4 是催化剂 Salen-CuL^1-3 与 AIBN 组成催化体系，在二甲苯溶剂中，聚合反应时间为 6 h，聚合反应温度为 80 ℃，助催化剂与催化剂的比例为 1∶3(摩尔比)，两种单体和催化剂的比例为 n（MMA）∶n（St）∶n（Cat.）= 800∶800∶1(摩尔比) 的条件下所得聚合物的^{1}H-NMR 谱图。

由图 5-4 可知，此聚合物的谱图各峰分布较宽，和 MMA 均聚物以及 St 均聚物的^{1}H-NMR 谱图完全不同，说明该聚合物既不是各均聚物的混合物也不是嵌段共聚物，而是两种单体的无规共聚物，而且，2.85×10^{-6}处的峰在 PMMA、PS 均聚物的^{1}H-NMR 谱图中都没有出现，进一步说明了聚合物是共聚物，Opresnik 等也指出了 2.85×10^{-6}处峰的出现，表明形成的是无规共聚物而非嵌段共聚物。(6.2~7.3)×10^{-6}处是苯乙烯上苯环氢的特征峰，峰面积记为 S_2，(2.5~3.8)×10^{-6}处是 MMA 上-OCH_3的特征峰，峰面积记为 S_1，则共聚物中 St 和 MMA 的摩尔比可用下式计算：

$$[St]_{co}/[MMA]_{co}=3S_2/5S_1$$

经计算，催化剂 Salen-CuL^1-3 在上述条件下所得共聚物中 St 和 MMA 的摩尔比为 0.582∶0.418。

(3) 共聚物的热重分析

对催化剂 OL-Cu-3 聚合得到的甲基丙烯酸甲酯苯乙烯共聚物在 25~600 ℃进行热重分析，结果表明，共聚物在 285.6 ℃时开始分解，到 426.4 ℃时分解了 98.2%，到 500 ℃后失重曲线趋于相对平稳，说明甲基丙烯酸甲酯苯乙烯共聚物具有较好的热稳定性。

5.5.5 甲基丙烯酸甲酯与苯乙烯共聚小结

(1)通过对比各种不同的聚合后处理方法，确定了冰水浴作终止剂、氯仿作溶解剂、无水乙醇作沉淀剂的聚合物后处理方法。

(2)Salen(L^1)型 Cu(Ⅱ)系催化剂 Salen-CuL^1-1 ~ Salen-CuL^1-5，与 AIBN 组成催化体系，在二甲苯溶剂中，聚合反应时间为 6 h，聚合反应温度为 80 ℃，助催化剂与催化剂的比例为 1∶3(摩尔比)，两种单体和催化剂的比例为 n(MMA)∶n(St)∶n(Cat.)= 800∶800∶1(摩尔比)的条件下进行甲基丙烯酸甲酯(MMA)与苯乙烯(St)共聚反应，结果表明：催化剂 Salen-CuL^1-1 ~ Salen-CuL^1-5 的催化活性在 448~918 g/(mol · h)之间，其催化活性的顺序为 Salen-CuL^1-5 > Salen-CuL^1-3 > Salen-CuL^1-2 > Salen-CuL^1-1 > Salen-CuL^1-4；所得共聚物的数均相对分子质量 M_n 在 7404~8715 之间；所得共聚物的相对分子质量分布指数 *PDI* 在 1.60~2.04 之间。

(3)Salen(L^2)型 Cu(II)系催化剂 Salen-CuL^2-1~ Salen-CuL^2-5，与 AIBN 组成催化体系，在二甲苯溶剂中，聚合反应时间为 6 h，聚合反应温度为 80 ℃，助催化剂与催化剂的比例为 1∶3(摩尔比)，两种单体和催化剂的比例为 n(MMA)∶n(St)∶n(Cat.)= 800∶800∶1(摩尔比)的条件下进行甲基丙烯酸甲酯(MMA)与苯乙烯(St)共聚反应，结果表明：催化剂 Salen-CuL^2-1~ Salen-CuL^2-5 的催化活性在 525~1021g/(mol · h)之间，其催化活性的顺序为：Salen-CuL^2-5 > Salen-CuL^2-3 > Salen-CuL^2-2 > Salen-CuL^2-1 > Salen-CuL^2-4；所得共聚物的

数均相对分子质量 M_n 在 7781~103185；所得共聚物的相对分子质量分布指数 *PDI* 在 1.70 左右。

(4)对比不对称 Salen(L^2)型和 Salen(L^1)型 Cu(Ⅱ)系催化剂，可知，在其他工艺条件相同的条件下，Salen(L^2)型铜系催化剂的活性比相应的 Salen(L^1)型-铜系催化剂的活性高，如催化剂 Salen-CuL^2-1 的活性[525 g/(mol·h)]高于催化剂 Salen-CuL^1-1 的活性[467g/(mol·h)]，这可能是因为 Salen(L^2)型催化剂在结构上比 Salen(L^1)型催化剂多了两个强吸电子基团-Cl，使得 CL 型催化剂比 OL 型催化剂中金属活性中心周围的电子云密度更低，导致催化剂的活性相应较大。对于其他相应催化剂(催化剂 Salen-CuL^2-2 和 Salen-CuL^1-2、催化剂 Salen-CuL^2-3 和 Salen-CuL^1-3、催化剂 Salen-CuL^2-4 和 Salen-CuL^1-4、催化剂 Salen-CuL^2-5 和 Salen-CuL^1-5)也有此规律，这进一步说明了催化剂的结构决定了使用性能，具有不同空间效应、电子效应的催化剂，其催化活性也不同，所得聚合物的相对分子质量同样也有差异。

(5)在初步确定的工艺条件下，Salen(L^1)型铜系和 Salen(L^2)型铜系催化剂和 AIBN 组成催化体系，催化 MMA 与 St 共聚时，显示出活性不高，大多共聚物的数均相对分子质量 M_n 在 8000 g/mol 左右，相对分子质量分布指数在 1.7 左右，反应可控性较好。但可以通过单体与催化剂的摩尔比、聚合反应温度、聚合反应时间以及助催化剂与催化剂的比例等工艺条件的优化，进一步提高催化剂的活性，提高反应的可控性。

(6)采用 Salen-CuL^1-3/AIBN 催化体系，在一定工艺条件下得到的聚合物的 FT-IR 和 ^{1}H NMR 表征表明，聚合物是甲基丙烯酸甲酯/苯乙烯无规共聚物；共聚物的热重分析表明，该聚合物具有良好的热稳定性，分解温度为 285.6 ℃。

5.6 Salen-NiL^1-水杨醛/AIBN 催化 LMA 和 SMA 共聚结果与讨论

在甲基丙烯酸甲酯和苯乙烯共聚反应的基础上，进行了 Salen-NiL^1-1/AIBN 催化体系催化聚合 SMA 和 LMA 的研究。探索实验表明，当以价廉的工业酒精作沉淀剂时，单体转化率仅有 10%，经多次尝试，采用了 5%HCl-乙醇溶液作终止剂，无水甲醇作沉淀剂的方法对聚合物进行后处理。

5.6.1 催化剂对聚合反应的影响

作为对比试验，考察了催化剂的存在与否对聚合反应的影响。在助催化剂 AIBN 存在下，当保持甲基丙烯酸十八酯和甲基丙烯酸十二酯的摩尔比为 1∶1，反应温度110℃，单体与催化剂的摩尔比为2800∶1，反应时间为12h，助催化剂与催化剂的比例为4∶1时进行聚合反应，Salen-NiL[1]-1催化剂的存在与否对共聚反应的影响见表5-13。

表5-13 催化剂对甲基丙烯酸十二酯和甲基丙烯酸十八酯聚合反应的影响

共聚物	催化剂	产物/g	活性/[10^4g/(mol·h)]	$M_n^a/10^5$	PDI^b
PHMA-0	—	0.764	—	0.866	3.41
PHMA-1	Salen-NiL[1]-1	2.755	4.283	1.247	1.85

注：^aM_n—共聚物的数均相对分子质量；$^bPDI=(M_w/M_n)$相对分子质量分布指数。

由表5-13可知，Salen-NiL[1]-1催化剂的存在可提高单体的转化率，得到相对分子质量较大、相对分子质量分布指数较窄的聚合物，说明Salen-NiL[1]-1与AIBN组成催化体系，能够有效催化甲基丙烯酸十二酯和甲基丙烯酸十八酯的聚合。

5.6.2 单体SMA和LMA比例对聚合反应的影响

对于Salen-NiL[1]-1/AIBN催化体系，当保持反应温度110℃，单体与催化剂的摩尔比为2800∶1，反应时间为12h，助催化剂与催化剂的比例为4∶1，将甲基丙烯酸十八酯和甲基丙烯酸十二酯的比例从1∶7变化到9∶1进行聚合反应，计算催化活性，通过凝胶渗透色谱法测得相对分子质量及其分布，见表5-14。

表5-14 单体SMA和LMA比例对共聚反应的影响

聚合物	n(SMA)∶n(LMA)	活性/[10^4g/(mol·h)]	$M_n^a/10^5$	PDI^b
PHMA-2	1∶7	3.141	1.425	2.12
PHMA-3	1∶5	3.543	1.358	2.04
PHMA-4	1∶3	3.600	1.547	1.81
PHMA- 1	1∶1	4.283	1.247	1.85
PHMA -5	3∶1	4.718	1.612	1.74
PHMA-6	5∶1	5.210	1.824	1.88
PHMA- 7	7∶1	5.116	1.208	1.87
PHMA -8	9∶1	4.628	1.307	1.82

注：^aM_n—共聚物的数均相对分子质量；$^bPDI=(M_w/M_n)$相对分子质量分布指数。

从表5-14可知，其他条件不变，随着单体甲基丙烯酸十八酯和甲基丙烯酸十二酯的比例从1∶7变化到9∶1，催化活性先增加后减少[先增大到5.210×

10^4 g/(mol · h),后减少到 4.628×10^4 g/(mol · h)]；共聚物的相对分子质量在 1.208 ×10^5 ~1.612×10^5之间。可能是由于催化剂对不同单体的选择性不同，甲基丙烯酸十八酯分子碳链更长更柔顺，在该工艺条件下，该催化剂对甲基丙烯酸十八酯的催化活性和选择性较高，但若甲基丙烯酸十八酯浓度过大，使催化剂活性中心和自由基包埋于大量十八酯均聚物的某个局部空间内，不能很好地与更多十二酯单体结合，催化活性反而下降。可见，单体甲基丙烯酸十八酯和甲基丙烯酸十二酯的比例为 5 : 1 时催化活性较高。

5.6.3 助催化剂与催化剂的比例对聚合反应的影响

对于 Salen-NiL¹-1/AIBN 催化体系，控制其他反应条件不变，即反应温度 110℃、单体与催化剂的比例 2800 : 1、反应时间为 12h、单体甲基丙烯酸十八酯和甲基丙烯酸十二酯的比例为 5 : 1，改变助催化剂与催化剂的比例，从 2 : 1 一直增大到 8 : 1，考察该因素对聚合反应的影响，所得结果见表 5-15。

表 5-15 助催化剂和催化剂的比例对共聚反应的影响

聚合物	*n*（Co.）: *n*（Cat.）	活性/[10^4 g/(mol · h)]	M_n [a]/10^5	*PDI* [b]
PHMA-9	2 : 1	4.302	1.225	1.61
PHMA-10	3 : 1	5.071	1.817	1.83
PHMA-6	4 : 1	5.210	1.824	1.88
PHMA-11	5 : 1	5.896	1.883	1.70
PHMA -12	6 : 1	6.804	1.652	2.27
PHMA-13	7 : 1	6.345	1.164	2.03
PHMA-14	8 : 1	6.433	0.990	1.76

注：[a] M_n—共聚物的数均相对分子质量；[b] $PDI=(M_w/M_n)$ 相对分子质量分布指数。

由表 5-15 可知，随着助催化剂与催化剂摩尔比从 2 : 1 增大到 8 : 1，聚合反应的催化活性先增大后减小，当助催化剂与催化剂摩尔比为 6 : 1 时，催化活性较高[6.804×10^4 g/(mol · h)]，聚合物相对分子质量较大(1.652×10^5)。可能是在溶液聚合反应中，浓度较低的助催化剂 AIBN 分子及其分解出的初级自由基由于笼蔽效应无法与单体分子接触，使得引发效率较低，催化活性及聚合物相对分子质量较小。随着助催化剂与催化剂摩尔比的增加，释放出的自由基浓度增大，由于动力学链长与引发剂浓度的平方根成反比，引发剂浓度的提高将加大向引发剂转移反应对聚合度的负面影响，使聚合度降低，聚合物数均相对分子质量减小。选定助催化剂 AIBN 与催化剂 Salen-NiL¹-1 的比例为 6 : 1，进行聚合工艺条件的优化。

5.6.4　反应温度对聚合反应的影响

对于 Salen-NiL[1]-1/AIBN 催化体系，控制其他反应条件不变，即单体与催化剂的比例 2800：1、反应时间为 12h、单体甲基丙烯酸十八酯和甲基丙烯酸十二酯的比例为 5：1，助催化剂与催化剂的比例为 6：1，考察反应温度从 70℃增大到 130℃的过程中对聚合反应的影响，结果见表 5-16。

表 5-16　反应温度对共聚反应的影响

聚合物	T/℃	活性/[10^4g/(mol·h)]	$M_n{}^a/10^5$	PDI^b
PHMA-15	70	0.109	1.884	2.12
PHMA-16	80	6.374	2.532	2.03
PHMA-17	90	7.459	1.784	2.02
PHMA-18	100	6.347	1.682	1.92
PHMA -12	110	6.804	1.652	2.07
PHMA-19	120	4.960	1.162	2.05
PHMA-20	130	4.409	0.864	2.01

注：^aM_n—共聚物的数均相对分子质量；$^bPDI=(M_w/M_n)$ 相对分子质量分布指数。

从表 5-16 可以看出，随着反应温度从 70℃增大到 130℃，催化剂的活性先增加后减小，当温度为 90℃时，反应的活性最大[7.459×10^4g/(mol·h)]，相对分子质量较大(1.784×10^5)，相对分子质量分布指数在 2 左右。可能是因为随着反应温度的升高，助催化剂释放的自由基越来越多，且整个反应体系的黏度降低，增加了单体、自由基、催化剂活性中心的相互接触，使催化活性和链增长速率增大。随着反应温度的进一步升高，催化剂的活性中心在高温下更易失活，导致催化剂活性降低，且升高温度对链转移反应速率的增加要比对链增长速率的增加大得多，使得聚合度降低，聚合物的数均相对分子质量减小。因此，选择较优的反应温度为 90℃。

5.6.5　反应时间对聚合反应的影响

对于 Salen-NiL[1]-1/AIBN 催化体系，控制其他反应条件不变，即单体与催化剂的比例 2800：1、反应温度 90℃、单体甲基丙烯酸十八酯和甲基丙烯酸十二酯的比例为 5：1，助催化剂与催化剂的比例为 6：1，考察反应时间从 6 h 增大到 18 h 的过程中对聚合反应的影响，所得结果见表 5-17。

表 5-17 反应时间对共聚反应的影响

聚合物	t/h	活性/[10^4 g/(mol·h)]	M_n[a]/10^5	PDI[b]
PHMA-21	6	8.356	1.293	2.03
PHMA-22	8	8.622	1.694	1.92
PHMA-24	10	8.890	1.709	1.91
PHMA-17	12	7.459	1.784	2.02
PHMA -25	14	5.254	1.694	2.05
PHMA-26	16	5.215	1.688	2.08
PHMA-27	18	3.605	1.291	2.18

注：[a] M_n—共聚物的数均相对分子质量；[b] $PDI=(M_w/M_n)$ 相对分子质量分布指数。

由表 5-17 可知，随着聚合反应时间的增加，催化活性呈现先升高后降低的趋势。当反应时间为 10 h 时，催化活性较大[8.890×10^4 g/(mol·h)]，聚合物的数均相对分子质量在 1.709×10^5，当反应时间太短(如 6h)或太长(如 18h)时，聚合物的数均相对分子质量较小。这可能因为反应时间太短时，聚合反应不能充分进行，导致聚合物相对分子质量较小；但随着聚合反应时间的增加，单体和催化剂活性中心接触的时间更长，聚合反应进行的更加充分，使相对分子质量增加，催化活性增大。但在较高反应温度(90℃)下，延长反应时间，催化剂活性中心易失活，使催化活性降低，聚合物相对分子质量减小。因此，较适宜的反应时间为 10 h。

5.6.6 单体与催化剂比例对聚合反应的影响

对于 Salen-NiL[1]-1/AIBN 催化体系，控制其他反应条件不变，即反应温度 90℃、反应时间为 10 h，单体甲基丙烯酸十八酯和甲基丙烯酸十二酯的比例为 5∶1，助催化剂与催化剂的比例为 6∶1，考察单体与催化剂的比例从 2000∶1 增大到 4000∶1 的过程中，该因素对聚合反应的影响，所得结果见表 5-18。

表 5-18 单体与催化剂比例对共聚反应的影响

聚合物	n(M)∶n(Cat.)	活性/[10^4 g/(mol·h)]	M_n^a/10^5	PDI[b]
PHMA-28	2000∶1	2.736	1.045	2.34
PHMA-29	2400∶1	7.106	1.393	2.04
PHMA-24	2800∶1	8.890	1.709	1.91
PHMA-30	3200∶1	9.974	2.019	2.01
PHMA -31	3600∶1	11.035	1.807	1.94
PHMA-32	4000∶1	9.354	2.007	2.01

注：[a] M_n—共聚物的数均相对分子质量；[b] $PDI=(M_w/M_n)$ 相对分子质量分布指数。

从表5-18可知，随着单体与催化的比例从2000：1增大到4000：1，催化剂的活性从2.736×10^4 g/(mol·h)增大到11.035×10^4 g/(mol·h)，然后降低到9.354×10^4 g/(mol·h)。聚合物的数均相对分子质量范围为1.045×10^5~2.019×10^5，相对分子质量分布指数在2.0左右。这可能是因为在反应初期，随着单体浓度的增大，聚合速率增加，催化活性提高；但当单体与催化剂的摩尔比太大时，单体浓度较大，反应体系的黏度增加，单体的扩散和传质受到影响。此外，催化剂的浓度相对减少，使得催化活性降低，聚合物的数均相对分子质量减小。适宜的单体与催化剂的比例为3600：1。

综上所述，单因素考察甲基丙烯酸十八酯和甲基丙烯酸十二酯共聚反应的较优反应条件为：单体甲基丙烯酸十八酯和甲基丙烯酸十二酯的比例为5：1、助催化剂AIBN与催化剂Salen-NiL[1]-1的比例为6：1、反应温度为90℃、反应时间为10h、单体与催化剂的比例为3600：1，此时催化活性较高[11.035×10^4g/(mol·h)]，所得甲基丙烯酸十八酯和甲基丙烯酸十二酯共聚物(PHMA)的数均相对分子质量M_n较大(1.807×10^5)，相对分子质量分布指数*PDI*较窄(1.94)。

5.6.7 甲基丙烯酸十二酯与甲基丙烯酸十八酯共聚物结构分析

(1) 共聚物的红外图谱分析

图5-5是甲基丙烯酸十二酯和甲基丙烯酸十八酯共聚物的红外光谱图。经分析可知：2920cm^{-1}和2854cm^{-1}处为甲基(-CH_3)和亚甲基(-CH_2-)的特征吸收峰，1730cm^{-1}处为酯羰基(C═O)的伸缩振动特征峰，1470cm^{-1}和1150 cm^{-1}处为酯基的碳氧键(-C-O-)的对称伸缩振动特征峰，721cm^{-1}处为-$(CH_2)_n$-的平面摇摆振动特征峰。1630 cm^{-1}位置的C═C双键吸收峰基本消失，说明甲基丙烯酸十八酯的聚合发生在双键上，所得聚合物是甲基丙烯酸十二酯和甲基丙烯酸十八酯的共聚物。

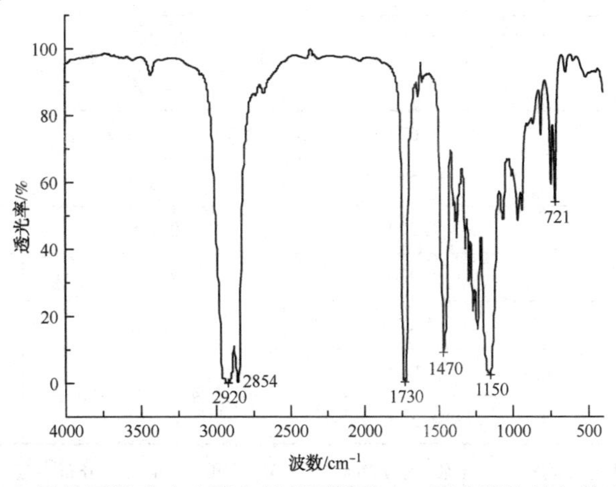

图5-5 甲基丙烯酸十八酯和甲基丙烯酸十二酯共聚物的红外光谱图

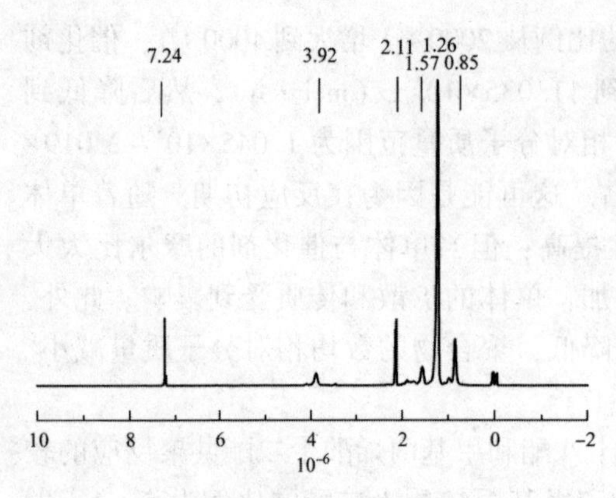

图 5-6 甲基丙烯酸十八酯和甲基丙烯酸十二酯共聚物的^1H NMR 谱图

(2) 共聚物的核磁图谱分析

图 5-6 是甲基丙烯酸十二酯和甲基丙烯酸十八酯共聚物的^1H NMR 谱图，经过分析可知，0.85×10^{-6}是长脂肪链末端的$-CH_3$所对应的质子峰，1.28×10^{-6}是脂肪长链中$-(CH_2)_n-$的质子所对应的峰，1.57×10^{-6}对应于$-CH_2-C(CH_3)-$中亚甲基$-CH_2-$的质子峰，1.96×10^{-6}对应于$-CH_2-C(CH_3)-$中甲基$-CH_3$的质子峰，3.92×10^{-6}是$-OCH_2$的质子峰。在化学位移$(5.0\sim6.0)\times10^{-6}$处没有出现双键特征峰，表明共聚反应已经发生。

5.6.8 甲基丙烯酸十二酯与甲基丙烯酸十八酯共聚物降凝效果

为了考察共聚物和聚合物共混物(不同均聚物经物理混合得到的聚合物混合体)对油品凝点的影响，在合成 PHMA-1 的相同工艺条件下，对甲基丙烯酸十二酯和甲基丙烯酸十八酯分别进行均聚，得到均聚物聚甲基丙烯酸十二酯 PLMA-1 和聚甲基丙烯酸十八酯 PSMA-1，将两种均聚物按照合成共聚物 PHMA-1 的比例(1∶1)进行复配，得到聚合物共混物 CHMA-1。同样可得到聚合物共混物 CHMA-6 和 CHMA-31，其相对分子质量及其分布见表 5-19。

表 5-19 相同工艺条件下均聚物和共聚物性质对比

聚合物	活性/[10^4 g/(mol·h)]	$M_n{}^a/10^5$	PDI^b
PHMA-1	4.283	1.247	1.85
PLMA-1	0.907	0.909	1.62
PSMA-1	1.074	1.419	1.72
PHMA-6	5.210	1.824	1.88
PLMA-6	1.290	0.709	1.51
PSMA-6	1.974	2.019	1.72
PHMA -31	11.035	1.807	1.94
PLMA -31	3.042	0.607	1.64
PSMA-31	4.354	2.017	1.81

注：^aM_n—共聚物的数均相对分子质量；$^bPDI=(M_w/M_n)$ 相对分子质量分布指数。

将0.5%的甲基丙烯酸十二酯与甲基丙烯酸十八酯共聚物(PHMA)及聚合物共混物加入柴油馏分(300~350℃)及润滑油馏分(380~400℃)中，以加剂前后凝点差值(Δ*SP*)为主要指标考察其降凝效果。见表5-20。

表5-20　共聚物和聚合物共混物对油品凝点的影响

油品		柴油馏分(300~350℃)	润滑油馏分(380~400℃)
SP/℃		-12	16
ΔSP/℃	PHMA-1	7	10
	CHMA-1	5	7
	PHMA-6	9	13
	CHMA-6	5	9
	PHMA -31	10	15
	CHMA -31	7	10

注：*SP*—凝点，℃。

由表5-20可知，PHMA-1、PHMA-6、PHMA-31对柴油馏分(300~350℃)及润滑油馏分(380~400℃)均有一定的降凝效果，可将柴油馏分(300~350℃)的凝点降低7~10℃，将润滑油馏分(380~400℃)的凝点降低10~15℃。可见，同一降凝剂对不同的油品具有降凝“选择性”，对凝点和馏分组成不同的油品，降凝效果有显著差异。这可能是因为共聚物降凝剂长烷基主链或长烷基侧链的碳数与润滑油馏分(380~400℃)中蜡的平均碳数匹配，体系的混合能较低，聚合物更易进入蜡晶晶格，从而降低油品的凝点。不同相对分子质量的共聚物降凝效果各异，可能是因为相对分子质量不同，则聚合物分子中的极性基团或表面活性各异，而极性基团可以吸附在蜡晶表面，增加蜡晶粒子间的相互排斥，使与聚合物结合的蜡晶不易相互结合形成大的晶体，阻止了晶体微粒的接近，从而在不同程度上改善油料的低温流动性，在宏观上表现出对油品不同的降凝效果。由表5-20也可看出，两种单体在同样工艺条件下分别均聚得到的聚合物的共混物(CHMA-1、CHMA-6、CHMA-31)比共聚物(PHMA-1、PHMA-6、PHMA-31)的降凝效果差，可能是因为丙烯酸高级酯均聚物侧链上的长链烷烃具有与油品中蜡晶相似的结构和结晶习性，能发挥共晶作用而降低凝点，但由于单一聚酯类物质中侧链之间的间距小，不能充分分散到油品中，其本身含有的极性官能团酯基被卷曲或隐藏在内部，使得降凝幅度小。另一方面，共聚物中长链烷基的碳数分布更广泛，能够与油品中分布较宽的蜡的碳数相匹配。

5.6.9　甲基丙烯酸十二酯与甲基丙烯酸十八酯共聚小结

(1)在甲苯溶剂中，以Salen-NiL^1-1(Salen-NiL^1-水杨醛)/偶氮二异丁腈

(AIBN)为催化体系，改变两种单体的比例、助催化剂与催化剂的比例、聚合反应时间、聚合反应温度、单体与催化剂的比例条件下，可以有效催化甲基丙烯酸十二酯与甲基丙烯酸十八酯共聚的聚合。

(2)催化活性较高的反应条件为：单体甲基丙烯酸十八酯和甲基丙烯酸十二酯的比例为5：1、助催化剂 AIBN 与催化剂 Salen-NiL^1-1 的比例为6：1、反应温度为90℃、反应时间为10h、单体与催化剂的比例为3600：1，此时催化活性较高[11.035×10^4g/(mol · h)]，所得甲基丙烯酸十八酯和甲基丙烯酸十二酯共聚物(PHMA)的数均相对分子质量 M_n 较大(1.807×10^5)，相对分子质量分布指数 *PDI* 较窄(1.94)。

(3)与仅有 AIBN 引发的传统自由基聚合相比，Salen-NiL^1-1(Salen-NiL^1-水杨醛)催化剂与 AIBN 组成催化体系，可以较好地控制甲基丙烯酸十二酯与甲基丙烯酸十八酯共聚的相对分子质量及其分布，所得聚合物的相对分子质量范围为 0.864×10^5 ~ 2.532×10^5，相对分子质量分布指数较窄(*PDI* 在 2 左右)，反应可控。

(4)对于不同油品，共聚物的降凝效果各异。可将柴油馏分(300~350℃)的凝点降低 7~10℃，将润滑油馏分(380~400℃)的凝点降低 10~15℃。

(5)共聚物的降凝效果比相应聚合物共混物的降凝效果好。

5.7 本章小结

(1)Salen(L^1)型 Cu(Ⅱ)系催化剂 Salen-CuL^1-1 ~ Salen-CuL^1-5，与 AIBN 组成催化体系，在一定条件下可以有效催化甲基丙烯酸甲酯(MMA)与苯乙烯(St)共聚，催化活性中等，且催化活性的顺序为 Salen-CuL^1-5 > Salen-CuL^1-3 > Salen-CuL^1-2 > Salen-CuL^1-1 > Salen-CuL^1-4，所得共聚物的数均相对分子质量 M_n 在 7404 ~ 8715 g/mol 之间；所得共聚物的相对分子质量分布指数 *PDI* 在 1.60~2.04 之间。

(2)Salen(L^2)型 Cu(Ⅱ)系催化剂 Salen-CuL^2-1 ~ Salen-CuL^2-5，与 AIBN 组成催化体系，在一定条件下可以有效催化甲基丙烯酸甲酯(MMA)与苯乙烯(St)共聚，催化活性中等，且催化活性的顺序为：Salen-CuL^2-5 > Salen-CuL^2-3 > Salen-CuL^2-2 > Salen-CuL^2-1 > Salen-CuL^2-4；所得共聚物的数均相对分子质量 M_n 在 7781 ~ 103185；所得共聚物的相对分子质量分布指数 *PDI* 在 1.70 左右。

(3)对比不对称 Salen(L^2)型和 Salen(L^1)型 Cu(Ⅱ)系催化剂可知，在其他工艺条件相同的条件下，Salen(L^2)型铜系催化剂的活性比相应的 Salen(L^1)型-铜系催化剂的活性高，说明了催化剂的结构决定了其使用性能，具有不同空间效应、电子效应的催化剂，其催化活性也不同，所得聚合物的相对分子质量同样也有差异。

(4)Salen-NiL^1-1(Salen-NiL^1-水杨醛)/偶氮二异丁腈(AIBN)组成催化体系，可以有效催化甲基丙烯酸十二酯与甲基丙烯酸十八酯共聚的聚合，所得聚合物的相对分子质量范围为 $0.864\times10^5\sim2.532\times10^5$，相对分子质量分布指数较窄(*PDI* 在 2 左右)，反应可控。

(5)对于不同油品，共聚物的降凝效果各异。可将柴油馏分(300~350℃)的凝点降低 7~10℃，将润滑油馏分(380~400℃)的凝点降低 10~15℃。

(6)对于同一油品，共聚物的降凝效果比共混物的降凝效果好。

参 考 文 献

[1] Charmondusita K., Seeluangsawat L. Recycling of poly (methyl methacrylate) scrap in the styrene-methyl methacrylate copolymer cast sheet process [J]. Resources, conservation and recycling, 2009, 54: 97-103.

[2] Semsarzadeh M. A., Abdollahi M. Kinetic study of atom transfer radical homo- and copolymerization of styrene and methyl methacrylate initiated with trichloromethyl -terminated poly(vinyl acetate) macroinitiator[J]. Polymer, 2008, 49: 3060-3069.

[3] Abdollahi M., Semsarzadeh M. A. Effect of nanoclay and macroinitiator on the kinetics of atom transfer radical homo- and copolymerization of styrene and methyl methacrylate initiated with CCl_3-terminated poly (vinyl acetate) macroinitiator [J]. European Polymer Journal, 2009, 45: 985-995.

[4] Otto D. P., Vosloo H. C. M., Liebenberg W. Effects of the cosurfactant 1-butanol and feed composition on nanoparticle properties produced by microemulsion copolymerization of styrene and methyl methacrylate [J]. Journal of Applied Polymer Science, 2008, 107: 3950-3962.

[5] Corona-Rivera M. A., Flores J., Puig J. E., et al. Microemulsion copolymerization of styrene-methyl methacrylate followed on line by low-resolutionRaman spectroscopy[J]. Polymer Engineering and Science, 2009, 2125-2131.

[6]崔野，崔海清，刘福瑞，等. 可逆加成-断裂链转移聚合-细乳液聚合法合成聚异戊二烯-b-聚苯乙烯-b-聚甲基丙烯酸甲酯三嵌段共聚物[J]. 化工新型材料，2018，46(05)：166-169.

[7] Gao J. L., Zhang Z. B., Zhou N. C., et al. Copper (0)-mediated living radical copolymeriza - tion of styrene and methyl methacrylate at ambient temperature [J]. Macromolecules, 2011, 44: 3227-3232.

[8] Songkhla P. N, Wootthikanokkhan J. Effect of the copolymer composition on the *K* and a constants of the Mark-Houwink equation: Styrene-methyl methacrylate random copolymers [J]. Journal of Polymer Science, Part B: Polymer Physics, 2002, 40(6): 562-571.

[9] Wang Y., Clay A., Nguyen M. ATRP by continuous feeding of activators: Limiting the end-group loss in the polymerizations of methyl methacrylate and styrene [J]. Polymer, 2020, 188: 122097.

[10] MiaoY. P., Lü J., Yong H. Y., et al. Controlled polymerization of methyl methacrylate and styrene via Cu(0)-mediated RDRP by selecting the optimal reaction conditions [J]. Chinese Journal of Polymer Science, 2019, 37(06): 591-597.

[11] Huang G. C., Ji S. X. Effect of Halogen chain end fidelity on the synthesis of poly (methyl methacrylate-b-styrene) by ATRP [J]. Chinese Journal of Polymer Science, 2018, 36(11): 1217-1224.

[12] Kolyakina E V, Gruzdeva L N, Kreyndlin A Z, et al. Manganese complexes with different ligand environments in the polymerization of methyl methacrylate and styrene [J]. Russian Chemical Bulletin, 2017, 66(6): 1078-1087.

[13] Al-Majid A. M., Shamsan W. S., Al-Odayn A. B. M., et al. A new initiating system based on [(SiMes) Ru (PPh_3)(Ind) Cl_2] combined with azo-bis-isobutyronitrile in the polymerization and copolymerization of styrene and methyl methacrylate [J]. Designed Monomers and Polymers, 2017, 20(1): 167-176.

[14] Sigaeva N. N., Spirikhin L. V., Galimullin R. R., et al. Copolymerization of methyl methacrylate and styrene in presence of cyclopentadienyl complexes of iron, titanium, and manganese [J]. Polymer Science, Series B, 2019, 61(3): 231-239.

[15] Diniakhmetova D. R., Frizen A. K., Yumagulova R. K., et al. Simulation of potentially possible reactions at the initial stages of free-radical polymerization of styrene and methyl methacrylate in the presence of fullerene C^{60} [J]. Polymer Science, Series B, 2018, 60(3): 414-420.

[16] Karaj-Abad S. G., Abbasian M., Jaymand M. Grafting of poly [(methyl methacrylate)-block-styrene] onto cellulose via nitroxide-mediated polymerization, and its polymer/clay nanocomposite [J]. Carbohydrate Polymers, 2016, 152: 297-305.

[17] Ludin D. V., Kuznetsova Y. L., Zaitsev S. D. Specific features of radical copolymerization of methyl methacrylate and n-butyl acrylate in the presence of the tributylborane-p-quinone system [J]. Polymer Science, Series B, 2017, 59(5): 516-525.

[18] Ghosh P., Das T., Nandi D. Synthesis characterization and viscosity studies of homopolymer of methyl methacrylate and copolymer of methyl methacrylate and styrene [J]. Journal of solution chemistry, 2011, 40(1): 67-78.

[19] 左湘黔，禹华国，肖安国. 双核α-二亚胺钯催化剂催化乙烯与甲基丙烯酸甲酯共聚研究[J]. 湖南文理学院学报(自然科学版)，2019，31(03)：19-24.

[20] Maupu A., Kanawati Y., Métafiot A., et al. Ethylene glycol dicyclopentenyl (meth) acrylate homo and block copolymers via nitroxide mediated polymerization [J]. Materials, 2019, 12 (9): 1547.

[21] 张浩，梁帅，张志彬，等. 利用α-甲基苯乙烯增强 PMMA 树脂的耐热性研究[J]. 中国塑料，2019，33(08)：12-17.